普通高等教育"十一五"国家级规划教材
普通高等教育农业农村部"十三五"规划教材
全国高等农林院校"十三五"规划教材

画法几何及水利工程制图

第二版

水利 土建类专业用

杨玉艳　潘白桦　主编

U0274611

中国农业出版社

内 容 简 介

本书全面介绍了水利工程制图的基本理论、基本知识和基本技能，选用 AutoCAD 2011 阐述计算机绘图技能和应用方法，并采用最新的制图国家标准和行业标准。

全书共 16 章，主要内容有：制图基本知识；投影的基本知识；点、直线和平面的投影；直线与平面及平面与平面的投影；立体及平面与立体相交；立体表面相交；组合体；轴测图；工程形体的表达方法；水工建筑物中常见的曲面；标高投影；水利工程图；钢筋混凝土结构图与钢结构图；房屋建筑图；机械图；计算机绘图基础。

本书可作为高等学校水利类、土建类专业本科教材，也可供其他类型学校如高等职业技术学院、职工大学等相关专业的本、专科学生选用及工程技术人员参考。

与本书配套的《画法几何及水利工程制图习题集》(第二版) 同时出版，可供读者选用。

注：本教材于 2017 年 12 月被列入普通高等教育农业部（现更名为农业农村部）"十三五"规划教材［农科（教育）函〔2017〕第 379 号］。

第二版编写人员名单

主　　编　杨玉艳（沈阳农业大学）

　　　　　潘白桦（中国农业大学）

副主编　王彦惠（河北农业大学）

　　　　　吴红丹（中国农业大学）

　　　　　钱淑香（山东农业大学）

编　　者　（以姓名笔画为序）

　　　　　王引弟（甘肃农业大学）

　　　　　王彦惠（河北农业大学）

　　　　　刘韶军（中国农业大学）

　　　　　芦晓峰（沈阳农业大学）

　　　　　杨玉艳（沈阳农业大学）

　　　　　吴红丹（中国农业大学）

　　　　　张　静（沈阳农业大学）

　　　　　张玉珍（甘肃农业大学）

　　　　　袁伟萍（安徽农业大学）

　　　　　钱淑香（山东农业大学）

　　　　　潘白桦（中国农业大学）

审　　稿　毛　昕（东北大学）

第一版编写人员名单

主　编　杨玉艳（沈阳农业大学）

　　　　潘白桦（中国农业大学）

副主编　王彦惠（河北农业大学）

　　　　吴红丹（中国农业大学）

　　　　钱淑香（山东农业大学）

编　者　（以姓名笔画为序）

　　　　王彦惠（河北农业大学）

　　　　刘韶军（中国农业大学）

　　　　杨玉艳（沈阳农业大学）

　　　　李　莉（沈阳农业大学）

　　　　吴红丹（中国农业大学）

　　　　张玉珍（甘肃农业大学）

　　　　袁伟萍（安徽农业大学）

　　　　钱淑香（山东农业大学）

　　　　潘白桦（中国农业大学）

审　稿　毛　昕（东北大学）

第 二 版 前 言

为适应水利类各专业教学的需求，中国农业出版社组织长期从事教学和科研工作的教师编写了《画法几何及水利工程制图》教材。该教材第一版被评为"普通高等教育'十一五'国家级规划教材"，于 2007 年出版，2008 年获全国高等农业院校优秀教材。第二版被列入"普通高等教育农业部'十二五'规划教材"和"全国高等农林院校'十二五'规划教材"。这次修订根据使用情况，保持了原教材的特色，继续重视基本理论、基本知识和基本概念，体现了画法几何、水利工程制图、计算机绘图系列课程内容和体系的科学性、系统性和完整性，结合水利工程的实际，以水利工程图为主，对工程中房屋建筑、机械所涉及的制图也作了相应的介绍，以满足专业工作的需求。

本书编写时力求简明扼要、概念清楚、理论联系实际。内容的选择有利于学生当前的学习和未来的发展；内容的阐述由浅入深、层次分明，符合认识规律，便于教学和自学。本教材适用于 50～120 学时的课程教学。全书共 16 章。由于各专业的学习及其要求略有差异，教学时任课教师可根据教学大纲及学时进行取舍。

本书第二版修订的主要特点：

1. 全面更新计算机绘图的内容，介绍了 AutoCAD 2011 软件的基本知识。

2. 增强教材中的标准化意识。根据最新的国家制图标准，修订了有关名词术语。按最新的制图标准要求修改和绘制插图。

3. 更正错误和疏漏之处。对部分内容进行了充实，对表达不清晰或不规范的用语进行了修改，使之更符合实际工作的需要，体现了教材的实用性。

本书由杨玉艳、潘白桦担任主编，王彦惠、吴红丹、钱淑香担任副主编。参加编写的人员有王引弟、王彦惠、刘韶军、芦晓峰、杨玉艳、吴红丹、张静、张玉珍、袁伟萍、钱淑香、潘白桦。

本书由东北大学毛昕教授审稿，并提出了许多宝贵的意见，在此表示衷心的感谢。本书在编写过程中参考了国内同行的相关教材和文献，同时也深表谢意。

书中不足和错误，欢迎读者批评指正，以便改进。

编　者
2014 年 2 月

第 一 版 前 言

本教材是根据高等学校本科专业人才培养的要求，总结多年来的教学改革与实践经验，汲取许多兄弟院校的教学成果，采用最新颁布的有关制图标准而编写的。

本教材重视基本理论、基本知识和基本概念，体现了画法几何、水利工程制图、计算机绘图系列课程内容和体系的科学性、系统性和完整性。其特点是结合水利工程的实际，以水利工程图为主，对工程中房屋建筑、机械所涉及的制图也作了相应的介绍，以满足专业工作的需求。

本教材编写时力求简明扼要、概念清楚、理论联系实际。内容的选择有利于学生当前的学习和未来的发展；内容的阐述由浅入深、层次分明，符合认识规律，便于教学和自学。本教材适用于50～120学时的课程教学。全书共16章，由于各专业的学习及其要求略有差异，教学时任课教师可根据教学大纲及学时进行取舍。

本教材由东北大学毛昕教授审阅，并提出了许多宝贵的意见，在此表示衷心的感谢。本教材在编写过程中参考了许多国内同行的相关教材和文献，同时也深表谢意。此外，沈阳农业大学的成遣、刘阳做了本教材部分文字和插图的修改工作，在此一并表示感谢。

本教材由杨玉艳、潘白桦任主编，王彦惠、吴红丹、钱淑香任副主编。参加编写的人员有：沈阳农业大学杨玉艳（前言、绪论、第一章、第十章的前三节），河北农业大学王彦惠（第二章、第十二章），甘肃农业大学张玉珍（第三章、第十一章），中国农业大学刘韶军（第四章、第十四章），山东农业大学钱淑香（第五章、第十三章），安徽农业大学袁伟萍（第六章、第八章），中国农业大学潘白桦（第七章、第十五章），中国农业大学吴红丹（第九章、第十六章），沈阳农业大学李莉（第十章的第四节、第五节）。

书中不足和错误，敬请读者批评指正，以便今后改进。

编 者

2007 年 6 月

目　录

第二版前言

第一版前言

绪论 ……………………………………………………………………………………… 1

第一章　制图基本知识 …………………………………………………………… 3

　第一节　基本制图标准 ……………………………………………………………… 3

　　一、图纸幅面和格式 ……………………………………………………………… 3

　　二、图线及其画法 ………………………………………………………………… 4

　　三、比例 …………………………………………………………………………… 6

　　四、字体 …………………………………………………………………………… 6

　　五、尺寸注法 ……………………………………………………………………… 9

　第二节　制图工具及其使用 ……………………………………………………… 13

　　一、图板和丁字尺 ……………………………………………………………… 13

　　二、三角板 ………………………………………………………………………… 14

　　三、分规 …………………………………………………………………………… 15

　　四、圆规 …………………………………………………………………………… 15

　　五、比例尺 ………………………………………………………………………… 16

　　六、铅笔 …………………………………………………………………………… 16

　　七、曲线板 ………………………………………………………………………… 17

　　八、擦图片 ………………………………………………………………………… 17

　　九、针管笔 ………………………………………………………………………… 17

　第三节　几何作图 ………………………………………………………………… 18

　　一、作圆的内接正多边形 ……………………………………………………… 18

　　二、已知椭圆长轴及短轴画椭圆 ……………………………………………… 19

　　三、圆弧连接 …………………………………………………………………… 20

　第四节　平面图形的分析 ………………………………………………………… 22

　　一、平面图形的尺寸分类 ……………………………………………………… 22

　　二、平面图形的线段分析 ……………………………………………………… 22

　　三、平面图形的绘图顺序 ……………………………………………………… 23

　　四、平面图形的尺寸标注 ……………………………………………………… 24

　第五节　绘图基本步骤和方法 …………………………………………………… 24

一、尺规绘图 ………………………………………………………………… 24

二、徒手绘图 ………………………………………………………………… 25

三、计算机绘图 ……………………………………………………………… 26

第二章 投影的基本知识 ……………………………………………………… 27

第一节 投影及其特性 ………………………………………………………… 27

一、投影的形成及分类 ……………………………………………………… 27

二、正投影的基本特性 ……………………………………………………… 29

第二节 物体的三面投影图 …………………………………………………… 31

一、三面投影图的形成 ……………………………………………………… 31

二、三面投影的基本规律 …………………………………………………… 32

第三节 第三角画法简介 ……………………………………………………… 34

一、八个卦角 ………………………………………………………………… 34

二、第三角画法 ……………………………………………………………… 34

第四节 工程上常用的投影图 ………………………………………………… 36

一、多面正投影图 …………………………………………………………… 36

二、轴测投影图 ……………………………………………………………… 36

三、透视投影图 ……………………………………………………………… 36

四、标高投影图 ……………………………………………………………… 37

第三章 点、直线和平面的投影 ……………………………………………… 38

第一节 点的投影 ……………………………………………………………… 38

一、点的两面投影 …………………………………………………………… 38

二、点的三面投影 …………………………………………………………… 39

三、两点的相对位置 ………………………………………………………… 41

第二节 直线的投影 …………………………………………………………… 42

一、直线的投影 ……………………………………………………………… 42

二、各种位置的直线 ………………………………………………………… 42

三、直线段的实长及其对投影面的倾角 …………………………………… 44

四、直线上的点 ……………………………………………………………… 45

五、两直线的相对位置 ……………………………………………………… 48

六、直角投影定理 …………………………………………………………… 51

第三节 平面的投影 …………………………………………………………… 52

一、平面的表示法 …………………………………………………………… 52

二、各种位置的平面 ………………………………………………………… 54

三、平面内的点和直线 ……………………………………………………… 56

第四章 直线与平面及平面与平面的投影 …………………………………… 62

第一节 平行问题 ……………………………………………………………… 62

一、直线与平面平行 …………………………………………………………… 62

二、平面与平面平行 …………………………………………………………… 64

第二节　相交问题 …………………………………………………………………… 65

一、直线与平面相交 …………………………………………………………… 65

二、平面与平面相交 …………………………………………………………… 67

第三节　垂直问题 …………………………………………………………………… 69

一、直线与平面垂直 …………………………………………………………… 69

二、平面与平面垂直 …………………………………………………………… 71

第四节　投影变换法 ………………………………………………………………… 72

一、换面法 ……………………………………………………………………… 73

二、旋转法 ……………………………………………………………………… 78

第五节　几何元素的综合问题 ……………………………………………………… 81

第五章　立体及平面与立体相交 ……………………………………………………… 85

第一节　基本几何体 ………………………………………………………………… 85

一、平面立体 …………………………………………………………………… 85

二、曲面立体 …………………………………………………………………… 90

第二节　平面与平面立体相交 ……………………………………………………… 99

第三节　平面与曲面立体相交 …………………………………………………… 103

一、圆柱的截交线 ………………………………………………………… 103

二、圆锥的截交线 ………………………………………………………… 105

三、圆球的截交线 ………………………………………………………… 108

第六章　立体表面相交 …………………………………………………………… 109

第一节　平面立体与平面立体相交 ……………………………………………… 109

第二节　平面立体与曲面立体相交 ……………………………………………… 113

第三节　曲面立体与曲面立体相交 ……………………………………………… 115

一、表面取点法 …………………………………………………………… 116

二、辅助平面法 …………………………………………………………… 119

三、辅助球面法 …………………………………………………………… 123

四、曲面立体相交的特殊情况 …………………………………………… 127

第四节　多立体相交 ……………………………………………………………… 127

第七章　组合体 …………………………………………………………………… 130

第一节　组合体的构成分析 ……………………………………………………… 130

一、形体分析法 …………………………………………………………… 130

二、组合体的构成 ………………………………………………………… 131

第二节　组合体视图的画法 ……………………………………………………… 132

一、形体分析 ……………………………………………………………… 132

二、视图选择 ……………………………………………………………………… 132

三、画组合体视图 ………………………………………………………………… 134

第三节　组合体视图的尺寸标注 …………………………………………………… 138

一、常见形体的尺寸标注 ………………………………………………………… 138

二、组合体的尺寸标注 …………………………………………………………… 138

三、尺寸标注的要求 ……………………………………………………………… 142

第四节　组合体视图的阅读 ………………………………………………………… 143

一、读图的基础知识 ……………………………………………………………… 143

二、读图的基本方法 ……………………………………………………………… 146

三、读图举例 ……………………………………………………………………… 150

第八章　轴测图 ………………………………………………………………………… 155

第一节　基本知识 …………………………………………………………………… 155

一、轴测图的形成 ………………………………………………………………… 155

二、轴测图的投影特性 …………………………………………………………… 156

三、轴测图的分类 ………………………………………………………………… 156

第二节　正等轴测图 ………………………………………………………………… 156

一、正等轴测图的轴向伸缩系数和轴间角 ……………………………………… 156

二、平面立体的正等轴测图画法 ………………………………………………… 157

三、曲面立体的正等轴测图 ……………………………………………………… 161

第三节　斜二轴测图 ………………………………………………………………… 167

一、斜二轴测图的轴间角和轴向伸缩系数 ……………………………………… 167

二、斜二轴测图的画法 …………………………………………………………… 167

第九章　工程形体的表达方法 ………………………………………………………… 170

第一节　视图 ………………………………………………………………………… 170

一、基本视图 ……………………………………………………………………… 170

二、向视图 ………………………………………………………………………… 171

三、局部视图 ……………………………………………………………………… 172

四、斜视图 ………………………………………………………………………… 172

第二节　剖视图 ……………………………………………………………………… 173

一、剖视图的概念 ………………………………………………………………… 173

二、剖视图的种类 ………………………………………………………………… 176

三、剖切面的种类 ………………………………………………………………… 178

四、剖视图的尺寸标注 …………………………………………………………… 183

第三节　断面图 ……………………………………………………………………… 184

一、断面图的概念 ………………………………………………………………… 184

二、断面图的种类 ………………………………………………………………… 185

三、断面图的标注 ………………………………………………………………… 186

第四节　规定画法和简化画法 ……………………………………………… 186

　一、规定画法 ……………………………………………………………… 186

　二、简化画法 ……………………………………………………………… 187

第五节　表达方法的综合运用 ……………………………………………… 188

第十章　水利工程建筑中常见的曲面 …………………………………… 191

第一节　曲面的形成和分类 ………………………………………………… 191

　一、形成 …………………………………………………………………… 191

　二、分类 …………………………………………………………………… 191

第二节　直线面 ……………………………………………………………… 191

　一、柱面 …………………………………………………………………… 192

　二、锥面 …………………………………………………………………… 192

　三、双曲抛物面 …………………………………………………………… 194

　四、柱状面 ………………………………………………………………… 195

　五、锥状面 ………………………………………………………………… 196

　六、单叶回转双曲面 ……………………………………………………… 196

第三节　曲线面 ……………………………………………………………… 198

　一、曲线回转面 …………………………………………………………… 198

　二、圆移曲面 ……………………………………………………………… 199

第四节　螺旋线及螺旋面 …………………………………………………… 199

　一、螺旋线 ………………………………………………………………… 199

　二、螺旋面 ………………………………………………………………… 199

第五节　组合面 ……………………………………………………………… 200

第十一章　标高投影 ……………………………………………………… 202

第一节　标高投影的基本知识 ……………………………………………… 202

第二节　点、直线和平面的标高投影 ……………………………………… 202

　一、点的标高投影 ………………………………………………………… 202

　二、直线的标高投影 ……………………………………………………… 203

　三、平面的标高投影 ……………………………………………………… 205

第三节　曲面和地形面的标高投影 ………………………………………… 208

　一、正圆锥面的标高投影 ………………………………………………… 208

　二、同坡曲面的标高投影 ………………………………………………… 210

　三、地形面的标高投影 …………………………………………………… 211

　四、地形断面图 …………………………………………………………… 212

第四节　标高投影在工程中的应用 ………………………………………… 214

　一、用等高线法求交线 …………………………………………………… 214

　二、用断面法求交线 ……………………………………………………… 221

第十二章 水利工程图 · 223

　第一节 水利工程图的分类及绘制标准 · 223

　　一、水利工程图的分类 · 223

　　二、我国现行水利工程图制图标准 · 225

　第二节 水利工程图的表达方法 · 226

　　一、常用符号 · 226

　　二、建筑材料图例 · 227

　　三、常用视图配置及名称 · 227

　　四、其他表达方法 · 228

　第三节 水利工程图的尺寸标注 · 231

　　一、尺寸标注的注意事项 · 231

　　二、沿轴线方向的尺寸注法 · 231

　　三、高度尺寸的注法 · 232

　　四、坡度的注法 · 232

　　五、非圆曲线尺寸的注法 · 233

　　六、简化注法 · 233

　第四节 水利工程图的阅读 · 235

　　一、阅读水利工程图的要求 · 235

　　二、阅读水利工程图的方法与步骤 · 235

　　三、读图举例 · 235

第十三章 钢筋混凝土结构图与钢结构图 · 241

　第一节 钢筋混凝土结构图 · 241

　　一、钢筋的基本知识 · 241

　　二、钢筋图的表示法 · 243

　　三、钢筋图的简化画法 · 245

　　四、配筋图的阅读 · 246

　第二节 钢结构图 · 248

　　一、型钢及标注方法 · 248

　　二、钢结构的连接 · 248

　　三、钢结构的尺寸标注 · 251

　　四、桁架结构图 · 252

　　五、钢结构图的阅读 · 253

第十四章 房屋建筑图 · 255

　第一节 概述 · 255

　　一、房屋的分类 · 255

　　二、房屋的组成 · 255

三、房屋建筑图的分类 ·· 255

第二节 房屋建筑图相关的国家标准 ···························· 257

一、视图名称及配置 ·· 257

二、比例 ·· 257

三、图线 ·· 257

四、常用符号 ·· 258

五、常用图例 ·· 260

六、尺寸 ·· 262

第三节 建筑施工图 ·· 262

一、建筑总平面图 ·· 262

二、建筑平面图 ·· 263

三、建筑立面图 ·· 265

四、建筑剖面图 ·· 265

五、建筑详图 ·· 266

第四节 结构施工图 ·· 268

一、基础图 ·· 268

二、楼层结构平面图 ·· 270

第五节 房屋建筑图的阅读 ······································ 271

第十五章 机械图 ·· 272

第一节 零件图 ·· 272

一、零件的分类及零件图的内容 ·································· 272

二、零件图的视图选择 ·· 275

三、零件上常见的工艺结构 ······································ 276

四、零件的尺寸标注 ·· 278

五、零件图上的技术要求 ·· 280

第二节 标准件与常用件 ·· 286

一、螺纹 ·· 286

二、螺纹连接件及其连接画法 ···································· 289

三、齿轮 ·· 292

第三节 装配图 ·· 295

一、装配图的作用和内容 ·· 295

二、装配图的表达方法 ·· 295

三、装配图上的尺寸 ·· 296

四、装配图上的序号、明细栏和技术要求 ·························· 297

五、装配图的阅读 ·· 297

第十六章 计算机绘图基础 ·· 299

第一节 AutoCAD 2011 绘图软件简介 ···························· 299

第二节　AutoCAD 2011 的基本操作 ·· 299
　一、AutoCAD 2011 的用户界面 ··· 299
　二、设置绘图环境 ·· 301
　三、AutoCAD 2011 的坐标系统和数据输入方式 ·································· 302
　四、精确绘图功能设置 ·· 304
第三节　AutoCAD 2011 常用绘图命令 ·· 305
　一、直线对象的绘制 ··· 305
　二、绘制曲线对象 ·· 310
　三、绘制闭合直线 ·· 313
　四、图案填充的绘制 ··· 314
第四节　AutoCAD 2011 常用编辑和修改命令 ·· 315
　一、选择对象 ·· 315
　二、复制对象 ·· 317
　三、改变对象的位置 ··· 318
　四、改变对象的大小 ··· 319
　五、改变对象的形状 ··· 320
第五节　文字与尺寸标注 ·· 322
　一、创建文字 ·· 322
　二、创建与编辑表格对象 ·· 324
　三、创建尺寸标注 ·· 325
第六节　块的操作 ·· 328

参考文献 ·· 332

绪　　论

一、本课程的性质和任务

在工程技术中按一定的规则、原理绘制的能表达被绘物体的位置、大小、构造功能及技术要求的图形称为工程图样。图样是技术交流、生产管理和科学研究的重要技术资料，也是传递工程信息的载体，因此被称为"工程界的语言"。

本课程的主要任务是：

（1）研究平行投影（主要是正投影）的基本理论及应用。

（2）培养学生的空间想象和空间思维能力，培养学生图示和图解空间几何问题的能力。

（3）培养学生绘制和阅读工程图样的基本能力。

（4）培养学生掌握和执行国家有关制图标准的能力。

（5）培养学生掌握计算机绘制工程图样的基本技能。

本课程是工程类各专业学生必修的一门技术基础课，它为研究工程图样绘制和阅读提供基本理论和方法，为后续课程的学习、课程设计及将来的工作打下必要的理论基础。

二、本课程的主要内容

本课程的主要内容包括画法几何、制图基础知识、专业制图和计算机绘图。

（1）画法几何：是制图的重要理论基础，研究用正投影法图示空间几何元素和解决空间几何问题的基本理论和基本方法。

（2）制图基础知识：介绍国家有关制图标准，学习制图的基本知识和绘图的基本技能。

（3）专业制图：研究水利工程图绘制和阅读的基本方法及相关规定，同时包括与水利工程有关的建筑制图、机械制图的图示特点和表达方法。

（4）计算机绘图：介绍计算机绘图的基本方法，以及计算机绘制工程图的基本要求和基本技能。

三、本课程的学习方法

本课程理论与实践并重，密切结合生产实际，因此在学习各部分内容时要循序渐进，通过实践提高空间想象和空间分析的能力。

（1）学习本课程的理论基础时，要掌握正投影的原理和方法。基本概念理解透彻，有助于分析、掌握空间形体和平面图形之间的对应关系。

（2）本课程是一门实践性较强的课程。学习过程中，在认真及时完成作业的同时，要多想、多看、多画，通过练习加强由物画图、由图想物的空间思维能力的训练，逐步掌握绘图、读图的方法和各种技能，掌握有关的制图标准。

（3）工程图样是重要的技术文件，在学习和完成作业的同时，要培养严肃认真、耐心细致的工作作风和学习态度；要严格遵守国家制图标准，做到绘图投影正确、表达合理，读图准确无误。

总之，在学习过程中要深入理解课程内容，不断加强空间想象能力、空间分析能力和工程意识的培养，逐渐巩固和提高绘图与读图的能力。

第一章 制图基本知识

第一节 基本制图标准

工程图样是工程界技术交流的共同语言,是工程设计、生产、施工及管理中的重要技术文件。为了使工程图样的格式、内容和画法等达到基本统一,便于生产、管理及技术交流,绘制的工程图样必须遵守统一的规定,这个统一的规定就是制图标准。由国家指定专门机关制定并颁布实施的标准,称为"国家标准",简称"国标",代号为"GB"。例如"GB/T 14665—1998",其中"T"表示"推荐性标准",无"T"字时表示"强制性标准";"14665"是标准顺序号,"1998"是标准颁布的年代号。另外,还有行业标准,例如《水利水电工程制图标准》(SL 73—2013)。目前,水利工程制图涉及的主要标准有:《技术制图》、《水利水电工程制图标准》、《建筑制图标准》、《机械制图》等。

一、图纸幅面和格式

图纸幅面简称图幅。根据《技术制图 图纸幅面和格式》(GB/T 14689—2008),绘制技术图样时,应优先选用表1-1中规定的基本幅面尺寸。必要时,也允许按规定的方法加长图纸幅面。

表1-1 图纸幅面尺寸

幅面代号	A0	A1	A2	A3	A4
$B \times L$	841×1189	594×841	420×594	297×420	210×297
c	10			5	
a	25				
e	20		10		

绘制图样时,图纸可以横放,也可以竖放。一般情况下 A0~A3 图纸宜采用横放使用,A4 图纸竖放使用。在图纸上必须用粗实线画出图框。需要装订的图样,其图框格式如图1-1所示;不需要留装订边的图样,其图框格式如图1-2所示,此时周边尺寸均为 e,其数值见表1-1。同一工程图样图框的格式只能采用一种。

每张图纸的右下角必须画出标题栏,如图1-1、图1-2所示。标题栏的长边置于水平方向并与图纸的长边平行时构成 X 型图纸,标题栏的长边与图纸的长边垂直时构成 Y 型图纸。此时看图的方向与看标题栏的方向一致。制图标准对标题栏的内容、格式和尺寸有具体规定。

学习本课程阶段,学生制图作业的标题栏可参考图1-3的格式。其中图名为10号字,校名为7号字,其余为5号字;图框线和标题栏的外框线为粗实线,标题栏内分格线为细实线。

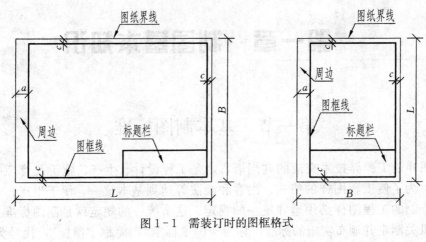

图 1-1　需装订时的图框格式

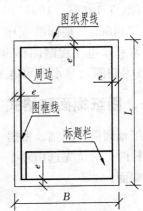

图 1-2　不需要装订时的图框格式

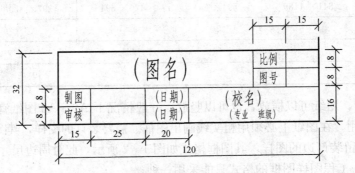

图 1-3　制图作业的标题栏格式

二、图线及其画法

在工程图样中各种不同形式和粗细的图线，分别表示不同的意义和用途。

1. 基本线型及宽度

根据《技术制图　图线》（GB/T 17450—1998），工程制图中常用的线型有实线、虚线、点画线、双点画线等 15 种基本线型。图线的宽度 d 应根据图样的类型和尺寸大小及复杂程度，在下列系数中选择：0.18 mm、0.25 mm、0.35 mm、0.5 mm、0.7 mm、1 mm、1.4 mm、2 mm，该系数的公比为 $1:\sqrt{2}$。其中粗线、中粗线、细线的宽度比率为 $4:2:1$。

简单的工程图样，可以选用两种宽度的图线，分别称为粗线和细线，其宽度之比为 $2:1$。在通常情况下，粗线的宽度采用 0.70 mm，细线的宽度采用 0.35 mm。使用固定线宽的绘图仪器绘制的图线，宽度偏差不得大于 $\pm0.1d$。表 1-2 为工程图样中常用的图线。手工绘图时线素的长度要符合制图标准的基本规定，见表 1-3。

表 1-2 工程上常用的图线

图线名称	线　型	宽度	主要用途
实线		d	主要可见轮廓线
		$d/2$	可见轮廓线
		$d/4$	尺寸线、尺寸界线、指引线、图例线等
虚线		d	见有关专业制图标准
		$d/2$	不可见轮廓线
		$d/4$	不可见轮廓线、图例线等
点画线		d	见有关专业制图标准
		$d/2$	见有关专业制图标准
		$d/4$	轴线、中心线、对称线
双点画线		d	见有关专业制图标准
		$d/2$	见有关专业制图标准
		$d/4$	假想轮廓线、极限位置轮廓线
折断线		$d/4$	断开线
波浪线		$d/4$	断开线

表 1-3 图线的线素长度

线素	线型 No.	长度	线素	线型 No.	长度
点	04～07, 10～15	$\leqslant0.5d$	画	02, 03, 10～15	$12d$
短间隔	02, 04～15	$3d$	长画	04～06, 08, 09	$24d$
短画	08, 09	$6d$	间隔	03	$18d$

2. 图线的画法

图纸上的图线，应清晰整齐、均匀一致、粗细分明、交接正确。虚线、点画线、双点画线等线型相交时应恰当地相交于画线处，如图 1-4 所示。同时要注意：

（1）同一图样中，同类图线的宽度应一致，虚线、点画线、双点画线等各自线段长度和间隔应大致相等，其长度可根据图形的大小适当调整。

（2）点画线的首末两端应是线段而不是点，且应超出图形外 2～5 mm。在较小的图形上绘制点画线及双点画线有困难时，可以用细实线代替。

（3）虚线是粗实线的延长线时，交接处虚线应留有空隙；虚线与粗实线相交，不留空隙。

（4）两条平行线之间的最小间隙不得小于 0.7 mm。

（5）当两种或两种以上图线重叠时，应按以下顺序优先画出所需的图线：粗实线——虚线——细点画线——双点画线。

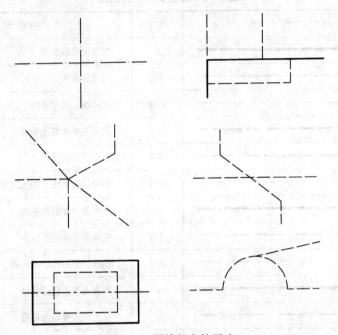

图 1-4　图线相交的画法

三、比例

工程建筑物的尺寸很大，需要按一定的比例缩小来绘制图样；有些机件的尺寸又很小，需要按一定的比例放大来绘制图样。

根据《技术制图　比例》（GB/T 14690—1993），图样的比例就是图中图形与其实物相应线性尺寸之比。在工程图上必须注明比例。当整张图纸中只用一种比例时，应统一注写在标题栏内，否则应将比例分别注写在相应图名的右侧（或下方），如：

$$平面图 \ 1:200 \quad 或 \quad \frac{平面图}{1:200}$$

水利水电工程图样的比例，应优先选择常用比例：$1:1$、$1:2$、$1:5$、$1:1\times10^{n}$、$1:2\times10^{n}$、$1:5\times10^{n}$（n 为正整数）。必要时也可以选用 $1:2.5$、$1:3$、$1:4$、$1:2.5\times10^{n}$、$1:3\times10^{n}$、$1:4\times10^{n}$。

四、字体

图样中字体的书写必须做到字体工整、笔画清楚、排列整齐、间隔均匀。

根据《技术制图　字体》（GB/T 14691—1993），字体的高度（用 h 表示）代表字体的号数（简称字号）。图样中字号分为：1.8 mm、2.5 mm、3.5 mm、5 mm、7 mm、10 mm、14 mm、20 mm。字体的高宽比为 $1:1/\sqrt{2}$。

1. 汉字

汉字应采用国家正式公布实施的简化字，并尽可能写成长仿宋体字，字高不应小于 3.5 mm。长仿宋体的特点是：笔画挺直，钩长锋锐，整齐秀丽。长仿宋体汉字示例见图 1-5。

10号字

水工制图枢纽布置图工程位置图水闸设计图

7号字

水利水电工程局水库管理处水资源发电站厂房碾压混凝土坝

5号字

设计审核图号比例制图高程水准原点坝轴线止水输水廊道尺寸单位消力池水轮发电机

图 1-5　长仿宋体汉字示例

长仿宋体字的书写要横平竖直、注意起落、结构匀称、填满方格。长仿宋体字的基本笔画和写法见表 1-4。

表 1-4　长仿宋体字的基本笔画和写法

笔画名称	形　状	运笔方法	字　例
横		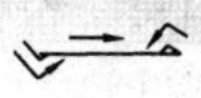	三　土
竖		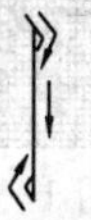	川　山
撇		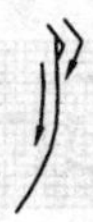	禾　勿
捺			迟　图
点			点　心
挑			次　北

（续）

笔画名称	形　状	运笔方法	字　例
折	ㄱ乚		的　断
钩	ㄱ乚乚		抵　利

2. 字母、数字

字母和数字分为 A 型和 B 型。A 型字体的笔画宽度（d）为字高（h）的 1/14，B 型字体的笔画宽度（d）为字高（h）的 1/10。字母、数字可以写成直体字或斜体字（向右倾斜约 75°）。在同一图样上，只允许选用一种形式的字体。A 型字体的字例如图 1-6 所示，B 型字体的字例如图 1-7 所示。

ABCDEFGH　　　ABCDEFGH

abcdefgh　　　abcdefgh

0123456789　　　0123456789

IIIIIIIVVVVIVIIVIII　　　IIIIIIIVVVVIVIIVIII

图 1-6　A 型字母和数字的字例

ABCDEFGH　　　ABCDEFGH

abcdefgh　　　abcdefgh

0123456789　　　0123456789

IIIIIIIVVVVI　　　IIIIIIIVVVVI

图 1-7　B 型字母和数字的字例

五、尺寸注法

1. 尺寸标注的基本要求

在工程图样上不仅要表示物体的图形，还需要在图形上标注出物体的实际尺寸，以表示物体各部分的大小和相对位置。构件的真实大小应以图上所注的尺寸数值为依据，与图形的大小和绘图精确程度无关。图上的尺寸是生产施工及制造的重要依据，所以标注方式必须符合国家制图标准的规定，做到正确合理、清晰整齐。工程图必须标注尺寸才能使用。各专业图纸对尺寸标注有不同要求，下面仅介绍水利水电工程制图标准的一般规定。

2. 尺寸的组成

一个完整尺寸由尺寸界线、尺寸线及尺寸线终端（尺寸起止符号）、尺寸数字组成，如图 1-8 所示。图样中标注的尺寸单位除标高、桩号、规划图、总布置图的尺寸以 m 为单位外，其余的尺寸以 mm 为单位。

3. 尺寸界线

尺寸界线是被标注长度的界线，其画法如图 1-9 所示。

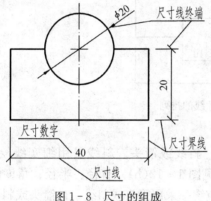

图 1-8　尺寸的组成

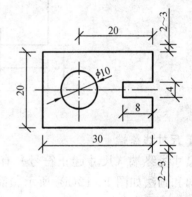

图 1-9　尺寸界线的画法

（1）尺寸界线应用细实线绘制，并应从图形的轮廓线、轴线或中心线引出，轮廓线、轴线或对称中心线可以作为尺寸界线。

（2）绘尺寸界线时，引出线与轮廓线之间一般需留有 2~3 mm 的间隙。

（3）尺寸界线一般应与尺寸线垂直，并宜超出尺寸线 2~3 mm。

（4）尺寸界线避免与尺寸线相交。

4. 尺寸线

尺寸线为被标注长度的度量线。尺寸线应用细实线绘制。

（1）标注线性尺寸时，尺寸线与所标注的线段平行，靠近被标注的线段，尽可能画在轮廓线外边。

（2）图样中的轮廓线、轴线、中心线或其延长线等任何图线不能作为尺寸线，如图 1-10 所示。

（3）尺寸线的两端要指到且不超出尺寸界线。

（4）标注互相平行的尺寸时，应把小尺寸注在里侧、大尺寸注在外侧。两平行尺寸线之

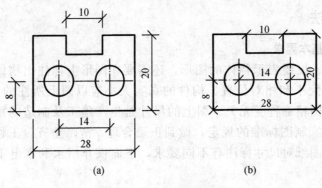

图 1-10　尺寸线的画法

（a）正确　（b）错误

间的距离及尺寸线与轮廓线之间的距离应不小于 5 mm，且应保持间距一致，如图 1-11 所示。

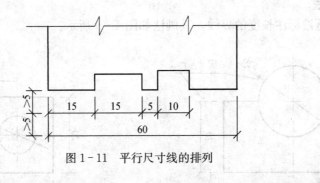

图 1-11　平行尺寸线的排列

5. 尺寸线终端

尺寸线终端（尺寸起止符号）有两种形式：斜线或箭头。斜线是用细实线绘制的，其方向和画法如图 1-12（a）所示。箭头的画法见图 1-12（b）。直径、半径、角度的尺寸线终端一律用箭头表示。同一张图上的线性尺寸应统一采用箭头或斜线，且箭头或斜线的粗细长短力求整齐一致。尺寸界线较密时，尺寸线终端可用小圆点表示，如图 1-12（c）所示。

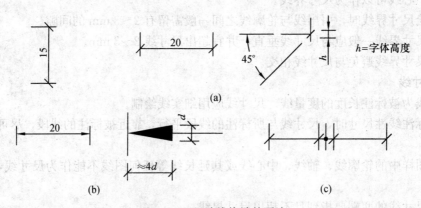

图 1-12　尺寸线终端的画法

（a）斜线画法　（b）箭头画法　（c）小圆点

6. 尺寸数字

图上的尺寸数字是物体的实际尺寸，表示物体的真实大小。在应用图样上的尺寸时，以尺寸数字为准，不得从图上直接量取。

（1）尺寸数字一般写在尺寸线上方的中部。尺寸数字一般采用 3.5 号（或 2.5 号）字。尺寸数字的大小在全图中要统一。

（2）用 mm 为单位时，一律不需注明，否则应说明尺寸单位。

（3）尺寸数字顺尺寸线方向书写。当尺寸线为水平或倾斜方向时，字头向上；当尺寸线为垂直方向时，字头向左。在图 1-13 中阴影线所示 30°范围内标注尺寸时，用引出线形式标注。

（4）图上的尺寸数字不能被任何图线、符号穿过。当无法避免时，必须将其他图线、符号断开，或将尺寸数字让开。

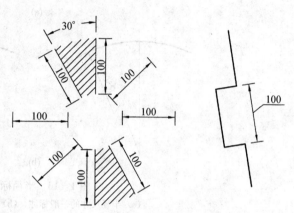

图 1-13　尺寸数字的书写方向

（5）当尺寸界线距离较小时，最外边的尺寸数字可标注在尺寸界线的外侧；中部的尺寸数字，可在尺寸线的上、下两边错开标注，必要时也可引出标注。如图 1-14 所示。

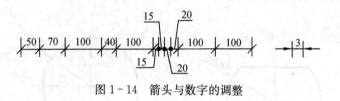

图 1-14　箭头与数字的调整

7. 直径、半径注法

（1）圆及大于半圆的圆弧应标注直径，以圆周为尺寸界线，在尺寸数字前加注直径符号"φ"，如图 1-15 所示。直径可以标在圆弧上，也可标在圆成为直线的投影上。尺寸线应通过圆心，两端画箭头，箭头指到圆周。直径尺寸一般标注在圆内，较小的圆尺寸数字及箭头可以标注在圆的外侧。

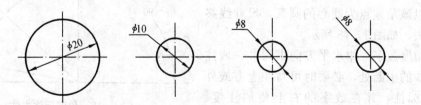

图 1-15　直径标注方法

（2）半圆及小于半圆的圆弧应标注半径，在尺寸数字前加注符号"R"，如图 1-16 所示。尺寸线的一端一般应画到圆心，另一端画成箭头，且只画一个箭头，指到圆弧。半径尺寸一般标注在圆弧内，圆弧较小时也可以标注在圆弧外，如图 1-16(a) 所示；圆弧半径很大时，或在图纸范围内无法标出其圆心位置时，可用折线作为尺寸线，如图 1-16(b) 所示。

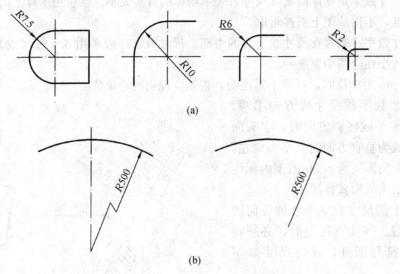

(a)

(b)

图 1-16　半径标注方法

(a) 半径尺寸的一般标注　(b) 大圆弧半径的标注

（3）球面直径、半径的注法如图 1-17 所示。标注时，需要在直径或半径符号前加注符号"S"，如 $S\phi600$ 表示球直径为 600 mm，$SR300$ 表示球半径为 300 mm。其他标注规则与圆、圆弧的直径及半径的注法相同。

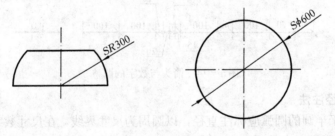

图 1-17　球径标注方法

8. 角度的注法

（1）标注角度的尺寸界线应沿径向引出，尺寸线是以该角顶点为圆心的圆弧，尺寸线终端采用箭头，如图 1-18 所示。

（2）角度数字一律水平方向书写，一般注写在尺寸线的中断处，必要时可写在上方或外侧或引出标注，并在数字的右上角加注度、分、秒符号。

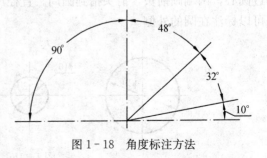

图 1-18　角度标注方法

9. 弧长和弦长的注法

标注弧长和弦长时，尺寸界线应平行于该圆弧所对应弦的垂直平分线，尺寸线终端为箭头。标注弧长时，尺寸线是与该圆弧同心的细线圆弧，弧长数字前面应加注圆弧符号"⌒"，如图 1-19 所示。标注弦长时，尺寸线为平行于该弦的细实线，如图 1-20 所示。

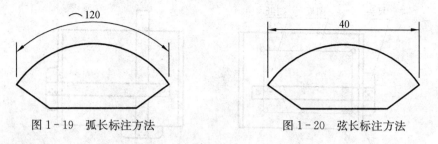

图 1-19　弧长标注方法　　　　　图 1-20　弦长标注方法

10. 高程的注法

水利工程图上高程的基准采用测量的基准，以 m 为单位。例如，高程为 351.500 时，即表示这个位置的高度相对于基准面大地水准面为 351.500 m，如图 1-21 所示。

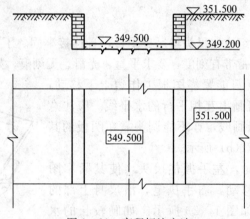

图 1-21　高程标注方法

高程数字前应加注高程符号。立面高程符号为用细实线的等腰直角三角形，其斜边应保持水平，直角顶点应与被标注高度的轮廓线或引出线接触。平面高程符号为用细实线的矩形框。高程符号的画法见第十二章。

第二节　制图工具及其使用

正确使用绘图工具和仪器，对保证手工绘图的质量和提高绘图速度起着重要的作用。只有经常进行绘图实践，不断总结经验，才能提高绘图技能。目前也可利用计算机绘图。

手工绘图常用的绘图工具和仪器有图板、丁字尺、三角板、分规、圆规、比例尺、铅笔、曲线板等。

一、图板和丁字尺

1. 绘图板

绘图板简称图板，用来垫放图纸。图板表面须平整无裂缝，左边为工作边，需要平、直、硬，以保证与丁字尺内侧边的紧密接触。其大小宜与所使用的图纸幅面相适应，图纸应小于图板。图板不能水洗或曝晒、刻画，防止板面凹凸不平。图 1-22 为图板与丁字尺的用法。

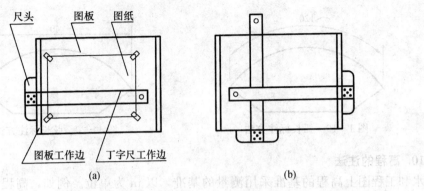

图1-22　图板及丁字尺的用法
(a) 正确　(b) 错误

2. 丁字尺

丁字尺由尺身和尺头组成，尺头与尺身垂直，且连接牢固。丁字尺主要用来画水平线。尺身的上边沿为工作边，常带有刻度，要求平直、光滑、无刻痕，如图1-22所示。

使用时尺头必须而且只能紧靠图板工作边上下移动，以保证沿尺身的工作边可画出互相平行的水平线。应注意的是不能用尺身的下边沿画线，亦不能调头靠在图板的其他边沿上使用，如图1-22(b)所示。

用丁字尺画水平线时，左手握住尺头，使其紧靠图板的左侧工作边并上下移动，右手执笔，沿尺身上部的工作边自左向右画线，如图1-23所示。如画较长的水平线，左手应按牢尺身，防止尺身摆动或尺尾翘起。用铅笔沿尺边画直线时，笔杆应稍向外倾斜，尽量使笔尖贴靠尺边。

图1-23　水平方向线段的画法

二、三角板

绘图用的三角板为两块直角三角形板，一块具有30°、60°角，另一块具有45°角，合称一副。有的边上带有刻度，可用于度量尺寸。三角板与丁字尺配合，可以画与水平线倾斜成15°倍数的斜线，如图1-24所示。

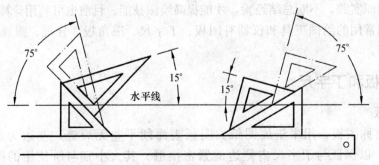

图1-24　三角板绘制15°倍数的斜线

三、分规

分规是用来截取线段和分割线段的工具，如图 1-25 所示。为保证度量尺寸的准确，分规的两脚尖要平齐，针尖合拢时汇合于一点。

四、圆规

圆规是用来画圆及圆弧的工具。卸下铅芯和插脚，换上鸭嘴笔插脚可上墨画圆，换上钢针插脚可作分规用，如图 1-26 所示。

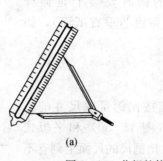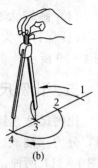

图 1-25　分规的使用方法
(a) 截取线段　(b) 等分线段

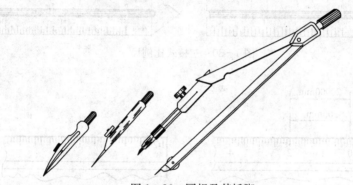

图 1-26　圆规及其插脚

(1) 要准备两种磨好的铅芯：一种是用于加深图线的铅芯，其宽度 d 与绘制同类直线的铅笔的铅芯宽度保持一致；另一种是用于绘制底稿的铅芯。

(2) 圆规的针尖应比铅芯略长一点，如图 1-27(a) 所示；铅芯应比画直线用的软一号，如画直线用 HB 铅笔，则圆规宜用 B 的铅芯。

(3) 画圆时，针尖用台阶形的一端。注意随时调整针尖和铅芯，使其垂直纸面。用右手大拇指和食指捏住圆规的顶部，用左手的食指推送针尖到圆心的位置。旋转圆规时的速度、用力要均匀，使圆规略向旋转方向倾斜，如图 1-28 所示。

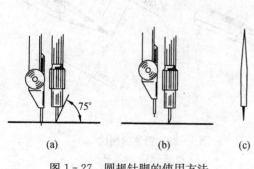

图 1-27　圆规针脚的使用方法
(a) 正确　(b) 错误　(c) 针尖放大图

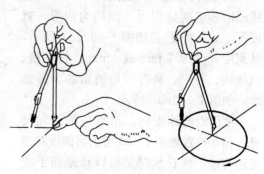

图 1-28　画圆的方法

（4）画较大的圆时要装上延伸杆（同样要保持针尖和铅芯垂直纸面），如图1-29所示。

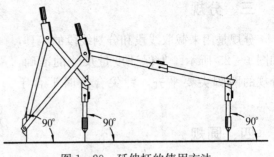

图1-29　延伸杆的使用方法

五、比例尺

比例尺是直接按比例量取尺寸的工具，分为三棱式（图1-30）和平板式（图1-31）两种。比例尺的尺面上刻有不同的比例，尺子上的长度单位一般都是米（m）。刻度数值是表示相应比例时该段长度代表的实际长度。

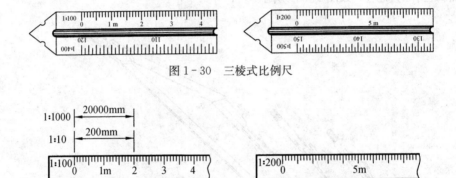

图1-30　三棱式比例尺

图1-31　平板式比例尺

六、铅笔

铅笔的铅芯分软、硬两种，分别用字母"B"及"H"表示，"B"前面的数字愈大表示铅芯愈软、愈黑，"H"前面的数字愈大表示铅芯愈硬。绘图时应使用"绘图铅笔"。建议：HB或B用于绘制粗线，H或HB用于写字及画细线、箭头等，2H用于绘制图样底稿线及细线。

铅笔的护木应削成圆锥形。加深粗线的铅芯应削成楔形（顶端为矩形，宽度等于线条宽度），如图1-32(a) 所示，其宽度 d 为 0.7 mm 或 1 mm；打底稿、画细线、写字、画符号用的铅芯为圆锥形，如图1-32(b) 所示。

使用铅笔绘图时，铅笔与纸面和尺身的相互位置如图1-33所示，画线时要匀速前进，画长线时是肘臂移动而手腕不转动，防止用力过大将图纸划破或留有凹痕。

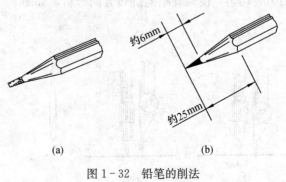

(a)　　　　　(b)

图1-32　铅笔的削法

（a）楔形　（b）圆锥形

七、曲线板

曲线板是用来绘制非圆曲线的工具，其轮廓线由多段不同曲率半径的曲线组成，如图1-34所示。

描绘曲线时先用铅笔徒手轻轻地将曲线上一系列的点依次地连接成一条光滑曲线，曲线板上选择曲率合适的部分与徒手连接的曲线相吻合，将曲线加深。每次连接应至少通过曲线上的四个点。注意每画一段曲线，都要比曲线板边与曲线贴合的部分稍短一些，以便两次连接时曲线搭接的部分光滑过渡，如图1-35所示。用同样的方法分若干段将曲线画完。

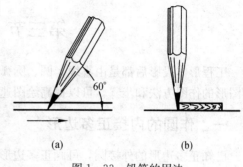

图1-33　铅笔的用法
（a）正面　（b）侧面

图1-34　曲线板

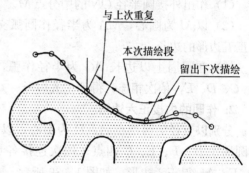

图1-35　曲线板的使用方法

八、擦图片

擦图片是擦去多余图线时使用的工具。擦图片的孔洞对准要擦去的图线，然后用橡皮擦去，如图1-36所示。

九、针管笔

绘图墨水笔也叫针管笔，是一种能吸存墨水的画墨线工具，如图1-37所示。其笔尖是一支细针管，有多种规格可供选用。注意用毕后将墨水挤出并洗净才能放起来。针管笔必须使用碳素墨水。

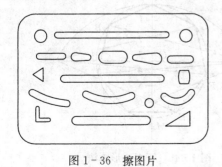

图1-36　擦图片

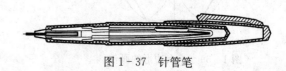

图1-37　针管笔

除上述工具外，在绘图时还需要准备削铅笔的小刀、橡皮、固定图纸用的透明胶带纸、砂纸、量角器，以及为清除橡皮屑所用的小刷子等。

第三节　几何作图

工程形体投影后都是由直线、圆、圆弧及一些其他图线组成的几何图形。因此，掌握几何图形的作图方法和步骤，可以提高绘图速度及准确性，提高绘图质量。

一、作圆的内接正多边形

已知正多边形的外接圆，可画正多边形。

1. 作圆的内接正五边形

图 1-38 为正五边形的作图方法。

（1）作出外接圆半径 ON 的中分点 M。

（2）以 M 为圆心，MA 为半径作圆弧交出 G 点，AG 即为正五边形的边长。

（3）在圆周上以边长 AG 为半径作弧，交出各顶点 A、B、C、D、E，依次相连，得到正五边形。

图 1-38　正五边形的画法

2. 作圆的内接正六边形

分别以直径的两端点 A、D 为圆心，以 R 为半径画圆弧交圆周于 B、F、E、C 四点；依次连接各点 A、B、C、D、E、F、A，得正六边形，如图 1-39 所示。

3. 作圆的内接正多边形

图 1-40 为正多边形（以正七边形为例）的作图方法。

（1）把直径 AM 分为七等份。

（2）再以 M（或 A）为圆心、MA 长为半径画圆弧交直线 KL 上于 P、N 两点。

（3）过 P、N 两点与直径 MA 上的偶数等分点（或奇数等分点）连线，并延长与圆周相交于 B、C、D、E、F、G 各点。依次连接 A、B、C、D、E、F、G、A 各点，得到正七边形。

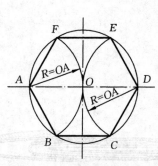

图 1-39　正六边形的画法

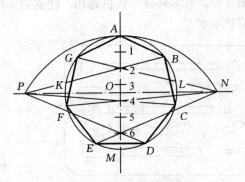

图 1-40　正多边形画法

二、已知椭圆长轴及短轴画椭圆

1. 同心圆法

（1）以 O 为圆心，分别以长轴 AB、短轴 CD 为直径画两个同心圆，如图 1-41 所示。过点 O 作放射线（图中每隔 $30°$ 画一条放射线），与大、小两圆分别交于 1、2、3、…、12 和 $1'$、$2'$、$3'$、…、$12'$ 等点。

（2）过 1、2、3、…、12 等点分别作短轴的平行线，过 $1'$、$2'$、$3'$、…、$12'$ 等点分别画长轴的平行线，两组相应平行线的交点 E、F、C、G、H、…、A 即为椭圆上的点。用曲线板将各点依次光滑连接则得一椭圆。

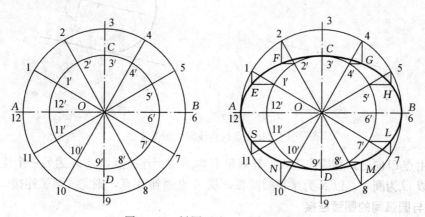

图 1-41　椭圆画法一（同心圆法）

2. 四心法（椭圆的近似画法）

此画法是根据椭圆的长轴和短轴，利用四段圆弧来代替椭圆的作图方法，通常称为四心法。

（1）确定椭圆的中心 O，连接长轴的左端点 A 和短轴的上端点 C，得到直角三角形 OAC。在 AC 上截取两直角边之差，确定点 L，如图 1-42 所示。

（2）求四段圆弧的圆心及分界线。作 AL 的垂直平分线交 AB 于 1 点、CD 于 2 点，然后求 1 点相对于短轴 CD 的对称点 3、2 点相对于长轴 AB 的对称点 4，则点 1、2、3、4 即为四段圆弧的圆心。连接 21、23、41、43 并延长，即得四段圆弧的分界线，如图 1-42 所示。

（3）分别以点 1、3 为圆心，以 $1A$（或 $3B$）为半径画小圆弧交分界线于 E、F、G、H 各点；分别以点 2、4 为圆心，以 $2C$（或 $4D$）为半径画大圆弧交分界线于 E、F、G、H 各点，即完成椭圆的作图。

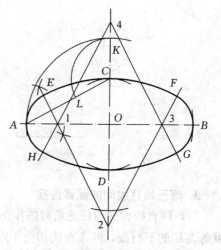

图 1-42　椭圆画法二（四心法）

三、圆弧连接

用指定半径的圆弧，将两个对象光滑地连接起来，称为圆弧连接。其作图的关键是必须准确地求出连接圆弧的圆心和切点位置。

1. 点与直线间的圆弧连接

（1）作一条与已知直线距离为 R 的平行线，以点 A 为圆心，以 R 为半径画圆弧，二者的交点 O 即为圆心，如图 1-43 所示。

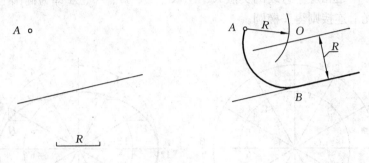

图 1-43　点与直线间的圆弧连接

（2）由点 O 向已知直线作垂线，其垂足 B 即为一个连接点，点 A 为另一个连接点。

（3）以 O 为圆心，以 R 为半径画圆弧，从 A 点画到 B 点，则完成圆弧连接。

2. 点与圆弧间的圆弧连接

如图 1-44 所示，连接圆弧的半径为 R。以已知圆的圆心 O_1 为圆心、$(R-R_1)$ 为半径作圆弧；以点 A 为圆心、R 为半径作圆弧。两圆弧的交点 O 即为连接圆弧的圆心，连接 O 与 O_1，交已知圆弧于 B 点，即为切点。以 O 为圆心、R 为半径，由 A 点至 B 点画圆弧，即完成圆弧连接。

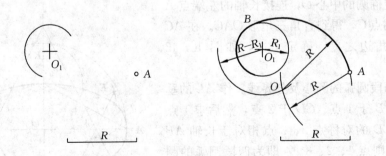

图 1-44　点与圆弧间的圆弧连接

3. 两已知直线间的圆弧连接

（1）两直线相交为任意角时的作图方法。如图 1-45 所示，分别作与已知直线 AB、BC 距离为 R 的平行线，两条直线相交于点 O；过点 O 作两直线的垂线，分别交 AB、BC 于 1、2 两点，此两点即切点。以 O 为圆心、以 $R=O1=O2$ 为半径在 1、2 两点间作圆弧，则完成圆弧连接。

（2）两直线垂直相交时的作图方法。如图 1-46 所示，以交点 B 为圆心，以 R 为半径

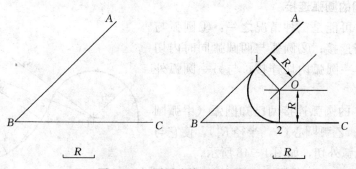

图 1-45　圆弧连接两相交直线

作圆弧，分别交 AB、BC 于 1、2 两点，得到所求的切点；分别以 1、2 为圆心，以 R 为半径画圆弧相交于点 O；以 O 为圆心，以 R 为半径，在 1、2 两点间作圆弧，则完成圆弧连接。

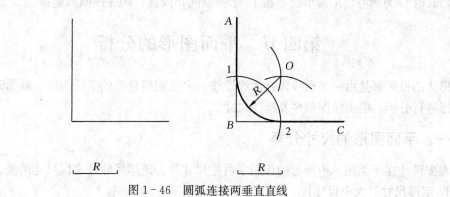

图 1-46　圆弧连接两垂直直线

4. 直线与圆弧间的圆弧连接

（1）已知半径 R、圆弧（圆心为 O_1、半径为 R_1）及直线 AB，如图 1-47 所示。

（2）以 O_1 为圆心，以 $R_2 = R_1 - R$ 为半径画圆弧；作与 AB 距离为 R 的平行线，两者相交于点 O。过点 O 向 AB 作垂线，得垂足点 1；连 O_1O 并延长，与已知圆弧交于点 2；则 1、2 两点为所求的切点。

（3）以 O 为圆心，以 R 为半径，在 1、2 两点间作圆弧，则完成圆弧连接。

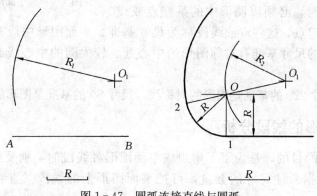

图 1-47　圆弧连接直线与圆弧

5. 两圆弧间的圆弧连接

圆弧连接时可能是三种情况之一：①圆弧与两圆弧同时外切连接；②圆弧与两圆弧同时内切连接；③圆弧与一圆弧内切连接，与另一圆弧外切连接。

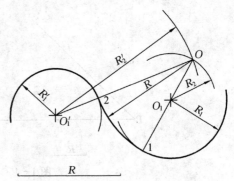

图 1-48　两圆弧间的圆弧连接

用半径为 R 的圆弧连接两已知圆弧（甲弧圆心 O_1，半径 R_1；乙弧圆心 O_1'，半径 R_1'），使它与甲弧内切，与乙弧外切，如图 1-48 所示。

（1）分别以 O_1、O_1' 为圆心，以 $R_2 = R - R_1$、$R_2' = R_1' + R$ 为半径画圆弧，两圆弧相交于点 O。

（2）连 OO_1 并延长，与甲圆弧相交于点 1；连 OO_1' 与乙圆弧相交于点 2；1、2 两点即为切点。

（3）以 O 为圆心，R 为半径，在 1、2 两点间作圆弧，则完成圆弧连接。

第四节　平面图形的分析

形体的投影都是由一些直线段及曲线段按一定规则组合成的平面图形。画图时，应对平面图形进行分析，明确绘图顺序及标注尺寸。

一、平面图形的尺寸分类

根据尺寸在平面图形中所起的作用，可把尺寸分为定形尺寸和定位尺寸两类。

1. 定形尺寸（大小尺寸）

指用来确定图形上直线段的长度、圆及圆弧的半径、直径等的尺寸，如图 1-49 中的尺寸 400、200、$\phi 60$ 等。

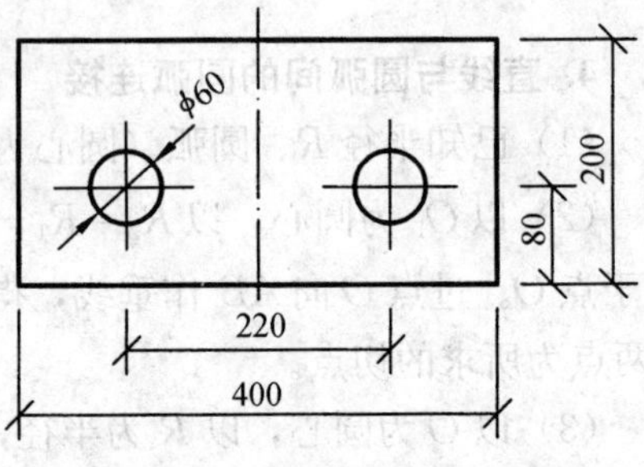

2. 定位尺寸

指用来确定各线段及封闭图形之间相对位置的尺寸，如图 1-49 中的尺寸 220、80。对于平面图形，应有水平及垂直两个方向的定位尺寸。

图 1-49　平面图形的尺寸分析

标注定位尺寸时，必须以图形中的某些点或线段作为度量尺寸的起点。这些点或线段称为尺寸基准。平面图形中应有水平及垂直两个方向的基准。常用的尺寸基准有对称图形的中心线、较大圆的中心线或图形中的主要轮廓线。

图 1-49 中尺寸 220 的基准是图形的对称线，尺寸 80 的基准是图形的边线。

二、平面图形的线段分析

平面图形分析的目的，是为了了解组成平面图形各线段的类别及相互关系，从而确定作图的步骤。根据所注尺寸的数量，可把平面图形上的线段（直线段或圆弧）分为三类：

1. 已知线段

指尺寸齐全，根据所注尺寸可直接绘制的线段。例如，已知半径及圆心的两个方向定位尺寸的圆、圆弧，已知两端点的直线。在图 1 - 50 中 ϕ10 的圆、R15 的圆弧及各个直线段即为已知线段。

2. 中间线段

指注有定形尺寸和一个方向的定位尺寸，另一个方向与其他线段有连接要求的线段。作图时，需要依靠与相邻线段相切的几何关系求出另一定位尺寸。例如，缺圆心一个方向的定位尺寸的圆弧。图 1 - 50 中 R12 的圆弧为中间线段，由于缺少圆心水平方向的定位尺寸，需在直线段画出后才能根据相关的条件绘制。

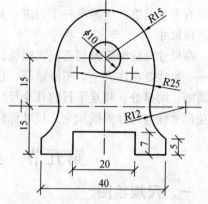

图 1 - 50 平面图形的线段分析

3. 连接线段

指只有定形尺寸但与其他线段具有连接要求的线段。例如，只标注半径的圆弧。作图时需要依靠与其两端相邻线段相切的几何关系用几何作图的方法求出，如图 1 - 50 中 R25 的圆弧。

三、平面图形的绘图顺序

根据线段分析可知，绘制平面图形的顺序是：

（1）画作图基准线，确定所画图形在图纸中的适当位置，画出图形主要位置线或图形的主要轮廓线。

（2）画出各条已知线段。

（3）画出中间线段。

（4）画出连接线段。

（5）检查全图，加深图线。

（6）标注尺寸，如图 1 - 51 所示。

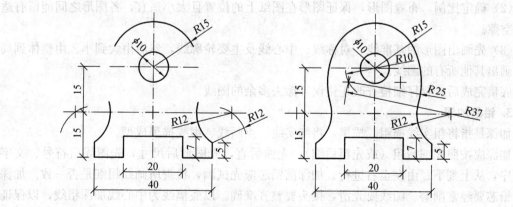

图 1 - 51 平面图形的绘图顺序

四、平面图形的尺寸标注

标注平面图形的尺寸时，先分析图形结构，确定尺寸基准。较复杂的图形在一个方向上可能有多个基准，应确定一个为主，其他为辅。标注平面图形尺寸是先标注定形尺寸，后标注定位尺寸。

在尺寸标注时要做到正确、完整、清晰。正确——要按照标准中有关规定进行标注。完整——尺寸要标注齐全，不能遗漏，也不要多余。清晰——为了看图方便，一般将尺寸安排在清晰、明显处。相互平行的几个尺寸将小尺寸安排在里侧（靠近图形）、大尺寸安排在外，避免尺寸线与尺寸界线相交。尺寸标注时布局要合理。

第五节　绘图基本步骤和方法

一、尺规绘图

为了保证绘图的质量，提高绘图的速度，保持图面的整洁清晰，应注意绘图的基本步骤。

1. 绘图前的准备工作

（1）阅读必要的参考资料，了解所绘图形的内容及其要求。

（2）准备好必要的制图工具，如铅笔与圆规等。用清洁的软布擦净图板、丁字尺、三角板等工具，制图用品放在易于取用又不影响作图的地方。

（3）按照制图标准的规定，选取合适的图纸幅面，用胶带纸在图板上固定图纸。固定图纸时，应保证图纸的上下边与丁字尺的尺身平行，图纸与图板的边应留有适当空隙，满足 $b > a$、$d > c$ 的条件，如图 1-52 所示。

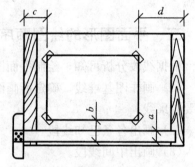

图 1-52　图纸的固定

2. 画底稿

画底稿用 2H 或 H 铅笔，画出的线条应轻而细，不分粗细，但要区分出线型类别。步骤如下：

（1）画出图框线及标题栏。

（2）确定比例，布置图形，保证图形在图纸上的位置且大小适宜，各图形之间能留有适当的空隙。

（3）先画出图形的基准线、对称线、中心线及主要轮廓线，然后由大到小、由整体到局部，画出其他所有的图线。

底稿完成后，要仔细检查改正错误，擦去多余的图线。

3. 铅笔加深

加深是指将粗实线描粗、描黑，将细实线、点画线、虚线描黑成型。

加深应按照先细后粗（或先粗后细），先曲后直，先图形后尺寸，先图线后符号、文字的顺序，从上到下、由左至右进行。加深前铅芯应先试画，检查所画线粗细是否一致。加深时，铅芯要经常削磨。图线要光滑，接头要整齐准确。以底稿线为中心线加深粗线，以保证图形准确，连接光滑。最后检查全图，清理图面。

二、徒手绘图

徒手绘图是用目测比例、徒手绘制图样（也称为草图），是工程技术人员进行构思、表达设计思想和技术交流时经常采用的方法。草图也应遵守制图标准，按照投影关系和比例关系进行绘制，图形要完整、清晰，表达正确。

1. 直线的画法

铅笔要握得自然轻松，手腕稍抬起，小手指微微触及纸面，眼睛要注视画线的起止点。画短线时主要靠手腕或手指运动；画长线时主要靠手臂运动。利用方格纸画草图时，直线应尽可能画在方格线上。

画水平线时可将图纸斜放 30°～45°，自左向右画线，如图 1-53 所示；画竖线时，一般自上向下画线，如图 1-54 所示；画斜线时，自左向右画线，如图 1-55 所示。

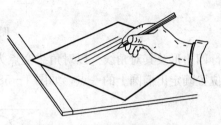

图 1-53 草图水平线画法

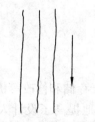

图 1-54 草图竖线画法

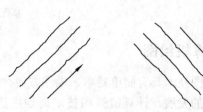

图 1-55 草图斜线画法

2. 角度线的画法

画 30°、45°、60°特殊角度线时，可按直角三角形两直角边的近似比例关系或圆弧等分点定出两个端点，然后画线，如图 1-56 所示；画 10°、15°可先画 30°的角及圆弧，然后按需要近似地等分即可。

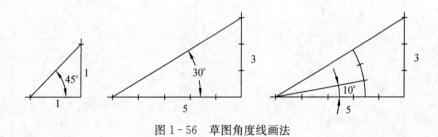

图 1-56 草图角度线画法

3. 圆的画法

画小圆时，一般先画出垂直相交的中心线，在其上按半径定出四个点，并勾画成圆。画较大的圆时，再画两条 45°斜线，按半径在斜线上再定出四个点，连成一圆，如图 1-57 所示。

4. 椭圆的画法

作图时利用椭圆的对称性，画出椭圆上的长短轴或共轭直径端点、画出外切的矩形或平

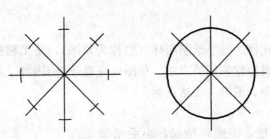

图 1-57　草图圆画法

行四边形及其对角线。以对角线交点为界将每一侧目估分成三等份，并在 2/3 等份点向外的位置确定出椭圆上的一点，如图 1-58 所示。将八点连成光滑的曲线得椭圆。

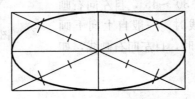

图 1-58　草图椭圆画法

三、计算机绘图

计算机绘图技术具有简单易学、操作方便、绘图精确、便于存储和修改等优点。随着计算机应用技术的发展，计算机绘图技术得到广泛的应用，极大地提高了设计人员的工作效率。目前，计算机绘图已发展成为一种先进的绘图技术。具体内容将在相关章节中介绍。

第二章 投影的基本知识

第一节 投影及其特性

观察图 2-1(a) 很容易看出，这是一个长方体，因为它直观地反映了长方体的形状。仔细分析后不难发现，在这个图形中各长方形侧面都变形为平行四边形，而且各方向的尺寸也不方便测量。因此工程图上采用如图 2-1(b) 所示的三面正投影图来表达建筑物的位置、形状及大小。这种图形是按一定的投影原理和图示方法绘制的，能反映形体各方向的真实形状，便于尺寸测量，便于绘制，是绘制工程图纸采用的主要方法。

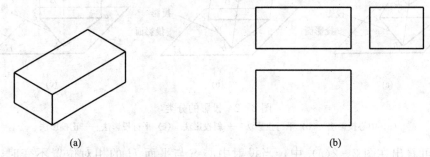

(a)　　　　　　　　　　　　　　(b)

图 2-1　长方体
(a) 立体图　(b) 正投影图

一、投影的形成及分类

（一）投影的形成

当物体被光线照射时，就会在地面或墙面上产生影子，而且影子的形状及大小随光线与物体的相对位置不同而变化，这就是日常生活中的投影现象。人们经过长时间的经验积累，抽象出物体与其影子之间的几何关系，逐步形成了投影方法。

（二）投影的分类

投影方法一般分为中心投影法和平行投影法两大类。

1. 中心投影法

由图 2-2(a) 可看出，灯光照射到三角形平面上，在地面（H 平面）得到影子。将光源抽象为一点 S，称为投射中心；发自投射中心且通过表示物体上各点的直线，如过三角形三个顶点的光线 SA、SB、SC 称为投射线；得到投影的平面，如 H 平面称为投影面；三条投射线与投影面相交的交点 a、b、c 称为 A、B、C 在投影面上的投影；根据投影法所得的图形称为投影图，如在 H 投影面上得到的 abc 是被投影物体——三角形 ABC 的投影。

可见，投射中心、被投影物体、投影面是产生投影的三个基本要素。

由于图 2-2(a) 中各投射线均汇交于投射中心，所以这种投影方法称为中心投影法。

生活中人们使用眼睛观察物体，可以认为眼睛就是一个投影中心。

2. 平行投影法

如果将投射中心移至无限远处，可认为各投射线相互平行，这种投影法称为平行投影法。如图 2-2(b) 及图 2-2(c) 所示均为平行投影法。

由于投射线与投影面间所夹角度的不同，平行投影法又分为斜投影法和正投影法两种。

（1）斜投影法：投射线与投影面相倾斜的平行投影法，如图 2-2(b) 所示。

（2）正投影法：投射线与投影面相垂直的平行投影法，如图 2-2(c) 所示。

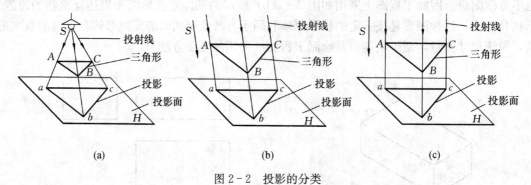

(a)　　　　　　　　　　(b)　　　　　　　　　　(c)

图 2-2　投影的分类

（a）中心投影法　（b）平行投影法——斜投影法　（c）平行投影法——正投影法

比较可看出在图 2-2(a) 中，当投射中心 S 与平面 H 的相对位置不变时，移动三角形 ABC，则其投影 abc 的形状和大小发生改变；在图 2-2(b) 和图 2-2(c) 中，沿投射线的方向平行移动三角形 ABC 时，其投影并不发生变化。正投影法是工程图中最主要的表达方法。各种投影法均可得到对应投影，采用正投影法得到的投影称为正投影（正投影图）。

必须明确，投影不同于影子。影子仅反映物体的外形轮廓，而投影则需根据投影原理，将物体的全部轮廓绘出，如图 2-3 所示。

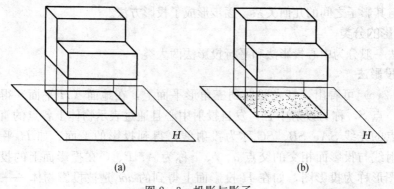

(a)　　　　　　　　　　(b)

图 2-3　投影与影子

（a）正投影　（b）影子

二、正投影的基本特性

由于工程图纸多采用正投影法绘制，因此掌握并灵活运用正投影的基本特性是非常必要的。

1. 类似性

当空间直线或平面与投影面倾斜时，其投影仍分别为直线或平面。其中，直线段的投影比实际长度短，如图2-4(a)所示；平面的投影比其实际形状小，但组成平面的边数不变，如图2-4(b)所示（图中H表示投影面）。

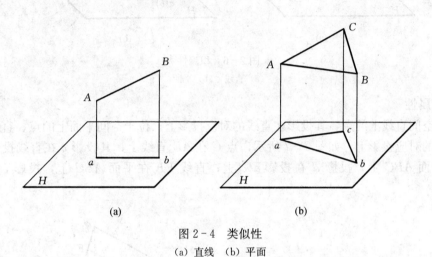

图2-4 类似性
(a) 直线 (b) 平面

2. 真实性

当空间直线或平面与投影面平行时，其投影分别反映直线段的真实长度及方向或平面的真实形状，如图2-5所示。

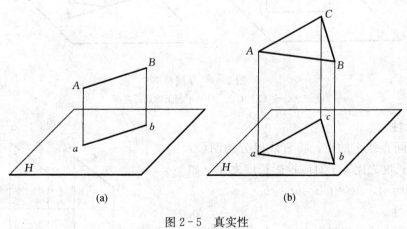

图2-5 真实性
(a) 直线 (b) 平面

3. 积聚性

当空间直线与投影面垂直时，其投影积聚为一点；当空间平面与投影面垂直时，其投影积聚为一条直线，如图2-6所示。这是一种特殊情况。

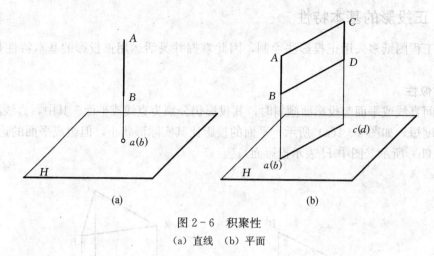

图 2-6 积聚性

(a) 直线 (b) 平面

4. 从属性

位于空间直线上的点，其投影在直线的对应投影上。位于空间平面上的点、直线，其投影在平面的对应投影上。如图 2-7 所示，点 C 在 AB 直线上，其投影 c 在直线投影 ab 上；点 D 在平面 ABC 上，投影 d 在投影 abc 上；直线 EF 在平面 ABC 上，投影 ef 在投影 abc 上。

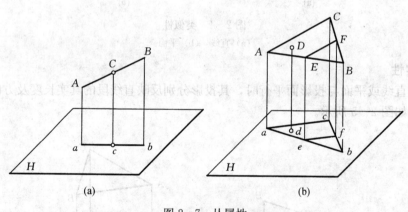

图 2-7 从属性

(a) 直线上的点 (b) 平面上的点、直线

5. 定比性

位于空间直线上的点，将直线段分为两段，该两段实际长度之比等于对应投影长度之比。如图 2-7(a) 所示，$AC:CB=ac:cb$。

6. 平行性

当空间两直线段相互平行时，其对应投影也相互平行，并且该两平行直线段的实长之比等于两投影长度之比。如图 2-8 所示，$AB/\!/CD$ 则 $ab/\!/cd$，且 $AB:CD=ab:cd$。

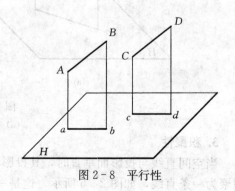

图 2-8 平行性

第二节　物体的三面投影图

如图 2-9 所示，不同形状或不同尺寸的物体，在投影面 H 上具有相同的正投影图。可见，仅依据单面投影图不能确定物体的形状和大小。因此，反映物体的形状和大小，需要画出物体的多面正投影图。工程实际中一般采用三面正投影图——简称三面投影图或三面投影。

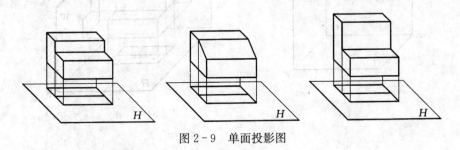

图 2-9　单面投影图

一、三面投影图的形成

1. 建立三投影面体系

三投影面体系由三个互相垂直的投影面组成，如图 2-10(a) 所示，其中：

投影面 H 水平放置，称为水平投影面，简称水平面；

投影面 V 立于正面，称为正立投影面，简称正面；投影面 W 立于侧面，称为侧立投影面，简称侧面。

三个互相垂直的投影面间的交线 OX、OY、OZ 也互相垂直，称为投影轴，其中：

OX 轴（简称 X 轴）为 H 面与 V 面的交线，用于表示物体的长度方向；

OY 轴（简称 Y 轴）为 H 面与 W 面的交线，用于表示物体的宽度方向；

OZ 轴（简称 Z 轴）为 V 面与 W 面的交线，用于表示物体的高度方向。

三根投影轴的交点 O，是坐标轴的基准点，称为原点。

2. 三面投影图的形成

如图 2-10(b) 所示，将物体置于三投影面体系中（应尽可能使物体表面与投影面处于特殊位置——平行或垂直），分别向三个投影面进行正投影，即从上向下投影，在 H 面上得到水平投影图，简称水平投影，该投影反映物体长度和宽度方向的尺寸；从前向后投影，在 V 面上得到正面投影图，简称正面投影，该投影反映物体长度和高度方向的尺寸；从左向右投影，在 W 面上得到侧面投影图，简称侧面投影，该投影反映物体高度和宽度方向的尺寸。

3. 展开投影面

显然，采用如图 2-10(b) 所示的绘图方法非常不方便，习惯上，保持 V 面不动，分别使 H、W 面绕 X、Z 轴向下、右方分别旋转 $90°$，展开至与 V 同面，这样，三个投影图便位于同一平面，绘图和看图都变得比较方便，如图 2-10(c) 所示。

注意：在展开过程中，OY 轴被分为两部分，一部分随 H 面旋转为朝下方向，用 OY_H 表示；另一部分随 W 面旋转为朝右方向，用 OY_W 表示。但无论朝向如何，二者均表示物体的宽度方向，尺寸是相同的。

另外，三面投影图的大小与投影面的大小无关，一般绘图时省去投影面，使得图形更加清晰，如图 2-10(d) 所示。

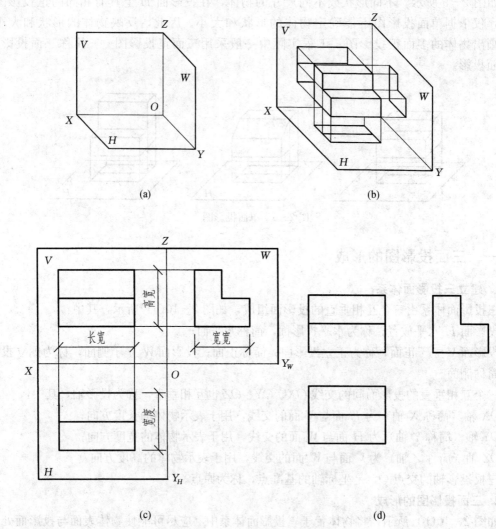

(a)　　　　　　　　　　(b)

(c)　　　　　　　　　　(d)

图 2-10　三面投影图的形成

(a) 三投影面体系的建立　(b) 投影的形成　(c) 投影图的展开　(d) 投影图

二、三面投影的基本规律

1. 三面投影图的尺寸关系

由图 2-10 分析可知：①水平投影反映物体的长度和宽度尺寸；②正面投影反映物体的长度和高度尺寸；③侧面投影反映物体的宽度和高度尺寸。

由于三面投影是按不同的投射方向表示同一物体，在投影过程中，物体与三个投影面间的相对位置亦没有发生任何变化，所以，无论是整个物体，还是物体上某一部分，其三面投影之间一定符合如下规律：

正面投影与水平投影长度相等，左右对正——长对正；

正面投影与侧面投影高度相等，上下平齐——高平齐；

水平投影与侧面投影宽度相等，前后对应——宽相等。

上述"长对正、高平齐、宽相等"的规律可称为"三等"规律，即：等长、等宽、等高。

作图时，使用丁字尺和三角板配合很容易实现"长对正"和"高平齐"；为了实现"宽相等"，可通过原点 O 作 45°辅助线或以原点 O 为圆心画辅助圆弧来完成。此外，还可以用圆规或分规直接截取。如图 2-11 所示。

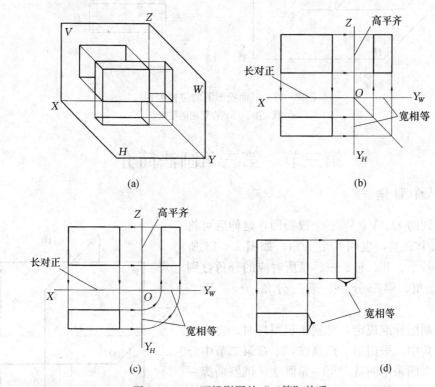

图 2-11　三面投影图的"三等"关系
(a) 直观图　(b) 45°辅助线　(c) 辅助圆弧　(d) 分规或圆规截取

2. 三面投影之间的位置关系

由前面分析可知，作图时应首先画出物体的正面投影，然后在其正下方画水平投影，在其正右侧画侧面投影，并符合"三等"规律。

分析图 2-12 可知：①正面投影反映物体的左、右方向和上、下方向；②水平投影反映物体的左、右方向和前、后方向；③侧面投影反映物体的上、下方向和前、后方向。

另外，水平投影和侧面投影中，靠近正面投影的一侧，表示物体的后面；远离正面投影的一侧，表示物体的前面。

在水利工程图中，正面投影又称为主视图，水平投影称为俯视图，侧面投影称为左视图。

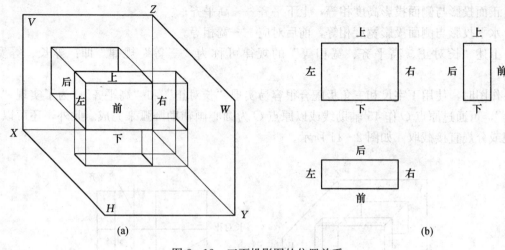

图 2 - 12　三面投影图的位置关系

(a) 直观图　(b) 投影图的位置

第三节　第三角画法简介

一、八个卦角

前面提到的 H、V、W 三个投影面，延伸后可将空间分为八个卦角，也叫八个分角，如图 2 - 13 所示，其中编号Ⅰ、Ⅱ、Ⅲ、…、Ⅷ所对应的分角分别称为第一分角、第二分角、第三分角、…、第八分角。

按我国制图标准规定，绘制工程图样时，将物体置于第一分角中，采用第一角画法，本章第二节中介绍的三面投影图采用的就是第一角画法，俄罗斯等一些欧洲国家亦采用第一角画法，美国、日本等国家则采用第三角画法。

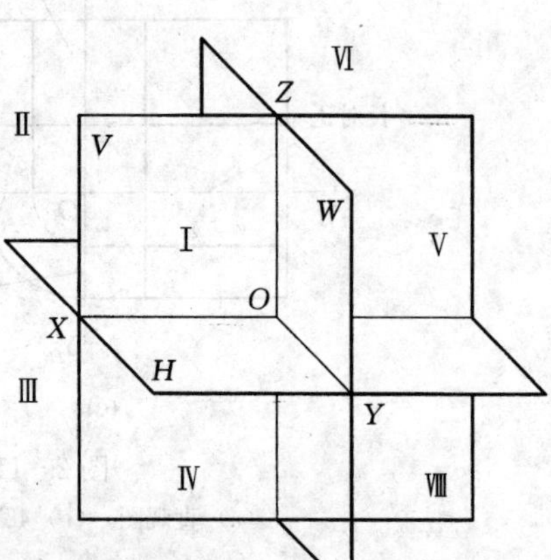

二、第三角画法

图 2 - 13　八个卦角

采用第三角画法时，将物体置于第三分角内，即投影面处于观察者与物体之间进行投影（可将投影面理解为透明），然后按规定展开投影面，如图 2 - 14 所示。投影面展开方法为：V 面不动，H 面及 W 面分别绕 X、Z 轴向上、向右旋转 90°，至与 V 同面。

采用第三角画法时，同样可省去投影面，按图 2 - 14(c) 所示绘制，布置各投影图时可不标注投影名称。

比较第一角画法与第三角画法，可知：

（1）两种画法均采用正投影法。

（2）在第一角画法中，观察者、被投影物体及投影面三者间的位置关系为：观察者——物体——投影面；在第三角画法中，三者间的位置关系为：观察者——投影面——物体。

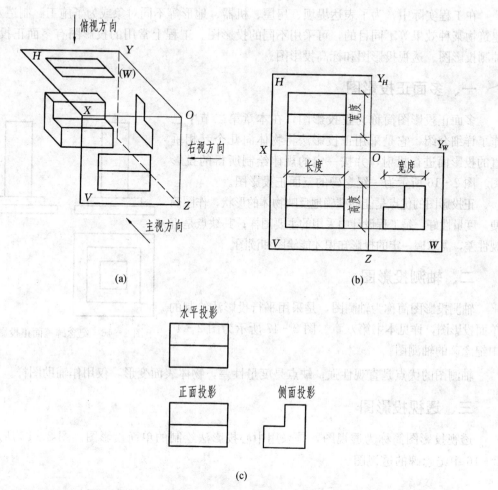

图 2 - 14　第三角画法

（a）直观图　（b）展开图　（c）投影图

按技术制图 GB/T 14692—1993 规定，采用第三角画法时，必须在图样中画出第三角投影的识别符号，如图 2 - 15 所示。

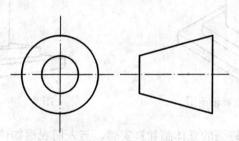

图 2 - 15　第三角画法识别符号

第四节　工程上常用的投影图

在工程实际中，为了表达堤坝、房屋、机器、地形等不同对象或为了施工、制造及表现建筑物某种效果等不同目的，可采用不同的投影图。工程上常用的投影图有多面正投影图、轴测投影图、透视投影图和标高投影图。

一、多面正投影图

多面正投影图简称为正投影图，在本章第二节中已作了详细介绍，它是采用正投影法将物体向几个互相垂直的投影面进行投射，并按一定的规律绘制所得的投影图。图 2-16 所示为一纪念碑的三面正投影图。

正投影图的优点是能够准确地反映物体的形状，作图简便，度量性好，是工程设计中采用的主要图样；其缺点是直观性差，需掌握一定的投影知识才能绘图和读图。

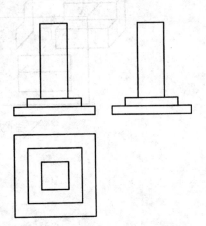

图 2-16　纪念碑三面正投影图

二、轴测投影图

轴测投影图简称为轴测图，是采用平行投影法绘制的单面投影图，详见本书第八章。图 2-17 所示为图 2-16 中纪念碑的轴测图。

轴测图的优点是直观性强；缺点是度量性差，物体表面变形，仅用作辅助图样。

三、透视投影图

透视投影图简称为透视图，是采用中心投影法绘制的单面投影图。图 2-18 所示是图 2-16 中纪念碑的透视图。

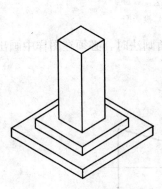

图 2-17　纪念碑轴测图

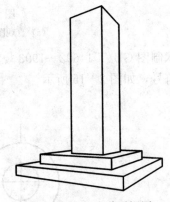

图 2-18　纪念碑透视图

透视图的优点是富有较强的立体感和真实感，与人们观察物体的效果基本一致，是建筑表现图的一种常用方法；缺点是作图复杂，度量性差。

四、标高投影图

标高投影图简称为标高投影或标高图，是一种单面正投影图，详见本书第十一章。它是假想用一组高差相等的水平面剖切形体，得到一组水平交线，每条交线均称为等高线，将各等高线投射到水平投影面上，并用数字标出其高程，这种图样称为标高投影图。图 2-19 所示为一小山丘的标高投影图。

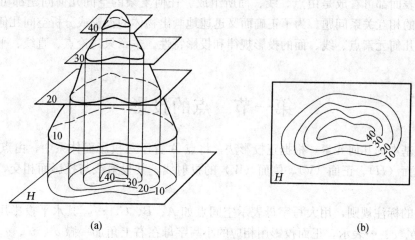

图 2-19　标高投影图

（a）直观图　（b）标高投影图

标高图的优点是能在一个投影面上表达不同高度的形状；缺点是立体感差。

第三章 点、直线和平面的投影

物体的表面都可看成是由点、线、面所组成。任何复杂的空间几何问题都可以抽象成点、线、面的相互关系问题。为了正确而又迅速地画出物体的投影或分析空间几何问题，必须首先研究几何元素点、线、面的投影规律和投影特性。本章只讨论点、直线、平面的投影规律问题。

第一节 点的投影

点是最基本的几何元素，根据正投影法，将点 A 置于三投影面体系中，由点 A 分别作垂直于水平面（H）、正面（V）、侧面（W）的投射线，其投射线与投影面相交，得到点 A 的三个投影。

按照点的标注规则，用大写字母表示空间点如 A、B、C、…，其水平投影用相应的小写字母 a、b、c、…表示，正面投影用相应的小写字母在右上角加一撇 a'、b'、c'、…表示，侧面投影用相应的小写字母在右上角加两撇 a''、b''、c''、…表示。

一、点的两面投影

如图 3-1 所示，由空间点 A 和 H 面，可以确定 A 点的唯一投影 a。反之，若已知 A 点的水平投影 a，则过 a 的投影线上任一点（如 A、A_1、A_2）的投影都是 a，因此无法确定 A 点的空间位置。由此可知仅已知点的一个投影，是不能确定空间点的位置的。

由两个相互垂直的投影面组成的投影面体系称为两投影面体系。用两投影面体系的投影可以确定点的空间位置。

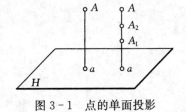

图 3-1 点的单面投影

图 3-2(a) 所示为点 A 在 $\dfrac{V}{H}$ 两投影面体系中的投影。

因 $Aa \perp H$ 面，$Aa' \perp V$ 面

则 $Aaa_x a' \perp H$ 面，又 $\perp V$ 面

因三平面互相垂直，其交线必互相垂直，故

$$a'a_X \perp OX,\ aa_X \perp OX$$

投影面展开后，如图 3-2(b) 所示，得 $a'a \perp OX$，又因 $Aaa_x a'$ 是一矩形，故

$$aa_X = Aa' = 点 A 至 V 面的距离$$

$$a'a_X = Aa = 点 A 至 H 面的距离$$

图 3-3 所示为点 A 在 $\dfrac{V}{W}$ 两投影面体系中的投影。与点 A 在 $\dfrac{V}{H}$ 两投影面体系中的投影规律类似，可得：

$$a'a'' \perp OZ$$
$$a'a_Z = Aa'' = 点\ A\ 至\ W\ 面的距离$$
$$a''a_Z = Aa' = 点\ A\ 至\ V\ 面的距离$$

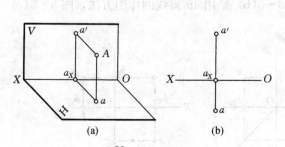

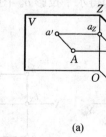

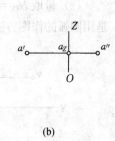

(a)	(b)
图 3-2　点在 $\dfrac{V}{H}$ 两投影面体系中的投影	图 3-3　点在 $\dfrac{V}{W}$ 两投影面体系中的投影
(a) 直观图　(b) 投影图	(a) 直观图　(b) 投影图

综上所述，可得出点的两面投影规律如下：

（1）点的两面投影的连线必垂直于相应的投影轴。

（2）点的投影到投影轴的距离，等于该点到另一投影面的距离。

二、点的三面投影

1. 点的三面投影规律

在两面投影的基础上，再加入一个与 H 面和 V 面都垂直的投影面，就构成了三投影面体系，如图 3-4(a) 所示。点 A 在三投影面体系中的投影如图 3-4(b) 所示。

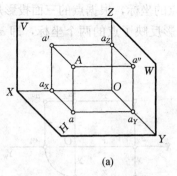

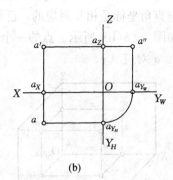

(a)　　　　　　　　　　(b)

图 3-4　点的三面投影

(a) 直观图　(b) 投影图

根据点的两面投影规律，可以得出点的三面投影规律：

（1）点的正面投影与水平投影的连线垂直于 OX 轴，即 $a'a \perp OX$ 轴。

（2）点的正面投影与侧面投影的连线垂直于 OZ 轴，即 $a'a'' \perp OZ$ 轴。

（3）点的水平投影到 OX 轴的距离等于点的侧面投影到 OZ 轴的距离，即 $aa_X = a''a_Z$。

已知点的两个投影，根据投影规律可求出点的第三投影。

例 3 - 1 如图 $3-5$(a) 所示，已知 B 点的两个投影 b'、b''，求 b。

分析：根据点的三面投影规律，水平投影 b 在与 OX 轴垂直的直线 $b'b_X$ 的延长线上，且水平投影 b 到 OX 轴的距离等于 b'' 到 OZ 轴的距离。

作图：（1）过 b' 作 OX 轴的垂线，交 OX 轴于 b_X。

（2）量取 $bb_X = b''b_Z$，即得水平投影 b。图 $3-5$(b) 是用 45°斜线的作图方法，图 $3-5$(c) 是用圆弧的作图方法。

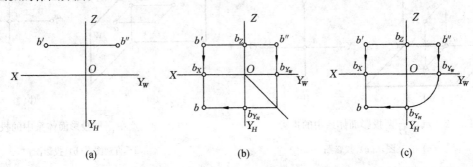

图 3 - 5　已知点的两个投影求第三投影

(a) 已知　(b) 作图方法一　(c) 作图方法二

2. 点的坐标与三面投影的关系

如把三投影面看作为空间直角坐标体系，则 H、V、W 面即为坐标面，X、Y、Z 轴为坐标轴，O 点为坐标原点。由图 $3-6$(a) 可知，点 A 的三个直角坐标 x、y、z 即为点 A 到三个坐标面的距离。点 A 的坐标与其投影的关系如下：

$x = Aa'' = aa_Y = a'a_Z$（点 A 到 W 面的距离）

$y = Aa' = aa_X = a''a_Z$（点 A 到 V 面的距离）

$z = Aa = a'a_X = a''a_Y$（点 A 到 H 面的距离）

点的投影与直角坐标是相互对应的，已知点的坐标，根据点的三面投影规律，就可以求出它的投影，如图 $3-6$(b) 所示。点的一个投影反映了点的两个坐标，即 a 对应（x、y）、a' 对应（x、z）、a'' 对应（y、z）。

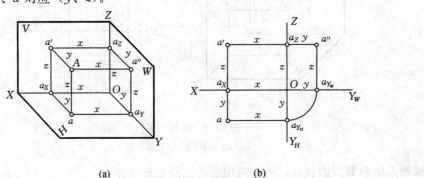

(a)　　　　　　(b)

图 3 - 6　点的投影与直角坐标

(a) 直观图　(b) 投影图

例 3-2 已知 C 点的坐标为（20，15，10），试作 C 点的三面投影。如图 3-7 所示。

作图：（1）画出投影轴。

（2）量坐标值。自 O 点分别在 OX、OY、OZ 轴上量取 20、15、10，得到 c_X、c_{Y_H}、c_{Y_W}、c_Z，如图 3-7(a) 所示。

（3）过 c_X、c_{Y_H}、c_{Y_W}、c_Z 分别作 X、Y、Z 轴的垂线，它们两两相交，得交点 c、c'、c''，就是 C 点的三个投影，如图 3-7(b) 所示。

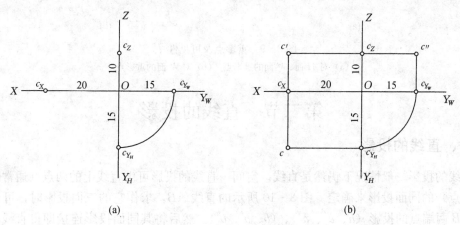

(a)   (b)

图 3-7 已知点的坐标求其投影

(a) 画出坐标轴 (b) 作出的投影

三、两点的相对位置

1. 两点相对位置的确定

两点相对位置是指空间两点之间的左右、前后、上下的位置关系，这些关系可由两点的坐标差值来判断。x、y、z 分别表示点到三投影面的距离，x 大者在左，y 大者在前，z 大者在上。从图 3-8 可看出，由于 $x_A > x_B$、$y_A > y_B$、$z_A < z_B$，所以 A 点在 B 点的左、前、下方。

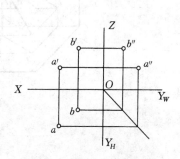

图 3-8 两点的相对位置

2. 重影点及可见性

（1）重影点。当空间两点位于同一投射线上时，它们在该投射线垂直的投影面上的投影重合，这两点称为对该投影面的重影点。如图 3-9 所示，A、B 两点是对 H 面的重影点，它们在 H 面的投影 a、b 重合；C、D 两点是对 V 面的重影点，它们在 V 面的投影 c'、d' 重合；E、F 两点是对 W 面的重影点，它们在 W 面的投影 e''、f'' 重合。

（2）判断重影点的可见性。重影点的重合投影有上遮下、前遮后、左遮右的现象，在上、前、左的点可见，在下、后、右的点不可见，不可见的投影加括号表示，如图 3-9 所示。

综上分析，重影点的可见性，是根据它们不重合的同面投影的坐标来判断的，坐标值大的可见，坐标值小的不可见。

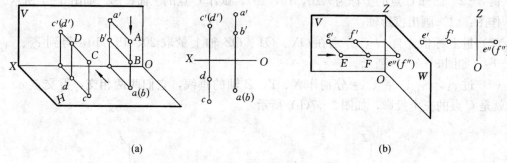

图 3-9　重影点及可见性

(a) 对 H 面、V 面的重影点　(b) 对 W 面的重影点

第二节　直线的投影

一、直线的投影

直线的投影一般情况下仍然是直线。空间一直线的投影可由直线上的两点（通常取线段两个端点）的同面投影来确定。图 3-10 所示的直线 AB，求作它的三面投影时，可分别作出 A、B 两端点的投影 $(a、a'、a'')$、$(b、b'、b'')$，然后将其同面投影连接即得直线 AB 的三面投影 $(ab、a'b'、a''b'')$。

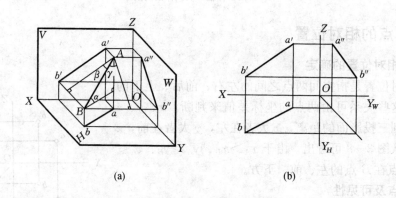

图 3-10　直线的投影

(a) 直观图　(b) 投影图

直线与其投影的夹角称为直线对该投影面的倾角。如图 3-10 所示，AB 与 ab 的夹角为直线 AB 对 H 面的倾角，用 α 表示，AB 与 $a'b'$、$a''b''$ 的夹角 β、γ 分别为直线 AB 对 V 面、W 面的倾角。

二、各种位置的直线

根据直线在三投影面体系中的位置不同，可分为投影面平行线、投影面垂直线和一般位置直线三类。前两类直线又统称为特殊位置直线。下面分别讨论它们的投影特性。

1. 投影面平行线

平行于一个投影面、倾斜于其他两个投影面的直线，称为投影面平行线。平行于 V 面的称为正平线，平行于 H 面的称为水平线，平行于 W 面的称为侧平线。

各种投影面平行线的投影图和投影特性见表 3-1。

表 3-1 投影面平行线的投影特性

名称	直观图	投影图	投影特性
正平线	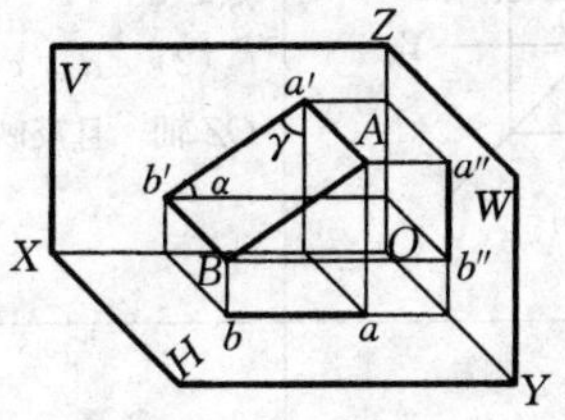	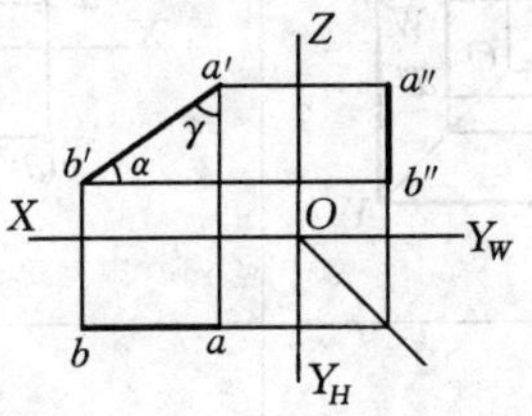	（1）$a'b'$ 反映实长，$a'b'$ 与 OX、OZ 轴的夹角 α、γ 分别反映 AB 与 H 面和 W 面的倾角 （2）$ab // OX$ 轴、$a''b'' // OZ$ 轴，ab、$a''b''$ 均小于实长
水平线	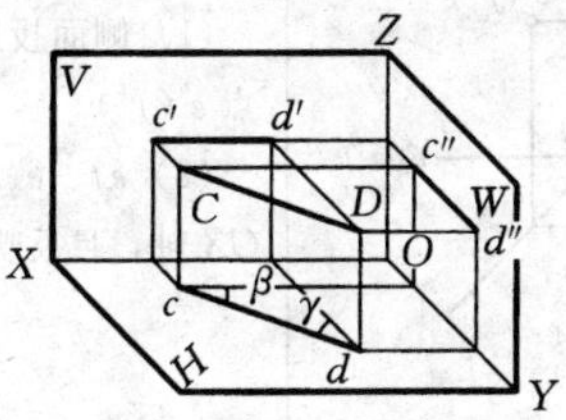	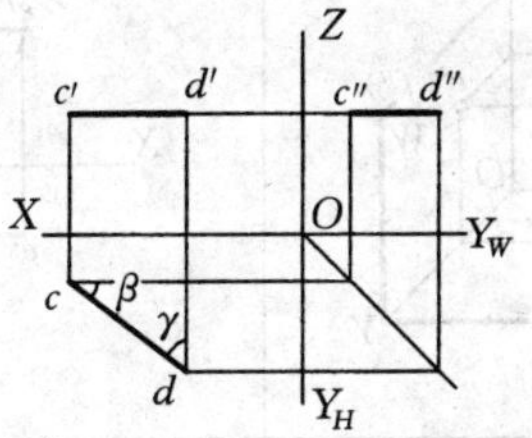	（1）cd 反映实长，cd 与 OX、OY_H 轴的夹角 β、γ 分别反映 AB 与 V 面和 W 面的倾角 （2）$c'd' // OX$ 轴、$c''d'' // OY_W$ 轴，$c'd'$、$c''d''$ 均小于实长
侧平线	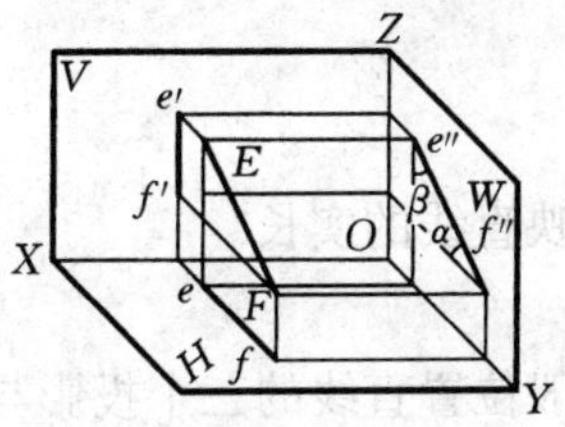	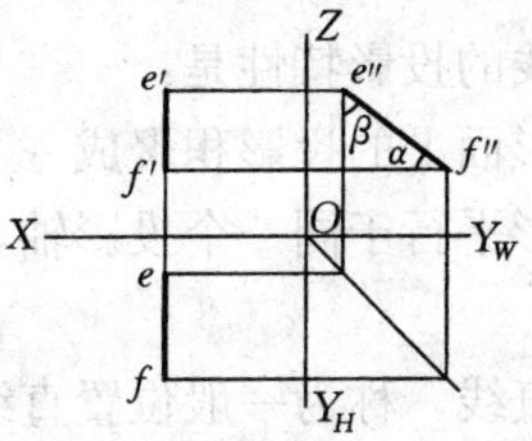	（1）$e''f''$ 反映实长，$e''f''$ 与 OY_W、OZ 轴的夹角 α、β 分别反映 AB 与 H 面和 V 面的倾角 （2）$ef // OY_H$ 轴、$e'f' // OZ$ 轴，ef、$e'f'$ 均小于实长

归纳起来，投影面平行线的投影特性是：

（1）在与直线段平行的投影面上的投影反映直线段的实长，且该投影与投影轴的夹角反映直线对另外两个投影面的倾角。

（2）直线的另外两个投影平行于不同的投影轴，且都小于实长。

2. 投影面垂直线

垂直于一个投影面、平行于其他两个投影面的直线，称为投影面垂直线。垂直于 V 面的称为正垂线、垂直于 H 面的称为铅垂线、垂直于 W 面的称为侧垂线。

各种投影面垂直线的投影图和投影特性见表 3-2。

表 3-2 投影面垂直线的投影特性

名称	直观图	投影图	投影特性
正垂线	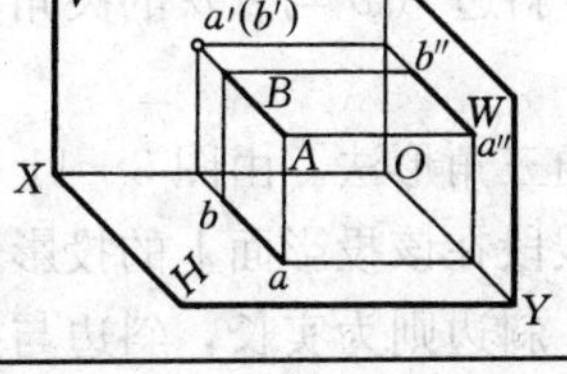	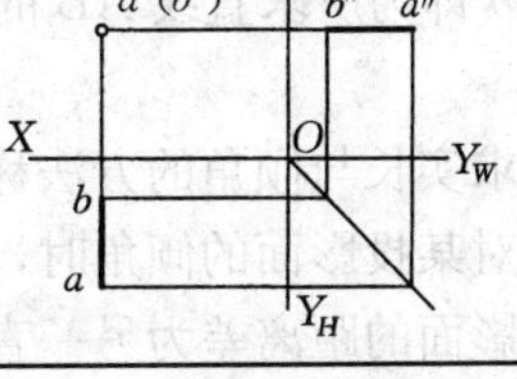	（1）正面投影积聚为一点 $a'(b')$ （2）ab、$a''b''$ 均平行于 OY 轴，且反映实长

（续）

名称	直观图	投影图	投影特性
铅垂线	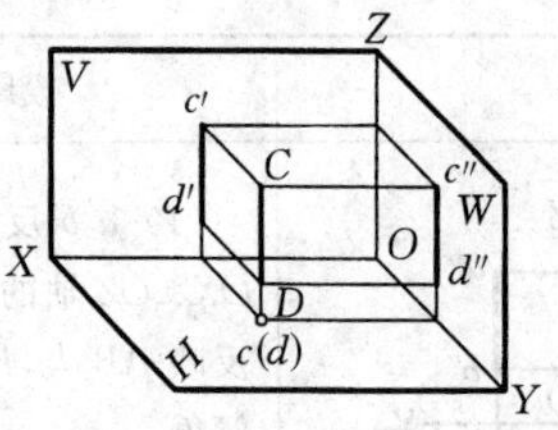	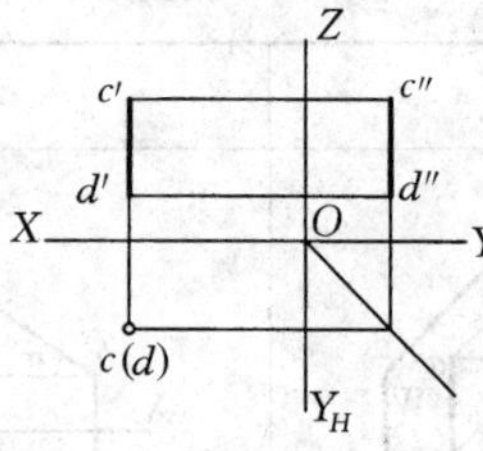	（1）水平投影积聚为一点 $c(d)$ （2）$c'd'$、$c''d''$均平行于 OZ 轴，且反映实长
侧垂线	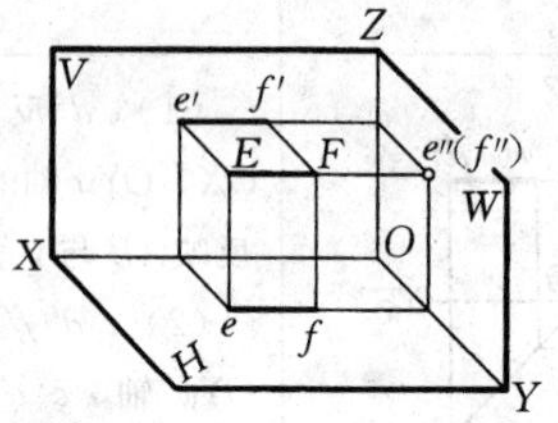	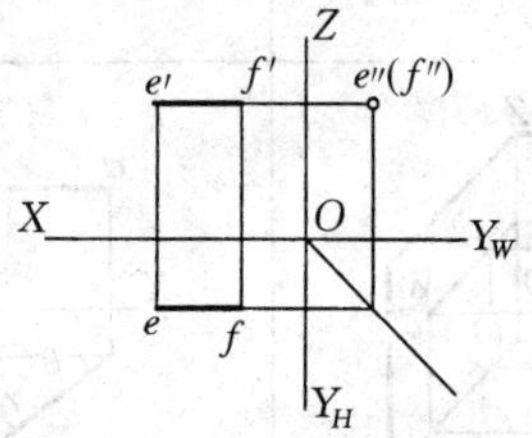	（1）侧面投影积聚为一点 $e''(f'')$ （2）ef、$e'f'$均平行于 OX 轴，且反映实长

归纳起来，投影面垂直线的投影特性是：

（1）在与直线垂直的投影面上的投影积聚成一个点。

（2）直线的另外两个投影平行于同一个投影轴，且反映直线的实长。

3. 一般位置直线

与三个投影面都倾斜的直线，称为一般位置直线。一般位置直线的三个投影与投影轴都不平行，且不反映实长，也不反映与投影面的倾角，如图 3-10(b) 所示。

三、直线段的实长及其对投影面的倾角

一般位置直线段的三个投影均不反映直线段的实长和对投影面的倾角，但可利用空间直线段与其投影之间的几何关系，用图解的方法求得其实长和倾角。

图 3-11(a) 所示为一般位置直线的直观图。若过 A 点作 AB_1 平行于 ab，与 Bb 交于 B_1 点，得一直角三角形 ABB_1，斜边 AB 为线段的实长，$\angle BAB_1$ 是 AB 对 H 面的倾角 α，直角边 $AB_1 = ab$，另一直角边 BB_1 等于 A、B 两点的 z 坐标差，即 $\Delta Z = |z_A - z_B|$，这些都可根据线段的投影来确定。

图 3-11(b) 中，过 b 作 ab 的垂线 bB_0，在此垂线上量取 $bB_0 = |z_A - z_B|$，则 aB_0 即为所求直线 AB 的实长，$\angle B_0ab$ 即为 AB 对 H 面的倾角 α。

同理，如图 3-11(c) 所示，以 $a'b'$ 为一直角边，以 $\Delta Y = |y_A - y_B|$ 为另一直角边，作直角三角形 $A_0a'b'$，A_0b' 即为所求直线 AB 的实长，斜边 A_0b' 与 $a'b'$ 的夹角即为 AB 对 V 面的倾角 β。

以上利用直角三角形求实长与倾角的方法称为直角三角形法。由图 3-11 可知，用直角三角形法求线段的实长及对其投影面的倾角时，应以线段在该投影面上的投影长度为一直角边，以线段两端点至该投影面的距离差为另一直角边，斜边则为实长，斜边与投影的夹角为

线段对该投影面的倾角。

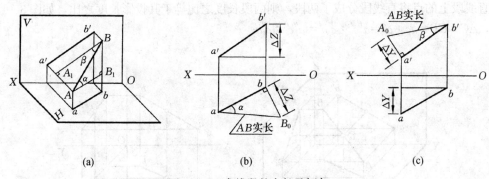

图 3-11 求线段的实长及倾角

(a) 直观图 (b) 求实长及倾角 α (c) 求实长及倾角 β

例3-3 如图 3-12(a) 所示,已知线段 AB 的实长为 25 mm,并知 a、$a'b'$,求其水平投影 ab。

分析:已知直线段的实长和一个投影,若求得 A、B 两点的 Y 坐标差,即可求出 ab。Y 坐标差可根据直角三角形法求得。

作图:(1) 过 $a'b'$ 的端点 a' 作 $a'b'$ 的垂线,以 b' 为圆心、$R=25$ mm 为半径画圆弧,与垂线交于 A_0 点,连接 A_0b' 得直角三角形 $A_0a'b'$,A_0a' 为 A、B 两点的 Y 坐标差。

(2) 过 b' 作 OX 轴的垂线,再过 a 作 OX 轴的平行线,两直线相交于 b_0,在 $b'b_0$ 线上截取 Y 坐标差 $b_0b_1=A_0a'$,得 b_1 点,连接 ab_1 即为所求,如图 3-12(b) 所示。

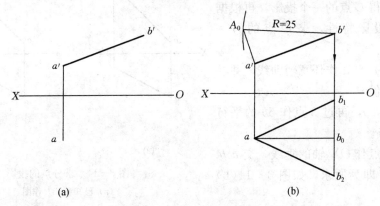

图 3-12 求 AB 的水平投影

(a) 已知 (b) 作图

也可截取 $b_0b_2=A_0a'$,得 b_2 点,连接 ab_2 也为所求,即本题有两解。

四、直线上的点

1. 直线上点的投影特性

点在直线上,则点的三个投影必在该直线的同面投影上,反之亦然。如图 3-13(a) 所示,直线 AB 上有一点 C,则 C 点的三面投影 c、c'、c'' 必定分别在直线的同面投影 ab、$a'b'$、$a''b''$

上，且其一对投影的连线必垂直于相应的投影轴。

2. 点分割直线段成定比

直线段上的点将直线段分成了两段，则两段长度之比等于其投影长度之比，如图 3-13(b) 所示，$AC : CB = ac : cb = a'c' : c'b' = a''c'' : c''b''$。

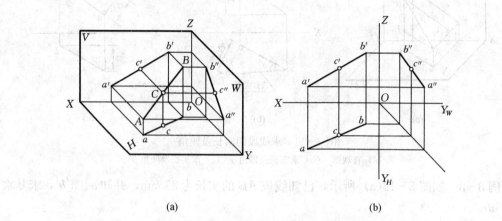

(a)   (b)

图 3-13 直线上的点

(a) 直观图   (b) 投影图

例 3-4 如图 3-14(a) 所示，已知直线段 AB 的投影 ab 及 $a'b'$，C 点在直线段 AB 上，$AC : CB = 3 : 2$，求 C 点的投影。

分析：根据分割线段定比性，$AC : CB = ac : cb = a'c' : c'b' = 3 : 2$，用等分线段的方法先求得 C 点的一个投影，再根据直线上点的投影特性，求 C 点的另一投影。

作图：(1) 自 a 作任意辅助线，并在其上截取 5 等份。

(2) 连接 $5b$，再过 3 点作 $5b$ 的平行线交 ab 于 c 点。

(3) 自 c 点作 OX 轴的垂线，交 $a'b'$ 于 c' 点，c、c' 即为所求，如图 3-14(b) 所示。

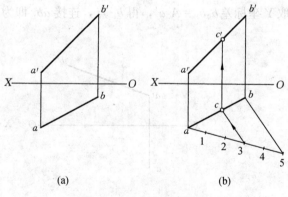

(a)   (b)

图 3-14 求分点的投影

(a) 已知   (b) 作图

例 3-5 如图 3-15(a) 所示，已知直线 AB 及点 M 的两面投影，判断点 M 是否在直线 AB 上。

分析：图中 AB 是侧平线，可采用画出侧面投影或用定比方法进行判断。

作图方法一：作出直线 AB 和点 M 的侧面投影。因 m'' 不在 $a''b''$ 上，故点 M 不在直线 AB 上，如图 3-15(b) 所示。

作图方法二：若点 M 在直线段 AB 上，则 $am : mb = a'm' : m'b'$。

(1) 过 a 作任意辅助线，并在其上截取 $ab_0 = a'b'$，$am_0 = a'm'$。

(2) 连接 bb_0。

（3）过 m_0 作 $m_0m_1 \mathbin{/\mkern-5mu/} bb_0$，交 ab 于 m_1，因 m_1 与 m 不重合，故点 M 不在直线段 AB 上，如图 3 - 15(c) 所示。

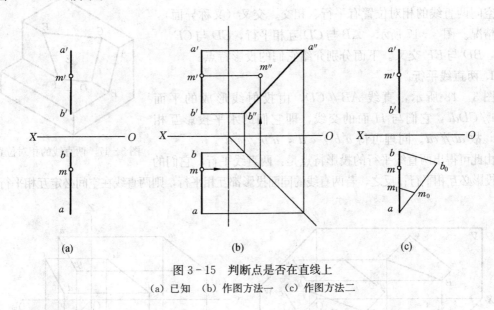

(a)   (b)   (c)

图 3 - 15 判断点是否在直线上

(a) 已知   (b) 作图方法一   (c) 作图方法二

3. 直线的迹点

直线与投影面的交点称为迹点。直线与 H 面的交点称为水平迹点，以 M 表示，与 V 面的交点称为正面迹点，以 N 表示，如图 3 - 16(a) 所示。

迹点是直线上的点，又是投影面上的点。根据这一特性就可作出直线的迹点投影。

由于 M 点是 H 面上的点，所以 $z_M = 0$，即 m' 必定在 OX 轴上，又因为 M 是直线 AB 上的点，所以 m' 在 $a'b'$ 的延长线上，m 在 ab 的延长线上。

直线 AB 的水平迹点作图方法如图 3 - 16(b) 所示：

（1）延长 $a'b'$ 与 OX 轴相交即得水平迹点 M 的正面投影 m'。

（2）自 m' 作 OX 轴的垂线与 ab 的延长线交于 m，即得水平迹点 M 的水平投影。

同理，直线 AB 的正面迹点 N 的作图方法为：

（1）延长 ab 与 OX 轴相交即得正面迹点 N 的水平投影 n。

（2）自 n 作 OX 轴的垂线与 $a'b'$ 的延长线交于 n'，即为正面迹点 N 的正面投影。

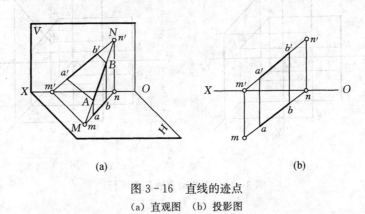

(a)   (b)

图 3 - 16 直线的迹点

(a) 直观图 (b) 投影图

五、两直线的相对位置

空间两直线的相对位置有平行、相交、交叉（又称异面）三种情况。图 3-17 所示，AB 与 CD 互相平行，CD 与 CE 相交，BD 与 EF 交叉。下面分别介绍它们的投影特点。

1. 两直线平行

图 3-18 所示，直线 $AB /\!/ CD$，由投射线形成的平面 $ABba /\!/ CDdc$，它们与 H 面的交线，即它们的水平投影互相平行，故 $ab /\!/ cd$。同理可得 $a'b' /\!/ c'd'$，$a''b'' /\!/ c''d''$。

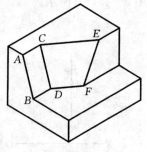

图 3-17 两直线的相对位置

由此可得出两直线平行的投影特点是：两直线平行，它们的同面投影必互相平行；反之，若两直线的同面投影都互相平行，则两直线在空间必定互相平行。

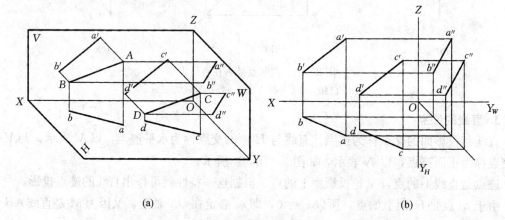

图 3-18 两直线平行
（a）直观图 （b）投影图

当两直线是一般位置直线时，只要有两对同面投影互相平行即可判定两直线平行；但若两直线同为某投影面的平行线时，则须看它们在该投影面上的投影是否平行才能作出判断，如图 3-19 所示。

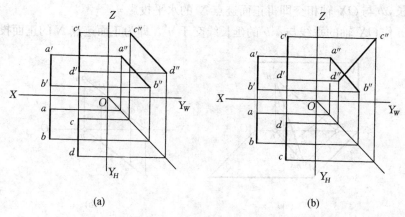

图 3-19 判断两直线是否平行
（a）平行 （b）不平行

2. 两直线相交

两直线相交，它们的同面投影也一定相交，交点为两直线的共有点，其投影符合点的投影规律。图 3-20 所示，K 是直线 AB 与 CD 的共有点，它的投影 k、k'、k'' 必符合点的投影规律。

由此可得两直线相交的投影特点是：两直线相交，其同面投影也必定相交，且交点投影的连线垂直于相应的投影轴。

当两直线都是一般位置直线时，只要有两对同面投影相交，且交点投影的连线垂直于投影轴，就可判定两直线相交，如图 3-20(b) 所示；但若有一直线为某投影面的平行线时，则须看它们在该投影面上的投影才能作出判断，如图 3-21 所示，CD 为一侧平线，它是否与 AB 相交，仅从 H、V 面投影不易看出，需作出 W 面投影来判断。

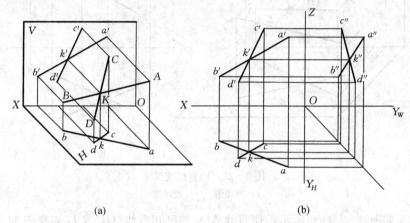

(a)   (b)

图 3-20　两直线相交

(a) 直观图　(b) 投影图

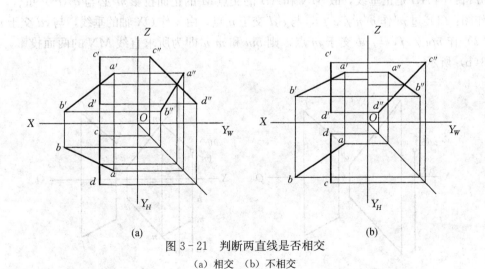

(a)   (b)

图 3-21　判断两直线是否相交

(a) 相交　(b) 不相交

3. 两直线交叉（异面）

既不平行又不相交的两直线，称为交叉直线，因交叉的两直线不在同一个平面内，故又称异面直线。交叉直线的投影既不符合两直线平行的投影特点，也不符合两直线相交的投影特点。

交叉直线可能有两组同面投影平行，但第三投影不可能平行，如图 3-19(b) 所示；它们的同面投影也可能相交，但交点的投影不符合点的投影规律，如图 3-21(b) 所示。两直线交叉同面投影的交点，是两直线上对该投影面的重影点的投影。如图 3-22 所示，AB 线上的点 M 与 CD 线上的点 N 是对 H 面的重影点，因 M 高 N 低，故 m 可见，n 不可见，水平投影标注为 $m(n)$；点 E、F 是对 V 面的重影点，因 E 前 F 后，故 e' 可见，f' 不可见，正面投影标注为 $e'(f')$。

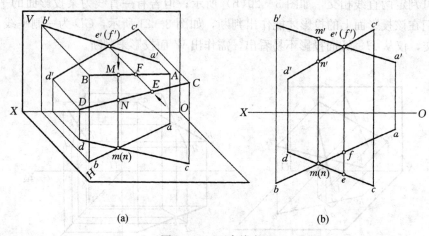

图 3-22 两直线交叉

(a) 直观图 (b) 投影图

例 3-6 如图 3-23(a) 所示，作直线 MN 与已知直线 AB、CD 相交于 M、N 点，且平行于已知直线 EF。

分析：因 AB 是正垂线，故 MN 和 AB 的交点 M 的正面投影 m' 必与 $a'(b')$ 重合。

作图：(1) 过 m' 作 $m'n' // e'f'$，与 $c'd'$ 交于 n' 点，由 n' 作 OX 轴的垂线，与 cd 交于 n 点。

(2) 作 $mn // ef$，与 ab 交于 m 点，则 mn 和 $m'n'$ 即为所求直线 MN 的两面投影，如图 3-23(b) 所示。

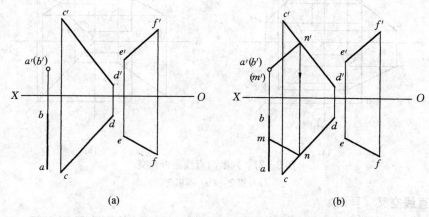

图 3-23 作 $MN // EF$，且与 AB、CD 相交

(a) 已知 (b) 作图

六、直角投影定理

空间两直线垂直（相交垂直或交叉垂直），其投影有下列三种情况：

（1）垂直两直线都平行于某投影面时，其在该投影面上的投影必相互垂直。

（2）垂直两直线都不平行于某投影面时，其在该投影面上的投影不相互垂直。

（3）垂直两直线中有一直线平行于某投影面时，其在该投影面上的投影相互垂直。

上述（3）称为直角投影定理。其证明如下：

如图 3-24 所示，AB 与 AC 垂直相交，$AB /\!/ H$ 面；$DE /\!/ AC$，与 AB 交叉垂直，且倾斜于 H 面。因 $AB \perp AC$，$AB \perp Aa$，所以 $AB \perp$ 平面 $ACca$；$ab /\!/ AB$，所以 $ab \perp$ 平面 $ACca$，$ab \perp ac$。又因 $DE /\!/ AC$，所以 $de /\!/ ac$，$de \perp ab$。

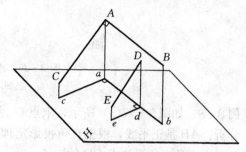

直角投影定理的逆定理：若两直线的投影相互垂直，且其中一直线平行于该投影面，则两直线在空间必相互垂直。

图 3-24　直角投影定理

如图 3-25 所示，$AB /\!/ H$ 面，$ab \perp ac$，AB 与 AC 是垂直相交；DE 平行于 V 面，$d'e' \perp f'g'$，DE 与 FG 是交叉垂直；虽然 $l'm' \perp m'n'$，但 LM、MN 都是一般位置直线，故两直线不垂直。

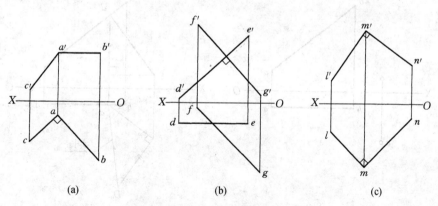

图 3-25　判断两直线是否垂直

（a）相交垂直　（b）交叉垂直　（c）不垂直

例 3-7　如图 3-26(a) 所示，已知矩形 $ABCD$ 的一边 AB（水平线）的两投影 ab 和 $a'b'$，以及 AD 的正面投影 $a'd'$，试完成矩形的投影。

分析：矩形边 $AB \perp AD$，因 $AB /\!/ H$ 面，故 $ab \perp ad$，根据两直线平行关系可求出 C 点。

作图：（1）过 a 点作直线垂直于 ab。

（2）由 d' 求得 d。

（3）分别过 b、d 作 ad、ab 的平行线，交于 c 点；分别过 b'、d' 作 $a'd'$、$a'b'$ 的平行线，交于 c' 点，完成矩形投影，如图 3-26(b) 所示。

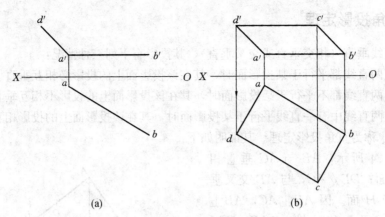

图 3-26 求矩形的投影

(a) 已知 (b) 作图

例 3-8 如图 3-27(a) 所示，求点 C 到直线 AB 的距离。

分析：AB 是正平线，根据直角投影定理，过 C 点作 AB 的垂线 CD，其正面投影反映直角，再用直角三角形法求 CD 的实长。

作图：(1) 作 $c'd' \perp a'b'$，交 $a'b'$ 于 d'。

(2) 过 d' 作 OX 的垂线，与 ab 交于 d，连接 c、d。

(3) 用直角三角形法求出 CD 的实长 dD_0，即为所求距离，如图 3-27(b) 所示。

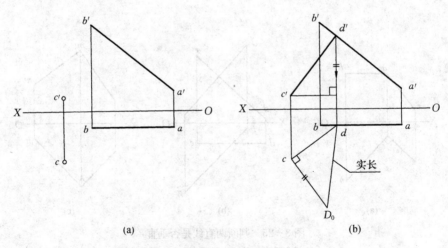

图 3-27 求点到直线的距离

(a) 已知 (b) 作图

第三节 平面的投影

一、平面的表示法

1. 用几何元素表示

平面可以用不在同一直线上的三点来确定其空间位置。在投影图中，平面通常用不在同一直线上的三点或由三点转换成的其他形式来表示：

(1) 不在同一直线上的三个点，如图 3-28(a) 所示。

(2) 一直线和直线外的一个点，如图 3-28(b) 所示。

(3) 两条相交直线（$AB \times CD$），如图 3-28(c) 所示。

(4) 两条平行直线（$AB /\!/ CD$），如图 3-28(d) 所示。

(5) 任意平面图形，如三角形、四边形、圆等，如图 3-28(e) 所示。

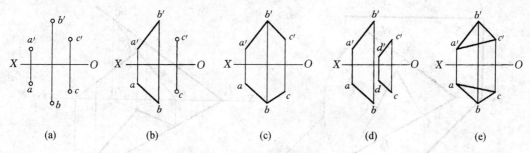

图 3-28　用几何元素表示平面

(a) 三点确定平面　(b) 直线与线外一点确定平面　(c) 两条相交直线确定平面
(d) 两条平行直线确定平面　(e) 平面图形确定平面

2. 用迹线表示

平面除用几何元素表示外，还可用迹线来表示。

平面与投影面的交线称为迹线，如图 3-29 所示，平面 P 与 H、V、W 面的交线分别称为水平迹线（P_H）、正面迹线（P_V）、侧面迹线（P_W）。平面 P 与 OX、OY、OZ 轴的交点，即两迹线的交点称为迹线集合点，分别用 P_X、P_Y、P_Z 来表示。

由于迹线是投影面上的直线，所以它的一个投影与迹线本身重合，其余投影均与投影轴重合。如图 3-29(b) 所示，水平迹线 P_H 的水平投影与迹线本身重合，正面投影与 OX 轴重合，侧面投影与 OY 轴重合。用迹线表示平面时，只画出与迹线本身重合的投影，并加以标注，标注方式与迹线相同，如图 3-29 所示。

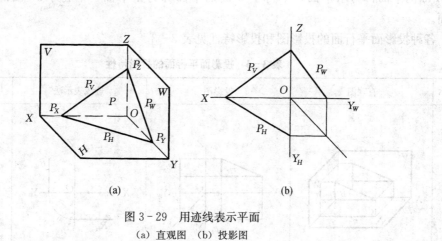

图 3-29　用迹线表示平面

(a) 直观图　(b) 投影图

如图 3-30 所示，AB 是平面 P 上一线段，若将该线段两端延长，与 H、V 面交于

M_1、N_1 两点（迹点）。M_1、N_1 是投影面上的点，也是平面 P 上的点，故迹点必在平面 P 与投影面的交线——迹线上。由此可得出，平面内所有直线的迹点都在该平面的同面迹线上。

用迹线表示的平面称迹线面，用几何元素表示的平面称非迹线面。迹线面与非迹线面之间可以相互转换。作图时，只需求出平面上任意两条直线的迹点，并将同面迹点连接起来即可，如图 3－30(b) 所示。

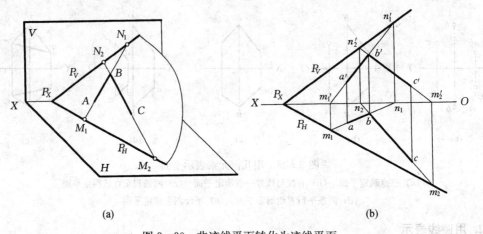

图 3－30 非迹线平面转化为迹线平面
(a) 直观图 (b) 投影图

二、各种位置的平面

根据平面在三投影面体系中的位置不同，可分为投影面平行面、投影面垂直面和一般位置平面三类。前两类平面又统称为特殊位置平面。下面分别讨论它们的投影特性。

1. 投影面平行面

平行于一个投影面，同时垂直于其他两个投影面的平面，称为投影面平行面。平行于 H 面的平面称为水平面，平行于 V 面的平面称为正平面，平行于 W 面的平面称为侧平面。

各种投影面平行面的投影图和投影特性见表 3－3。

表 3－3 投影面平行面的投影特性

名称	直观图	投影图	迹线表示法	投影特性
正平面				正面投影反映实形，水平投影积聚成一条与 OX 轴平行的直线，侧面投影积聚成一条与 OZ 轴平行的直线

（续）

名称	直观图	投影图	迹线表示法	投影特性
水平面				水平投影反映实形，正面投影积聚成一条与 OX 轴平行的直线，侧面投影积聚成一条与 OY_W 轴平行的直线
侧平面				侧面投影反映实形，水平投影积聚成一条与 OY_H 轴平行的直线，正面投影积聚成一条与 OZ 轴平行的直线

2. 投影面垂直面

垂直于一个投影面，同时倾斜于其他两个投影面的平面称为投影面垂直面。垂直于 H 面的平面称为铅垂面，垂直于 V 面的平面称为正垂面，垂直于 W 面的平面称为侧垂面。

各种投影面垂直面的投影图和投影特性见表 3-4。

表 3-4 投影面垂直面的投影特性

名称	直观图	投影图	迹线表示法	投影特性
正垂面				正面投影积聚为一条斜线，斜线与 OX、OZ 轴的夹角分别反映平面与 H、W 面的倾角 α、γ，水平投影和侧面投影均为类似图形
铅垂面				水平投影积聚为一条斜线，斜线与 OX、OY_H 的夹角分别反映平面与 V、W 面的倾角 β、γ，正面投影和侧面投影均为类似图形
侧垂面				侧面投影积聚为一条斜线，斜线与 OY_W、OZ 轴的夹角分别反映平面与 H、V 面的倾角 α、β，水平投影和正面投影均为类似图形

3. 一般位置平面

与三个投影面都倾斜的平面称为一般位置平面，如图3-31所示。一般位置平面的三个投影都是类似图形。一般位置平面与三个投影轴都相交，因此它的三条迹线都不平行于投影轴，如图3-29所示。

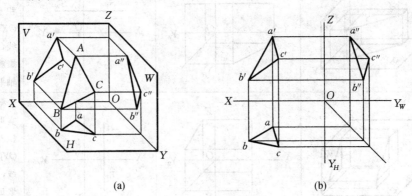

(a)　　　　　　　　　　(b)

图3-31　一般位置平面的投影

（a）直观图　（b）投影图

例3-9　如图3-32(a)所示，已知平面的两面投影，试求其侧面投影。

分析：在该平面已知的两个投影中，水平投影有积聚性，且倾斜于投影轴，故可判定该平面为铅垂面。由铅垂面的投影特性可知，其侧面投影应为其正面投影的类似图形。

作图：（1）求出平面图形中各顶点的侧面投影。

（2）按正面投影所示各顶点的顺序，连接各点的侧面投影，得平面的侧面投影。如图3-32(b)所示。

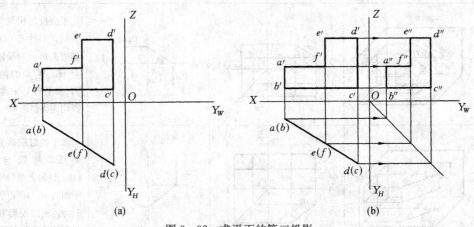

(a)　　　　　　　　　　(b)

图3-32　求平面的第三投影

（a）已知　（b）作图

三、平面内的点和直线

（一）平面内的点和直线

1. 在平面内取点和直线

由初等几何可知，点和直线在平面内的充分必要条件是：①若点位于平面内的一条直线上，则该点在平面内；②若直线通过平面内的两个已知点，则该直线在平面内；③若直线通过平面内一已知点，且又平行于平面内一已知直线，则该直线在平面内。

如图 3-33 所示，点 K 在 AC 线上，点 L 在 AB 线上，则这两点及直线 KL 都在平面 ABC 内；直线 $KM/\!/AB$，且点 K 在平面 ABC 内，故直线 KM 也在平面 ABC 内。如图 3-34 所示，点 K 在 AD 线上，AD 线在平面 ABC 内，故点 K 在平面 ABC 内；而点 M 不在平面 ABC 上的任一直线上，虽然其投影 m 在平面 abc 范围内，但点 M 并不在平面 ABC 内。

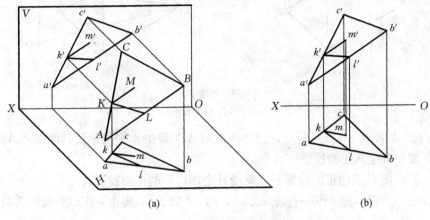

(a)　　　　　　　(b)

图 3-33　平面内的点和直线

（a）直观图　（b）投影图

（1）在平面内取直线的方法：①取平面内两已知点后连接成直线。②过平面内一已知点作直线与平面内一已知直线平行。

（2）在平面内取点的方法：①在平面内的已知直线上取点。②先在平面内取一直线，再在该直线上取点，这种方法称为辅助线法。

例 3-10　已知一平面 $ABCD$，如图 3-35（a）所示，①判别 K 点是否在平面内；②已知平面内点 E 的正面投影 e'，作出其水平投影 e。

分析：判别一点是否在平面内以及在平面内取点，都必须在平面内取直线。

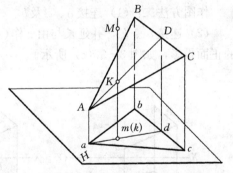

图 3-34　判断点是否在平面内

作图：（1）连接 a'、k'，并延长与 $b'c'$ 交于 f'，由 $a'f'$ 求出其水平投影 af，则 AF 是 $ABCD$ 内的一条直线，如 K 点在 AF 上，则 k、k' 应分别在 af、$a'f'$ 上。从作图中得知 k 不在 af 上，所以 K 点不在平面内。

（2）连接 a'、e' 与 $c'd'$ 交于 g'，由 g' 求出其水平投影 g，则 AG 是平面内的一条直线，因 E 点在平面内，则 E 点应在 AG 上，因此过 e' 作 OX 轴的垂线与 ag 的延长线交点 e，即为 E 点的水平投影，如图 3-35（b）所示。

由此可见，即使点的两个投影都在平面图形的投影轮廓线内，但该点不一定在平面内；若点的两个投影都在平面图形的投影轮廓线之外，但该点也不一定不在平面内。

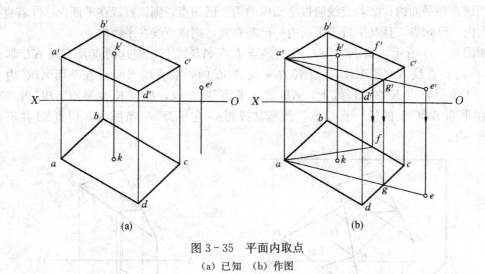

图 3-35　平面内取点

(a) 已知　(b) 作图

例 3-11　如图 3-36(a) 所示，已知四边形 $ABCD$ 的水平投影及其两条边 AB、AD 的正面投影，要求补全其正面投影。

分析：若求出 C 点的正面投影 c'，就能补全四边形的正面投影。

作图方法一：(1) 过 c 作一直线 $ec \mathbin{/\!/} ab$，与 ad 交于 e，再由 e 作 OX 轴的垂线与 $a'd'$ 交于 e'。

(2) 过 e' 作 $a'b'$ 的平行线，与由 c 作 OX 轴的垂线交于 c'，连接 $c'd'$ 及 $b'c'$，完成四边形的正面投影，如图 3-36(b) 所示。

作图方法二：(1) 连接 a、c 及 b、d，其交点为 k，过 k 作 OX 轴的垂线与 $b'd'$ 交于 k'。

(2) 连接 a'、k'，并延长与由 c 作 OX 轴的垂线交于 c'，连接 $c'd'$ 及 $b'c'$，完成四边形的正面投影，如图 3-36(c) 所示。

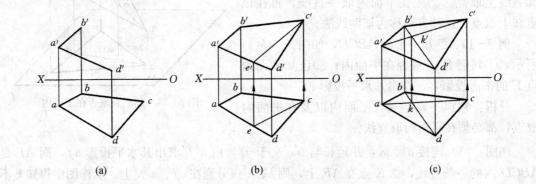

图 3-36　补全四边形的投影

(a) 已知　(b) 作图方法一　(c) 作图方法二

2. 过点或直线作平面

通过一点可以作无数个平面，若在点外任作一直线或过此点作一对相交直线，就可确定一个平面。如图 3-37 所示，点 K 为已知点，过 K 任作一对相交直线 $KL(k'l'$、$kl)$ 和 KM $(k'm'$、$km)$ 即可构成一平面。

通过一条直线也可作无数个平面，若在直线外任取一点，就可确定一个平面。如图 3-38 所示，直线 MN 为已知直线，在 MN 外任取一点 K，即可与 MN 构成一平面。

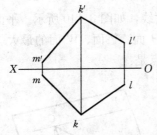

图 3-37　过点作平面

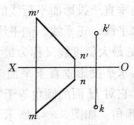

图 3-38　过直线作平面

在解决空间作图问题时，常用过点或直线作投影面的垂直面作为辅助面，利用垂直面的积聚性来解题。如图 3-39 所示，过直线 MN 作正垂面，其中图 3-39(a) 是用平面图形表示的，图 3-39(b) 是用迹线面表示的，因正垂面的正面投影是由已知直线 MN 的正面投影所确定，因此这样的平面只有一个。

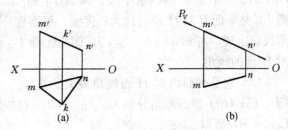

图 3-39　过直线作投影面的垂直面
(a) 平面图形　(b) 迹线面

(二) 平面内的特殊位置直线

平面内的特殊位置直线有两种：一是平面内的投影面平行线，一是平面内的最大斜度线，如图 3-40 所示。

1. 平面内的投影面平行线

平面内平行于 H 面、V 面、W 面的直线，分别称为平面内的水平线、正平线和侧平线。平面的迹线是平面内的投影面平行线的特例。

平面内的投影面平行线，同时具有投影面平行线和平面内直线的投影特性。如图 3-41 所示，以平面内的水平线为例说明：

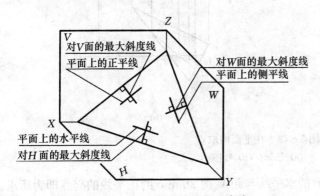

图 3-40　平面内的特殊位置直线

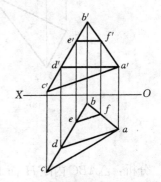

图 3-41　平面内的投影面平行线

(1) 因 EF 平行于 H 面，故其正面投影 $e'f'$ 平行于 OX 轴。

(2) 因 EF 是平面内的直线，故与同一平面内的水平线互相平行，与同一平面内的其他直线相交。$DA /\!/ EF$，与 BC 相交。

解题时，常用投影面平行线作辅助线。

2. 最大斜度线

平面内垂直于投影面平行线的直线，称为最大斜度线，如图 3-40 所示。平面内垂直于该平面内水平线、正平线、侧平线的直线分别称为对 H 面、V 面、W 面的最大斜度线。其中对 H 面的最大斜度线又称为最大坡度线，其投影特点是：

（1）其水平投影垂直于平面内的水平线的水平投影，它对 H 面的倾角等于它所在的平面对 H 面的倾角。如图 3-42 所示，直角三角形 ABC 在平面 P 内，平面 P 与水平面的交线为 P_H，AB 是平面 P 内的水平线，因 $AB \perp BC$，则 BC 是平面 P 对 H 面的最大斜度线。根据直角投影定理，可知 $ab \perp bc$，$\angle CBc$ 即为平面 P 对 H 面的倾角 α。

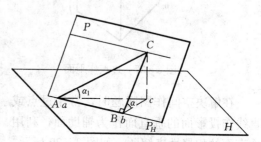

图 3-42　平面内对 H 面的最大斜度线

（2）它是平面内对 H 面倾角最大的直线。CB、CA 对 H 面的倾角分别为 α、α_1，CB、CA 分别是直角三角形 CBc 和 CAc 的斜边，因 $CA > CB$，所以 $\alpha > \alpha_1$。

对 V 面和 W 面的最大斜度线也有类似特性。

例 3-12　如图 3-43(a) 所示，在 $\triangle ABC$ 内求作 M 点，使 M 点距 H 面 15 mm，距 V 面 20 mm。

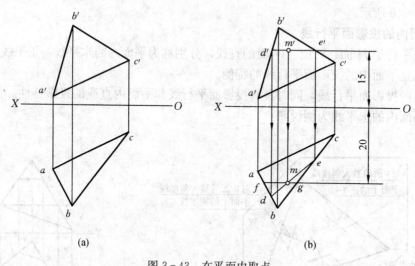

(a)　　　　　　　　　　　(b)

图 3-43　在平面内取点
(a) 已知　(b) 作图

分析：$\triangle ABC$ 内距 H 面 15 mm 的水平线与距 V 面 20 mm 的正平线的交点即为所求。

作图：（1）作 $\triangle ABC$ 内的水平线 DE，使其距 H 面 15 mm。

（2）作 $\triangle ABC$ 内的正平线 FG，使其距 V 面 20 mm。

（3）de 与 fg 的交点 m 即为所求，由 m 作 OX 轴的垂线与 $d'e'$ 交于 m' 即可，如图 3-

43(b)所示。

例 3-13 如图 3-44(a) 所示，求△ABC 对 H 面的倾角 α。

分析：求平面对 H 面的倾角，也就是求平面内最大斜度线对 H 面的倾角。

作图：（1）作平面内的水平线 AE。

（2）作平面对 H 面的最大斜度线 BD，根据最大斜度线定义 BD⊥AE，根据直角投影定理，可知 bd⊥ae，作出 BD 的两面投影 bd、b′d′。

（3）用直角三角形法求出 BD 对 H 面的倾角 α，即为△ABC 对 H 面的倾角 α，如图 3-44(b) 所示。

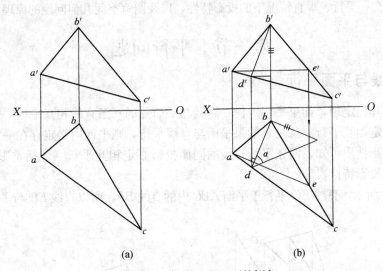

(a)   (b)

图 3-44 求平面对 H 面的倾角

(a) 已知 （b) 作图

第四章 直线与平面及平面与平面的投影

直线与平面、两个平面之间的相对位置有相交、平行和垂直三种情况。本章研究任意两个几何元素在相交、平行、垂直情况下的投影特性，以及图解空间几何问题的原理与作图方法。

第一节 平行问题

一、直线与平面平行

根据初等几何定理，如果平面内任一直线与平面外的一条直线相互平行，则该平面与平面外的直线必定相互平行。反之，如果平面与直线平行，则平面内必定存在一条直线与该直线平行。由投影性质可知，两条平行直线的同面投影必定相互平行（包括重影）。这是直线与平面平行的投影特性。

如图4-1所示，直线 ED 平行于平面 ABC 内的直线 BF，所以直线 ED 与平面 ABC 平行。

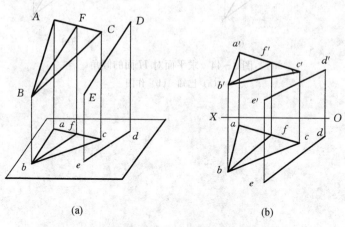

(a)   (b)

图4-1 直线与平面平行
（a）空间图示 （b）投影图

例4-1 如图4-2(a) 所示，判断直线 DE 是否平行于平面 ABC。

分析：如果 DE 平行于平面 ABC，则必然与平面内某一直线平行。否则，二者不平行。

作图：如图4-2(b) 所示，假设平面 ABC 内一条直线 $CF/\!/DE$，在水平投影中作 $cf/\!/de$，根据平面内取线方法，求出直线在另一个投影面上的投影 $c'f'$。如果 $c'f'/\!/d'e'$，则 $DE/\!/$平面 ABC。

如图4-2(b) 所示，求得的投影 $c'f'$ 与 $d'e'$ 不平行，从而可知，直线 DE 与平面 ABC 不平行。

当直线与某一投影面的垂直面平行时，则在该平面垂直的投影面上直线的投影与平面的

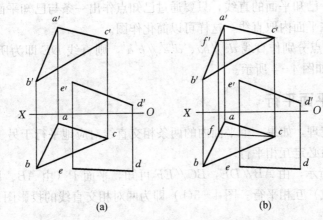

图 4-2　判断已知直线与已知平面是否平行

（a）已知　（b）作图

投影必定相互平行。如图 4-3 所示，平面 ABC 垂直于 H 面，直线 DE 平行于平面 ABC，则直线 DE 与平面 ABC 在 H 面上的投影互相平行。

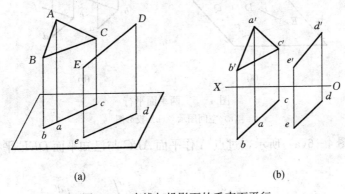

图 4-3　直线与投影面的垂直面平行

（a）空间图示　（b）投影图

例 4-2　如图 4-4 所示，过 D 点作直线 DE 平行于平面 ABC。

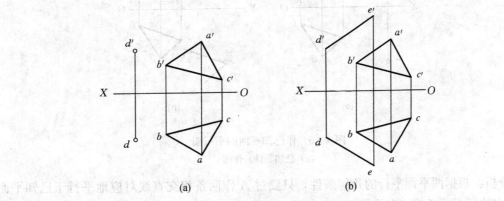

图 4-4　作直线与已知平面平行

（a）已知　（b）作图

分析：作平行于已知平面的直线，只要通过已知点作出一条与已知平面内的任一直线的平行线即可。一般在平面内取直线，这样可以简化作图。

作图：过 d、d' 点分别作直线 $de /\!/ ba$、$d'e' /\!/ b'a'$，则直线 DE 即为所求的与已知平面 ABC 平行的直线，如图 4-4 所示。

二、平面与平面平行

根据初等几何定理，如果一个平面内的两条相交直线对应地平行于另一平面内的两条相交直线，则此两平面必定互相平行。

如图 4-5(a) 所示，由 $AB /\!/ DE$，$BC /\!/ EF$ 可知，平面 P（由 AB、BC 构成）与平面 Q（由 DE、EF 构成）互相平行。图 4-5(b) 即为两对相交直线的投影图。

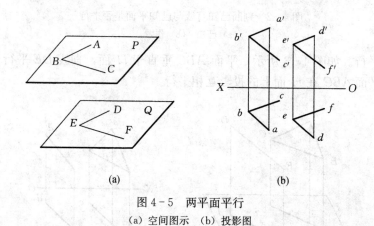

图 4-5 两平面平行
(a) 空间图示　(b) 投影图

例 4-3　如图 4-6(a) 所示，过点 A 作平面 ABC 与已知平面 DEF 平行。

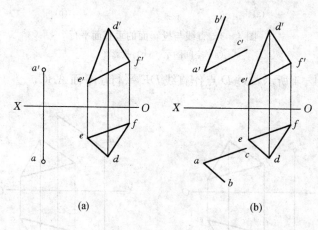

图 4-6 作已知平面的平行面
(a) 已知　(b) 作图

分析：根据两平面平行的几何条件，只要过 A 作两条相交直线对应地平行于已知平面 DEF 内的任意两条相交直线即可。

作图：过 a 点作直线 $ab /\!/ ed$、$ac /\!/ ef$，过 a' 点作直线 $a'b' /\!/ e'd'$、$a'c' /\!/ e'f'$；则 $AB /\!/$

ED、$AC /\!/ EF$，所作的平面 ABC 平行于平面 DEF。

如果两个投影面垂直面互相平行，则它们的积聚投影互相平行，如图 4-7 所示。

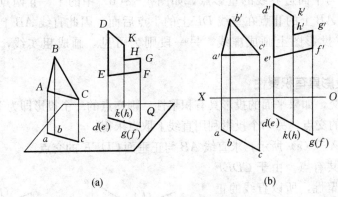

图 4-7　两投影面垂直面平行
(a) 空间图示　(b) 投影图

第二节　相交问题

相交问题主要是求直线与平面的交点、平面与平面的交线。

直线与平面相交的交点是直线与平面的共有点；两个平面相交的交线是两个平面的共有线。共有性是解决相交问题的基本依据。

一、直线与平面相交

(一) 直线的投影具有积聚性

直线与平面相交，如果直线的投影具有积聚性，则交点的一个投影即为直线的积聚投影，另一个投影可利用平面内取点求得。

例 4-4　如图 4-8(a) 所示，求铅垂线 AB 与平面 CDE 的交点。

分析：交点是共有点，由于铅垂线在 H 面上的投影积聚为一点，所以铅垂线 AB 在 H 面上的积聚投影就是直线与平面共有点的投影。交点同时又在平面 CDE 上，根据平面内取点的方法即可求得交点在另一个投影面上的投影。

作图：(1) 交点 M 的水平投影 m 重合于点 a。过重影点 a 作平面 CDE 内的直线 ef，根据直线上点的投影特性求出直线 CD 上点 F 的正面投影 f'，连接 $e'f'$ 与 $a'b'$ 交于 m'，m、m' 即为交点 M 的两个投影。

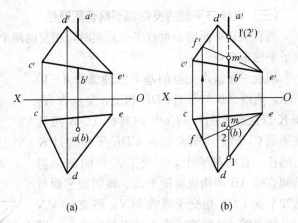

图 4-8　铅垂线与一般位置平面的交点
(a) 已知　(b) 作图

（2）判断可见性。直线 AB 与平面 CDE 的正面投影有重影，所以需要判断二者在重影部分的前后关系。除了交点，可以任取直线与平面上的一对重影点进行判断，为方便起见，一般取直线与平面边界线的重影点，如图 4-8(b) 中的 Ⅰ、Ⅱ 两点。由其水平投影可以看出，直线 AB 上的 Ⅱ 点在直线 DE 上的 Ⅰ 点后面，因此直线 AB 上 MⅡ 被平面所遮挡为不可见，在投影图上画成虚线，另一段则为可见，画成粗实线，如图 4-8(b) 所示。

（二）平面的投影具有积聚性

直线与平面相交，如果平面的投影具有积聚性，则交点的一个投影即为平面的积聚投影和直线的同面投影的交点，另一个投影利用直线上取点求得。

例 4-5 如图 4-9(a) 所示，求直线 AB 与正垂面 $CDEF$ 的交点。

分析：交点是共有点。由于 $CDEF$ 的正面投影具有积聚性，所以直线的正面投影 $a'b'$ 与平面的积聚投影只有一个共有点 m'，该点即为交点的正面投影。根据点在直线上的投影特性，可以求出交点另一个投影。

（1）过直线 $a'b'$ 和 $c'e'$ 的交点 m' 作 $mm' \perp X$ 轴，并且交 ab 于 m 点。M 即交点。

（2）判断可见性。直线与平面的水平投影具有重影，所以需要通过能够反映上下关系的正面投影，判断哪个几何元素在上面，即为可见投影。根据直线

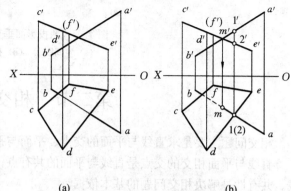

图 4-9 一般位置直线与正垂面的交点
（a）已知 （b）作图

与平面边界的一对重影点 Ⅰ、Ⅱ，从正面投影可以看出，直线 AB 上的重影点 Ⅰ 在上，所以直线 $m1$ 为可见投影，画成粗实线，直线另一侧的投影即为不可见，画成虚线，如图 4-9(b) 所示。

（三）直线与平面的投影都不具有积聚性

当直线和平面都不垂直于投影面时，相交的两个几何元素的投影没有积聚性，则利用辅助平面法求交点。

辅助平面法求交点的基本原理如图 4-10 所示，直线 AB 与平面 CDE 相交，交点为 K，即 K 点是直线 AB 与 CDE 的共有点。K 点既在平面 CDE 上，则必然在 CDE 平面内过 K 点的任一直线 MN 上，相交于 K 点的 MN 与已知直线 AB 即构成辅助平面。该辅助平面与已知平面 CDE 相交于直线 MN，则交线 MN 与已知直线 AB 的交点即为待求的交点 K，即 K 点既在直线 AB 上，又在平面 CDE 上，是直线 AB 与 CDE 的共有点。

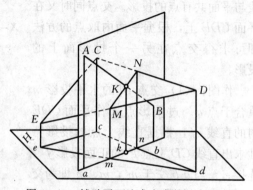

图 4-10 辅助平面法求交点的基本原理

辅助平面的选取原则是要便于求解辅助平面与已知平面的交线。一般选择包含已知直线的投影面垂直面作为辅助平面。

例 4-6　如图 4-11 所示，求直线 AB 与平面 CDE 的交点。

分析：直线 AB 和平面都处于一般位置，因此采用辅助平面法求交点。

作图：（1）包含直线 AB 作铅垂面，该铅垂面的水平投影与 ab 重影。

（2）求该铅垂面与平面 CDE 的交线 MN。

（3）求 MN 与 AB 的交点 K，其正面投影为 k'。根据直线上点的投影特性，求水平投影 k。

（4）判断可见性。一般位置直线和一般位置平面求交点时，其两面投影都没有积聚性，所以在两个投影面上都有重影性，因此在两个投影面上的投影都要进行可见性判断，判断方法同前，如图 4-11(b) 所示。

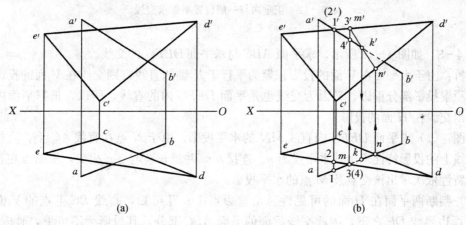

图 4-11　辅助平面法求交点
(a) 已知　(b) 作图

二、平面与平面相交

(一) 一个平面的投影具有积聚性

相交的两个平面，如果其中之一的投影具有积聚性，则该积聚投影即为交线的同面投影，另一个投影利用平面（不具有积聚性的平面）内取线求得。

例 4-7　如图 4-12 所示，求平面 ABC 与正垂面 $DEFG$ 的交线。

分析：由于正垂面在 V 面的投影积聚成直线，则交线在 V 面的投影与该正垂面的积聚投影部分重影，又因为交线也是平面 ABC 内的直线，所以根据平面内取线即可求出交线在 H 面的投影。

作图：（1）求平面 ABC 内直线 MN 的水平投影。由于 N 点在直线 AC 上，M 点在直线 BC 上，直接根据点在直线上的投影特性分别求出其水平投影 n 和 m。连接 mn 即得交线的水平投影。

（2）判断两平面在 H 面的可见性。由重影点 Ⅰ、Ⅱ 可知，直线 AC 上点的 V 面投影在正垂面边界线 FG 之下，因此交线右后面的平面 ABC 部分，其投影为不可见，画成虚线，相应的正垂面为可见，画成粗实线，而在交线左前面部分的平面，其投影的可见性正好相反。

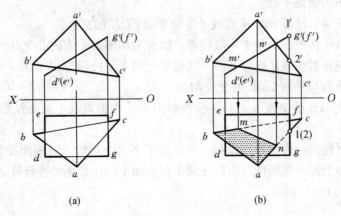

图4-12　正垂面与一般位置平面求交线
(a) 已知　(b) 作图

例4-8　如图4-13所示，求平面 ABC 与水平面 $DEFG$ 的交线。

分析：由于水平面在 V 面的投影积聚为平行于 X 轴的直线，则交线在 V 面的投影与水平面的积聚投影部分重影，又因为交线也是平面 $DEFG$ 内的直线，所以，根据平面内取线即可求出交线在 H 面的投影。

作图：(1) 求平面 $DEFG$ 内直线 MN 的水平投影。由于 N 点在直线 AC 上，直接根据点在直线上的投影特性求出其水平投影 n。连接 $b'm'$ 并延长至与 $a'c'$ 相交，根据点在直线上的投影特性依次求出该交点及 M 点的水平投影。

(2) 判断两平面在 H 面的可见性。由重影点 I、II 可知，直线 BC 上点的 V 面投影在水平面边界线 DE 之下，因此交线后面的平面 ABC 部分，其投影为不可见，画成虚线，相应的水平面为可见，画成粗实线，而在交线前面部分的平面，其投影的可见性正好相反。

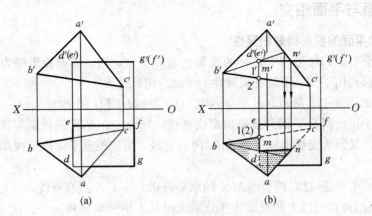

图4-13　水平面与一般位置平面求交线
(a) 已知　(b) 作图

(二) 两个平面的投影都不具有积聚性

当两个平面都不垂直于投影面时，可求解两个平面的两个共有点得到交线。即在一个平面内任取两条直线，分别求得这两条直线与另一个平面的交点，连接后即得交线。

例4-9　如图4-14所示，求平面 ABC 与平面 $DEFG$ 的交线。

分析：两个平面都是一般位置平面，取平面 ABC 中的两条直线 AB、BC，分别求它们与平面 $DEFG$ 的交点，连接后即为所求交线。

作图：（1）用辅助平面法求交点。分别包含 AB、BC 作正垂面，求正垂面与平面 $DEFG$ 的交线，它们分别与 AB、BC 交于点 M 和 N。连接 m'、n' 及 m、n 两点，即得交线 MN 的两个投影。

（2）判断两平面的可见性。分别取 H 面的两个重影点Ⅰ、Ⅱ和 V 面的重影点Ⅲ、Ⅳ，根据可见性补全两平面的投影，如图4-14(c)所示。

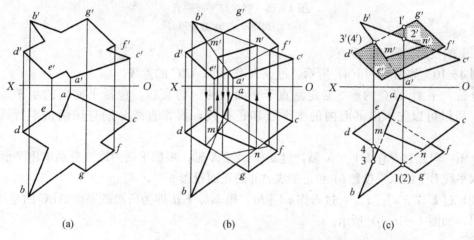

图4-14　两个一般位置平面求交线

(a) 已知　(b) 求交点　(c) 判断可见性

第三节　垂直问题

一、直线与平面垂直

根据初等几何定理，如果一条直线垂直于某个平面，则该直线必定垂直于该平面上的所有直线。反之，如果一条直线垂直于某个平面上的任意两条相交直线，则该直线必定垂直于该平面。

如图4-15所示，直线 A_1B_1 和直线 AB 都垂直于平面 CDE，则两直线必定垂直于平面内的所有直线，包括水平线 DF 和正平线 EG，不同的是，直线 A_1B_1 与 DF、EG 都相交垂直，而直线 AB 与 DF、EG 交叉垂直。根据直角投影定理，可知 ab 和 a_1b_1 都垂直于 df，$a'b'$ 和 $a_1'b_1'$ 都垂直于 $e'g'$。由此可得到直线与平面垂直的投影特性：

如果一条直线垂直于某个平面，则该直线的水平投影必定垂直于该平面上水平线的水平投影，其正面投影必定垂直于该平面上正平线的正面投影。反之，如果一条直线的水平投影垂直于某个平面上水平线的水平投影，并且其正面投影垂直于该平面上的正平线的正面投影，则该直线垂直于该平面。

如果平面垂直于某个投影面，则该平面的垂线必定平行于该投影面，且垂线和平面在该

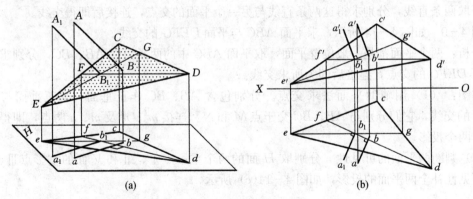

图 4-15　直线与平面垂直

(a) 空间图示　(b) 投影图

投影面上的投影必定相互垂直。

例 4-10　如图 4-16(a) 所示，过点 K 作平面 ABC 的垂线。

分析：平面 ABC 的垂线必定垂直于平面内的一切直线，包括平面内的水平线和正平线，所以可以先求出平面内的水平线和正平线，再作直线分别与该两条平行线垂直即可。

作图：(1) 过 b' 作 $b'1' /\!/ X$ 轴，过 a 作 $a2 /\!/ X$ 轴，根据平面内取线分别求出平面 ABC 面内水平线 $B\,\mathrm{I}$ 的水平投影 $b1$ 和正平线 $A\,\mathrm{II}$ 的正面投影 $a'2'$。

(2) 过 k' 作 $k'd' \perp a'2'$，过 k 作 $kd \perp b1$，则 kd、$k'd'$ 即为所求的平面 ABC 的垂线的两面投影，如图 4-16(b) 所示。

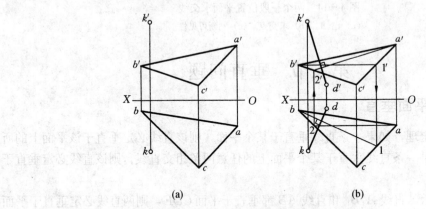

图 4-16　作直线与已知平面垂直

(a) 已知　(b) 作图

例 4-11　如图 4-17 所示，过点 K 作直线 AB 的垂面。

分析：直线垂直于一个平面，必须垂直于平面内两条相交直线，而两条相交直线又确定一个平面，因此所求的垂面可以用两条相交直线来表示。根据直角投影定理，这两条直线取平面内的正平线和水平线。

作图：(1) 过 K 点分别作水平线和正平线，即过 k' 作水平线的正面投影 $k'1' /\!/ X$ 轴，过 k 作正平线的水平投影 $k2 /\!/ X$ 轴。

（2）过 k' 作 $k'2'\perp a'b'$，过 k 作 $k1\perp ab$，则所求的平面 Ⅰ K Ⅱ 与已知直线 AB 垂直。

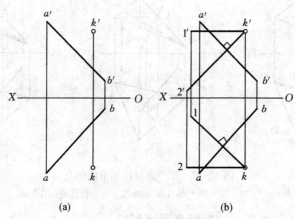

图 4-17　作平面与已知直线垂直

(a) 已知　(b) 作图

二、平面与平面垂直

根据初等几何定理，如果一条直线垂直于某个平面，则包含该直线的任一平面都垂直于该平面。反之，如果两个平面互相垂直，则由一个平面上任意一点向另一平面所作的垂线必定在前一个平面内。如图 4-18(a) 所示，AB 垂直于平面 P，则包含 AB 的平面 Q、R、S 都垂直于平面 P；如图 4-18(b) 所示，已知平面 R 垂直于平面 P，则从 R 上一点 A 作平面 P 的垂线 AB，则 AB 在平面 R 内。

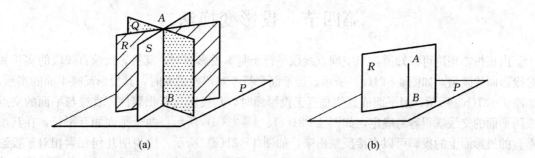

图 4-18　两平面互相垂直

(a) 包含另一平面的垂线　(b) 互相垂直的平面内与另一平面的垂线

例 4-12　如图 4-19(a) 所示，过点 K 作与平面 ABC 垂直的平面。要求：（1）平面为一般位置面；（2）平面为正垂面。

分析：作平面与平面垂直，则需要先作直线与平面垂直。包含该直线作平面（以两条相交直线来表示）即可。

作图：（1）取平面 ABC 内的正平线 AⅡ 和水平线 CⅠ，求出其两面投影。

（2）过 k' 作 $k'm'\perp a'2'$，过 k 作 $km\perp c1$，则 KM 垂直于平面 ABC。

（3）包含 KM 作平面 KMN，则有一般位置面 KMN 垂直于平面 ABC，图 4-19(b) 中所求的平面 KMN 为一般位置面，图 4-19(c) 中所求的平面 KMN 为正垂面。

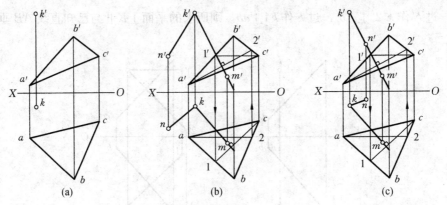

图 4-19 作平面与已知平面垂直

(a) 已知 (b) 作平面 ABC 的垂线 (c) 包含垂线作平面

例 4-13 如图 4-20 所示，判断平面 KMN 与平面 ABC 是否垂直。

分析： 判断两平面是否垂直，首先作出其中一个平面的垂线，并使得该垂线通过另一个平面内一点，如果该垂线在后一个平面内，则两平面垂直，否则，两平面不垂直。

作图： 过 K 点作平面 ABC 的垂线 KD，由作图可以看出，KD 不在平面 KMN 内，所以两平面不垂直。

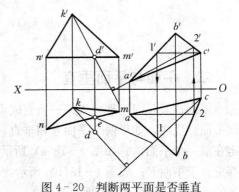

图 4-20 判断两平面是否垂直

第四节 投影变换法

由正投影理论可以知道，当空间直线段平行于基本投影面时，其投影反映直线段的实长和对投影面的倾角，如图 4-21(a) 所示；当平面平行于基本投影面时，其投影反映平面的实形，如图 4-21(b) 所示；当平面或直线垂直于投影面时，其投影具有积聚性，直线与平面的交点或两平面的交线就很容易确定，如图 4-21(c)、4-21(d) 所示；两个平面相互平行，在其所垂直的投影面上的投影可以直接反映出来，如图 4-21(e) 所示。这说明几何元素相对于投影面处于特殊位置有利于解决空间几何问题。许多问题中几何元素不都是处于特殊位置，因此改变几何元素与投影面的相对位置，问题便易于解决。改变空间几何元素相对投影面的位置通常采用两种方法，将变换投影面的方法称为换面法，把变换几何元素的方法称为旋转法。

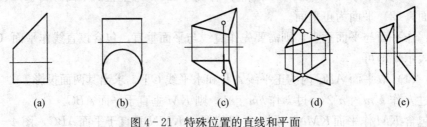

图 4-21 特殊位置的直线和平面

(a) 正平线 (b) 水平面 (c) 线面求交点 (d) 线面求交点 (e) 两铅垂面平行

一、换面法

几何元素保持不动，变换投影面的位置来改变空间几何元素与投影面的相对位置的方法，称为变换投影面法，简称换面法。如图 4-22 所示，铅垂面 ABC 在正面的投影不反映实形，因此建立一个新投影面 V_1 垂直于 H 面，并且使平面 ABC 平行于新投影面 V_1，从而在新的投影面体系 V_1/H 中，得到反映平面 ABC 实形的投影。

由此可知，换面法中新投影面的选择原则是：

（1）新投影面必须处于有利于解题的位置。

（2）新投影面必须垂直于原投影面体系中的一个投影面，以保证几何元素的投影遵循投影规律。

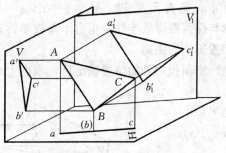

图 4-22 换面法

（一）点的一次变换

点是最基本的几何元素，是直线、平面进行投影变换的基础。

如图 4-23(a) 所示，在两投影面体系 V/H 中一点 A，其水平投影为 a、正面投影为 a'。现在建立一个新的两投影面体系 V_1/H，其中 V_1 垂直于 H 面，V_1 称为新投影面，V_1 面与 H 面的交线称为新投影轴，以 X_1 表示，点 A 在 V_1 面的投影称为新投影，用 a_1' 表示。H 面未发生变化，称为保留投影面，点 A 在 H 面的投影 a 称为保留投影。V 面是被替换掉的投影面，称为旧投影面，点 A 在 V 面的投影 a' 称为旧投影。H 面与 V 面的交线 X 轴称为旧投影轴。

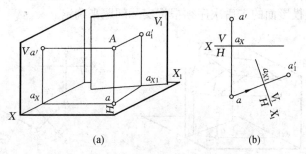

图 4-23 点的一次变换（变换 V 面）

(a) 空间图示 (b) 投影图

由图 4-23(a) 可以看出，由于 V_1/H 和 V/H 都是互相垂直的两面投影体系，因此点 A 在两个投影体系中应遵循同一个投影规律：在 V/H 体系中有 $aa' \perp X$ 轴，$a'a_X = Aa$，$aa_X = Y_A$；在 V_1/H 体系中有 $aa_1' \perp X_1$ 轴，$a_1'a_{X1} = Aa$，$aa_X = Y_{1A}$。由于 H 面未发生改变，所以 A 点到 H 面的距离未变，即 $a'a_X = a_1'a_{X1} = Aa$，这表明点 A 的旧投影到旧投影轴的距离等于新投影到新投影轴的距离，都等于该点到保留投影面的距离。

由此可知，变换 V 面时点的一次变换可按如下步骤作图：

（1）在保留投影面 H 面内作直线，该直线即为新投影轴 X_1，其方向根据实际问题来确定；

（2）过保留投影 a（水平投影）作新投影轴 X_1 的垂线，交 X_1 轴于 a_{X1}；

（3）在 aa_{X1} 上截取 $a_1'a_{X1}=a'a_X$，即得到一次变换的新投影，如图 4-23（b）所示。

同理可知，当变换 H 面时，如图 4-24 所示，点的一次变换规律同变换 V 面时类似，有 $a'a_1$ 垂直于 X_1 轴，且 $aa_X=a_1a_{X1}=Aa'$。由此可得，点的投影变换规律是：①点的新投影与保留投影的连线，垂直于新投影轴；②点的新投影到新投影轴的距离等于点的旧投影到旧投影轴的距离。

当新投影轴的位置确定后，根据上述规律可以由点的两个投影求出新投影。

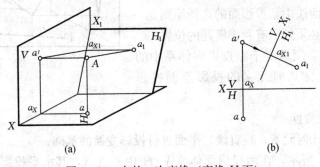

图 4-24　点的一次变换（变换 H 面）

(a) 空间图示　(b) 投影图

（二）点的二次变换

解决实际问题时，有时采用一次变换后还要再次进行变换投影面，这种变换二次或变换多次投影面的方法称为二次变换或多次变换。在进行二次变换时，必须使得新投影面垂直于一次变换后的新投影面，因此不能同时变换两个投影面。其作图方法与一次变换相同，如图 4-25 所示。变换投影面的先后次序须根据实际问题来确定。

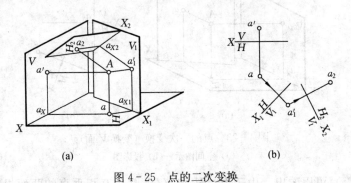

图 4-25　点的二次变换

(a) 空间图示　(b) 投影图

（三）换面法中的四个基本问题

1. 将投影面倾斜线变换为投影面平行线

图 4-26 所示是将空间直线 AB 变换为 V_1 面的平行线，建立新投影面 V_1 来代替 V 面，V_1 面必须满足既平行于直线 AB，又垂直于 H 面两个条件。因此，在 V_1/H 体系中，新投影反映实长，保留投影为水平投影，新投影轴与保留投影平行。

如图 4-26（b）所示，将投影面倾斜线变换为正平线的作图过程：

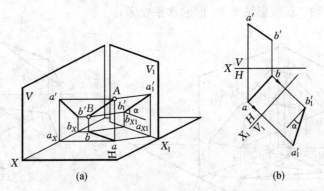

图 4 - 26　投影面倾斜线变换为投影面平行线（求 α 角）

(a) 空间图示　(b) 投影图

（1）在 H 面内作新投影轴 X_1 平行于保留投影 ab。

（2）按照点的一次变换规律，作出 AB 两点的新投影 $a_1'b_1'$。

（3）连接 $a_1'b_1'$ 即 AB 的实长，该投影与新投影轴的夹角反映了 AB 对水平面的倾角。

将投影面倾斜线变换为正平线可以得到 AB 的实长和对水平投影面的倾角 α。若要得到 AB 对正立投影面的倾角 β，需变换 H 面，保留 V 面，新投影轴 X_1 平行于保留投影 $a'b'$，则可求得，如图 4 - 27 所示。

2. 将投影面平行线变换为投影面垂直线

如图 4 - 28 所示，AB 为正平线，要变换为垂直线，由投影面垂直线的投影特性可知，保留投影必定是反映实长的投影，因此新投影轴必定垂直于该保留投影，其作图过程如图4 - 28所示。

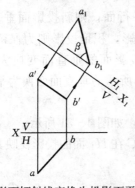

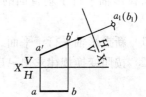

图 4 - 27　投影面倾斜线变换为投影面平行线（求 β 角）　图 4 - 28　正平线变换为投影面垂直线

3. 将投影面倾斜面变换为投影面垂直面

由投影面垂直面的投影特性可知，垂直面在它所垂直的投影面上的投影具有积聚性，并且该投影与投影轴的夹角反映了该垂直面与其他投影面的倾角。因此，将投影面倾斜面变换为投影面垂直面可以求出平面对投影面的倾角。

图 4 - 29(a) 所示是将投影面倾斜面变换为投影面垂直面的轴测图。新投影面 V_1 必须垂直于平面 ABC，才能保证平面 ABC 在新投影面中的投影积聚为直线。由两平面垂直的特性可知，平面 ABC 中必然包含 V_1 面的垂线，由于 V_1 面同时垂直于 H 面，所以 V_1 面的垂线必定是平行于 H 面的水平线，即 V_1 面的垂线是平面 ABC 内的水平线。该水平线的水平

投影垂直于新投影轴（新投影轴即 V_1 面的水平投影）。

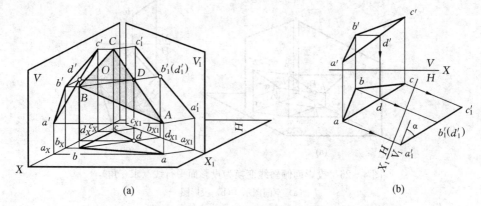

(a)

图 4-29　投影面倾斜面变换为投影面垂直面（变换 V 面）

(a) 空间图示　(b) 投影图

由此得到将投影面倾斜面变换为 V_1 面垂直面的方法为：

（1）作出平面 ABC 内一条水平线的水平投影，新投影轴即垂直于该水平线的水平投影。

（2）按照点的一次变换规律，求出 ABC 三个点的新投影。

（3）连接即为平面 ABC 的新投影，该积聚投影与新投影轴的夹角即为平面 ABC 对水平面的倾角 α。

同理可将平面 ABC 变换为 H_1 投影面的垂直面、求得该平面对正立投影的倾角 β。这里新投影轴垂直于平面内正平线的正面投影，如图 4-30 所示。

4. 将投影面垂直面变换为投影面平行面

如图 4-31 所示，如果将正垂面变换为投影面平行面，则新投影面垂直于 V_1 面。水平投影 abc 为类似图形，是被替换掉的投影，即旧投影，积聚投影则为保留投影。变换后的 H_1 面投影为反映实形的新投影。由此可知，将投影面的垂直面变换为投影面的平行面，新投影轴平行于垂直面的积聚投影。将图 4-31 所示的垂直面变换为平行面的作图步骤为：

（1）新投影轴平行于平面 ABC 的正面投影 $a'b'c'$，如图 4-31 所示。

（2）按照变换规律求出 ABC 的新投影，平面 ABC 在 H_1 面的投影反映其实形。

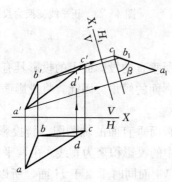

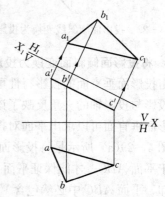

图 4-30　投影面倾斜面变换为投影面垂直面（变换 H 面）　　图 4-31　正垂面变换为投影面的平行面

通过上面的论述可知，投影面倾斜线变换为投影面平行线、投影面平行线变换为投影面垂直线、投影面倾斜面变换为投影面垂直面、投影面垂直面变换为投影面平行面可以通过一次变换完成。投影面倾斜线变换为投影面垂直线、投影面倾斜面变换为投影面平行面则需要经过两次变换。

（四）换面法的应用实例

例 4-14　如图 4-32 所示，求平面 ABC 的实形和对 H 面的倾角 α。

分析：当平面是投影面平行面时，其在它所平行的投影面上的投影反映实形，因此可将平面 ABC 变换为投影面的平行面；而平面对投影面的倾角只能根据投影面垂直面的积聚投影求得，要求出平面对投影面的倾角必须将平面变换为投影面的垂直面。

作图：（1）先将 ABC 转换为 V_1 面垂直面，得到该平面对 H 面的倾角 α。

（2）再将 V_1 面垂直面转换为 H_2 面平行面，得到该平面的实形，如图 4-32(b) 所示。

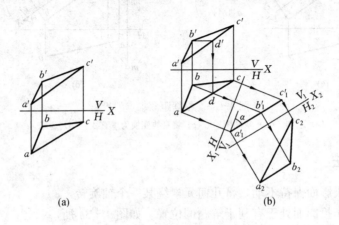

(a)　　　　　　　　　(b)

图 4-32　将一般位置面转换为水平面

(a) 已知　(b) 作图

例 4-15　如图 4-33(a) 所示，已知 M 点和直线 AB 的距离为 20 mm，求 M 点的水平投影。

分析：已知条件是点到直线的距离，要使该距离在投影图上反映实长，必须使得该距离相对于投影面为平行线。则直线 AB 必定为投影面垂直线，如图 4-33(b) 所示。

作图：（1）将直线 AB 变换为投影面垂直线。由于一般位置线不能直接变换为投影面垂直线，所以必须经过二次变换，先将 AB 变换为投影面平行线，再将平行线变换为投影面垂直线，如图 4-33(c) 所示。

（2）M 点相应的也进行二次变换。由于 M 点的水平投影未定，所以只能作出 $m'm_1$ 垂直于 X_1 轴。二次变换时，m' 到 X_1 轴的距离等于 M 点二次变换后的新投影 m'_2 到 X_2 轴的距离，如图 4-33(c) 所示，m'_2 应在与 X_2 轴的距离为 Z_{1C} 的直线上。同时，在变换后的 H_1/V_2 体系中应反映点 M 到 AB 的距离的实长 20 mm，所以以 a'_2 为圆心，以 20 mm 为半径的圆即为 M 点的轨迹。由此两个轨迹线的交点即为 m'_2，如图 4-33(c) 所示。

（3）返求即可得到 M 点的水平投影，$MN/\!/V_2$ 面，如图 4-33(d) 所示，图中 MN 即为点到直线的距离。

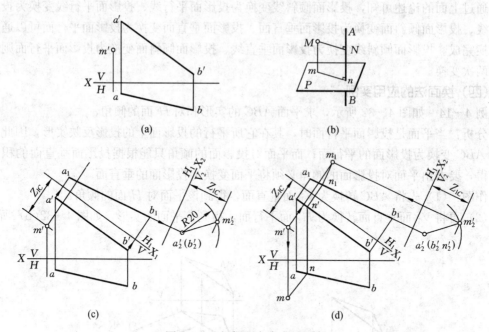

(a)　　　　　　　　　　　　　　　　(b)

(c)　　　　　　　　　　　　　　　　(d)

图 4-33　根据距离求点的投影

(a) 已知　(b) 空间图示　(c) 将直线变换为垂直线　(d) 返求 m 点

二、旋转法

旋转法是指投影面保持不动，将几何元素绕某一个轴旋转，直到该元素相对于投影面处于有利于解题的位置。如图 4-34 所示，轴线 X 称为旋转轴，点 A 绕轴线 X 旋转，其轨迹为圆，该轨迹圆所在的平面称为旋转平面，旋转轴与旋转平面的交点 O 称为旋转中心，旋转中心到轨迹圆上的任一点称为旋转半径，点 A 称为旋转点。旋转点、旋转轴、旋转平面、旋转中心、旋转半径统称为旋转五要素。根据旋转轴与投影面的相对位置关系，将

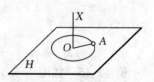

图 4-34　旋转法五要素

几何元素绕垂直于某投影面的轴旋转称为绕垂直轴旋转法；将几何元素绕平行于某投影面的轴旋转称为绕平行轴旋转法。这里只讨论绕垂直轴旋转法。

（一）点的旋转投影规律

如图 4-35(a) 所示，点 A 绕垂直于 H 面的轴 OO 旋转，旋转中心为 O。由于点 A 的轨迹平面（旋转平面）垂直于轴 OO，而旋转轴垂直于 H 面，所以旋转平面平行于 H 面。由此可知，点 A 的轨迹在 V 面上的投影积聚为平行于 X 轴的直线，在 H 面上的投影反映实形，即为以 o 为圆心，以 oa 为半径的圆。如果将点 A 转动角度 θ 到新位置 A_1，则它的水平投影 a 也转过同样的角度 θ 到 a_1，其正面投影 a' 则沿着平行于 X 轴的方向移动到 a'_1，如图 4-35(b) 所示。

同理可知，旋转轴如果垂直于 V 面，则点 A 的运动轨迹在 V 面的投影为反映实形的圆，其在 H 面的投影为平行于 X 轴的直线。

由上述的论述可知，点绕投影面垂直轴旋转的投影规律为：当点绕垂直于投影面的轴旋

转时，其运动轨迹在轴所垂直的投影面上的投影为一个圆，在轴所平行的投影面上的投影为一平行于投影轴的直线。

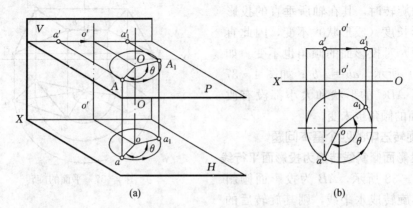

图4-35 点的旋转（绕垂直 H 面的轴）

(a) 空间图示 （b) 投影图

（二）直线与平面的旋转投影规律

1. 三同旋转规律

两点唯一确定一条直线，因此直线上两个点的旋转就是直线的旋转。由于在旋转时，两点的相对位置不能改变，所以两点必须绕同一旋转轴，按同一方向，旋转同一角度。这就是三同旋转规律。

图4-36所示为投影面倾斜线 AB 绕垂直于 H 面的轴 OO 逆时针旋转 θ 的情况。根据三同规律，其 AB 旋转后的新投影的作图方法为：

（1）根据点绕投影面垂直轴旋转的投影规律，求出 A、B 两点旋转 θ 后在 H 面上的投影 a_1、b_1。

（2）根据点绕投影面垂直轴旋转的投影规律求出 A、B 两点在 V 面的投影。即过 a'、b' 分别作 X 轴的平行线，与过 a_1、b_1 所作的 X 轴的垂线分别相交于 a'_1、b'_1，连线后即得 AB 旋转后的正面投影 $a'_1 b'_1$。

平面的旋转可以看做是平面上三个点的旋转，同样要遵循三同规律。

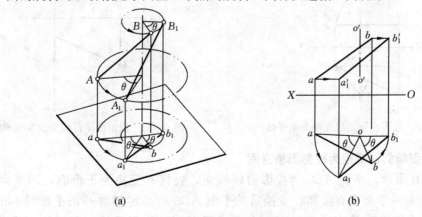

图4-36 直线的旋转

(a) 空间图示 （b) 投影图

2. 旋转不变性

旋转不变性是指直线或平面绕垂直于投影面的轴旋转时，其在轴所垂直的投影面上的投影长度（或形状）不变，因此直线（或平面）对投影面的倾角也不变。如图 4-36(b) 所示，$ab = a_1b_1$；如图 4-37 所示，平面 ABC 的形状和大小都没有改变，对 H 面的倾角也未变。

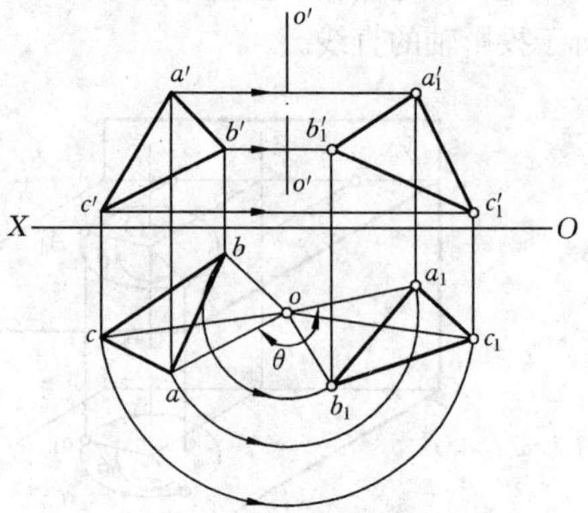

（三）旋转法中的四个基本问题

1. 将投影面倾斜线转换为投影面平行线

如图 4-38 所示，AB 为投影面倾斜

图 4-37　平面的旋转

线，要将其旋转成水平线，则其旋转后的正面投影必须平行于 X 轴。因此应选择正垂线为旋转轴。可将旋转轴通过 A 点使作图简便。具体的作图如下：

（1）过点 A 作 OO 轴垂直于 V 面。即过 a 作 oo 垂直于 X 轴，旋转轴在 V 面的投影为 o'。

（2）以 o' 为圆心，以 $o'b'$ 为半径画圆弧，由 o'（或 a'）作 X 轴的平行线，与圆弧相交于 b_1'，得到 AB 旋转后的正面投影 $a'b_1'$。

（3）从 b 作 X 轴的平行线，与从 b_1' 所作的 X 轴的垂线相交于 b_1 点，连接 ab_1 即得到其反映实长的水平投影，该投影与 X 轴的夹角反映 AB 对 V 面的倾角 β。

2. 将投影面平行线变换为投影面垂直线

如图 4-39 所示，AB 为水平线，要将其变换为正垂线，则其正面投影积聚为一点，因此应选择铅垂线为旋转轴。为使作图简便，令旋转轴通过点 A。图 4-39 中 ab_1、$a'b_1'$ 即为旋转后 AB 的新投影。

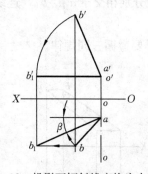

图 4-38　投影面倾斜线变换为水平线

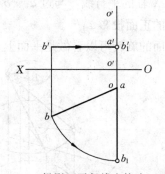

图 4-39　投影面平行线变换为正垂线

3. 将投影面倾斜面变换为投影面垂直面

如图 4-40 所示，平面 ABC 为投影面倾斜面，要将其变换为正垂面，即平面 ABC 垂直于 V 面。由两平面垂直可知，变换后的平面 ABC 内必定包含一条正垂线。由投影面平行线变换为投影面垂直线可知，由水平线可以旋转为正垂线。所以将变换前平面 ABC 内的一条水平线旋转为正垂线，ABC 内其他的点按三同旋转规律和旋转不变性，

即可将平面 ABC 变换为正垂面。其与 X 轴的夹角反映平面对 H 面的倾角 α。具体的作图方法如图 4-40 所示。

4. 将投影面垂直面变换为投影面平行面

如图 4-41 所示，要将正垂面 ABC 变换为水平面。由水平面的投影特性可知，旋转后平面 ABC 的正面投影平行于 X 轴，则选择正垂线为旋转轴。具体的作图方法如图 4-41 所示，图中选择过 C 点的正垂线为旋转轴。旋转后的水平投影反映平面的实形。

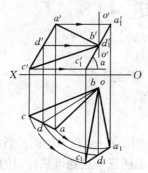

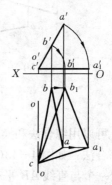

图 4-40 投影面倾斜面变换为正垂面　　　　图 4-41 正垂面变换为水平面

上述四个基本问题中未包含投影面倾斜线变换为投影面垂直线、投影面倾斜面变换为投影面平行面两个问题。同换面法类似，后两种变换需要进行两次旋转变换，同时旋转轴要交替垂直于 H、V 两个投影面。例如，要将一般位置平面 ABC 变换为水平面，则第一次旋转变换要将其变为正垂面，如图 4-40 所示；第二次旋转变换再将正垂面变换为水平面，如图 4-41 所示。两次变换可在一个投影图内完成即可。

第五节　几何元素的综合问题

所谓综合问题是指两个以上基本概念或基本作图综合在一起的复杂问题。

解决实际问题时，可以将问题中的对象抽象为空间几何元素。首先根据所学的基本知识分析几何元素的空间情况，确定解决问题的方法，明确解题思路后再作图。解题的方法有换面法、综合法（非换面法）及二者的结合方法。

下面的例题为综合作图问题举例。

例 4-16 如图 4-42(a) 所示，求交叉两直线 AB、CD 的夹角 θ。

分析：交叉两直线的夹角，只有在两条直线都平行的平面上才能反映出来。因此，将其中一条直线平移到另一条直线上，这两条直线构成一个与第一条直线平行的平面，这样，两条交叉直线的夹角等于该平面上两条相交直线的夹角。如果将该平面变换为平行面，就可以反映夹角的真实大小。所以用换面法比较容易求解。

作图：(1) 作 CE 平行于 AB，构成平面 CDE。

(2) 将平面 CDE 变换为平行面，需要进行二次变换。

(3) 变换后的角 $d_2'c_2'e_2'$ 即为交叉直线 AB、CD 的夹角 θ，如图 4-42(b) 所示。

例 4-17 如图 4-43(a) 所示，求交叉两直线 AB、CD 的公垂线。

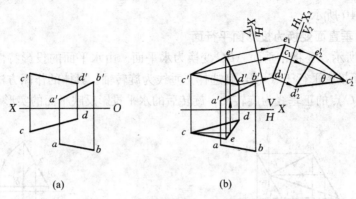

图 4-42 换面法求交叉两直线的夹角

(a) 已知 (b) 作图

分析：可以用综合法和换面法求解。

（1）综合法：如图 4-43(b) 所示，过直线 CD 上任意一点作 AB 的平行线 ED，则 ED 与 CD 构成一个与直线 AB 平行的平面，而直线 AB 上任意一点到该平行面的距离（如 AF）就是公垂线的长度。因此还必须求出公垂线与两直线的交点。为此，过平面 CDE 的垂线 AF 与该平面的交点 F，作直线 AB 的平行线交 CD 于点 M，过 M 作 AF 的平行线交 AB 于点 N，则 MN 即为所求的公垂线。

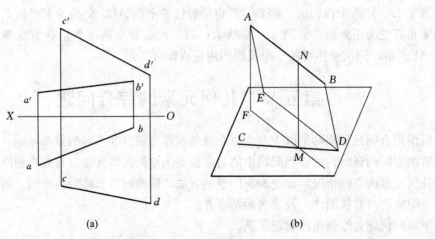

图 4-43 求公垂线

（a）已知 （b）空间图示

作图：① 如图 4-44(a) 所示，过点 D 作直线 $ED /\!/ AB$，则平面 CDE 与直线 AB 平行。

② 过点 A 作平面 CDE 的垂线。

③ 求该垂线与平面 CDE 的交点 F。

④ 过 F 作 AB 的平行线 FM，交 CD 于点 M。

⑤ 过点 M 作直线 AF 的平行线 MN，交直线 AB 于 N。

（2）换面法：如果两条直线 AB、CD 中的一条为投影面垂直线，则二者的公垂线即为投影面平行线。根据直角投影定理，投影面平行线在所平行的投影面上的投影直接反映该直线与其他直线的垂直关系。因此应用换面法可以将 AB、CD 中的任意一条变换为投影面垂直线。

作图：① 如图 4-44(b) 所示，将直线 CD 变换为 V_2 面的垂直线。

② 在变换后的 H_1/V_2 中，过直线 CD 的积聚投影 c_2' 作 $a_2'b_2'$ 的垂线交点为 n_2'；m_2' 与 c_2' 重合。

③ 在 H_1/V_2 中，直线 $CD\perp V_2$ 面，则其垂线 $MN\ //\ V_2$ 面。所以，返求 m_1、n_1 时，n_1 为直线 AB 上的点，由于 $MN\ //\ V_2$ 面，所以 $m_1n_1\ //\ X_2$ 轴。

④ 返求 mn、$m'n'$，即为所求的两交叉直线的公垂线。

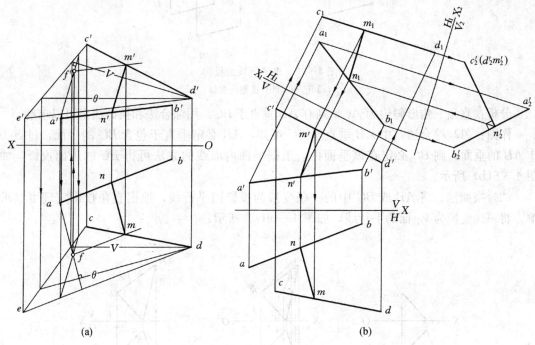

图 4-44 求两交叉直线的公垂线

(a) 综合法 (b) 换面法

例 4-18 平行两直线 AB、CD 的距离为 12 mm，求 AB 的水平投影 ab。

分析：两条平行线之间的距离即一条直线上的任意一点到另一条平行线的距离。将两条平行线变换为投影面平行线，根据直角投影定理可以直接作出距离（垂线）的投影，但是该距离的投影不反映实长，因此必须再次换面，即将原两平行线二次变换为投影面垂直线，方可得到两平行线距离的实长。

作图：(1) 如图 4-45(b) 所示，将两平行直线变换为 V_2 投影面的垂直线。

(2) 直线 AB 被变换为垂直于 V_2 面，则其与 CD 的距离（即垂线）平行于 V_2 面，在 V_2 面上反映实长。因此，直线 AB 在 V_2 面上的积聚投影必定在以 c_2' 为圆心，以 12 mm 为半径的圆上。同时，由投影变换规律可知，a_2' 到 X_2 的距离应该等于 a' 到 X_1 的距离 Z_A，所以，a_2' 应该在与 X_2 轴的距离为 Z_A 的直线上。圆轨迹和该直线轨迹的交点即为直线 AB 的积聚投影 $a_2'b_2'$。

(3) 由投影面的变换规律及直线的投影规律返求 ab，如图 4-45(b) 所示。

例 4-19 已知直角三角形 ABC，斜边为 AC，求其正面投影，如图 4-46 所示。

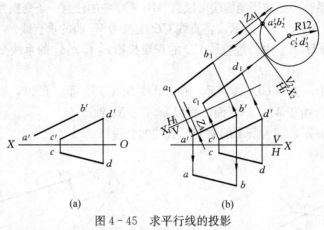

(a)   (b)

图 4-45 求平行线的投影

(a) 已知 (b) 换面法求解

分析：直角三角形斜边为 AC，则有 AB 垂直于 BC。用综合法和换面法都可以求解。

作图：(1) 综合法。由 AB 垂直于 BC 可知，AB 必定垂直于包含 BC 的平面，过点 B 作 AB 的垂面，则 BC 必定在该垂面内，根据平面内取线的方法可得 BC 的正面投影，如图 4-46(b) 所示。

(2) 换面法。将 AB 或 BC 中的一条变换为投影面平行线，根据直角投影定理可以求解。将 AB 变换为 V_1 面的平行线，如图 4-46(c) 所示。

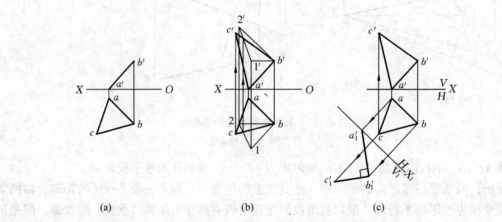

(a)   (b)   (c)

图 4-46 用不同的方法求解垂直问题

(a) 已知 (b) 综合法 (c) 换面法

此题还有其他的求解方法，请读者自行分析。

第五章　立体及平面与立体相交

立体是由内外表面确定的实体。本章主要研究几种常见的基本立体的投影表示及其表面上取点和线、平面与立体相交的截交线的作图问题，以便为进一步分析、图示水工建筑物或建筑形体等打下良好的基础。

第一节　基本几何体

一般的工程形体不论它们的形状如何复杂，都可看成是由一些简单的几何体叠加或切割而成的，这些简单的几何体为基本几何体。常见的基本几何体按其表面性质的不同，可分为平面立体和曲面立体两类。

一、平面立体

平面立体是由若干平面围成的基本几何体。最常见的平面立体有棱柱、棱锥。平面立体的侧面称为棱面，端面称为底面，棱面间的交线称为棱线，棱面与底面的交线称为底边。

画平面立体的投影，就是画出各棱面和底面的投影，也可以说是画出各棱线及底边的投影，并区别可见性。

由于立体的投影主要是表达物体的形状，无需表达物体与投影面间的距离。因此在画投影图时，不必再像点、线、面一样画出投影轴；为了使图形清晰，也不必画出投影之间的连线。但要注意立体的各投影之间要留有一定的距离。

（一）棱柱

1. 棱柱的投影

棱柱由棱面及上下底面组成，各棱线互相平行。如图 5-1(a) 所示的正五棱柱，其上下两个底面为全等且互相平行的多（五）边形，各个棱面为矩形且与底面垂直；各条棱线等长，是棱柱的高并与底面垂直。

图 5-1(b) 所示为此五棱柱的投影。正五棱柱的上下底面平行于水平投影面，其水平投影反映底面的实形，且上下底面的投影重合为一个正五边形；正面投影和侧面投影都积聚成水平方向的直线段。五条棱线的水平投影都积聚在五边形的五个顶点上，其正面投影和侧面投影为反映棱柱高的直线段。在正面投影中，棱线 DD_1 被前边的棱面挡住不可见，画成虚线。在侧面投影中，棱线 BB_1、CC_1 分别被棱线 AA_1、EE_1 挡住，且投影重合，故不画虚线。

由此得出正棱柱的投影特性：在与底面相平行的投影面上的投影反映形体特征，另外两面投影为矩形框。

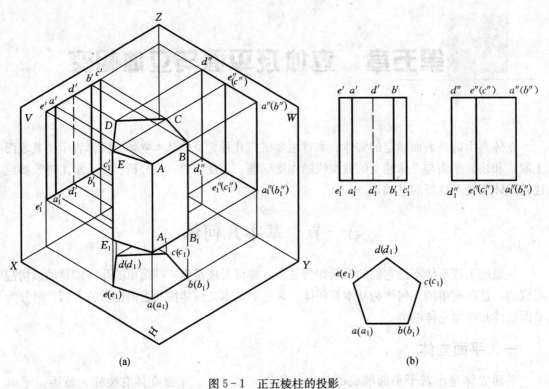

(a)

(b)

图 5-1 正五棱柱的投影

(a) 直观图 (b) 投影图

2. 棱柱表面上点和线的投影

在平面立体表面上取点和线，其原理和方法与在平面上取点和线相同。对棱柱而言，当表面都处在特殊位置时，表面上的点的投影可利用积聚性作图。

例 5-1 如图 5-2(a) 所示，已知在正五棱柱表面上有点 M 和 N 的正面投影 m'、(n')，求另外两面投影。

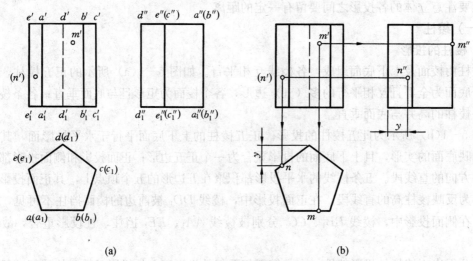

(a)

(b)

图 5-2 正五棱柱表面上取点

(a) 已知 (b) 作图

分析：由正五棱柱三面投影图知，m' 可见，故点 M 在最前面棱面 ABB_1A_1 上，此棱面为正平面；而（n'）不可见，故点 N 应在左面后面的棱面 EDD_1E_1 上，此棱面为铅垂面。

作图：（1）分别过点 m'、（n'）作竖直投影线，交五边形的边于 m、n，m 在前，n 在后。

（2）分别过点 m'、（n'）作水平投影连线，交棱面 ABB_1A_1 于 m''；利用投影关系，量取 y 坐标得 n''。

（3）判别可见性。因点 N 所在棱面 EDD_1E_1 侧面投影可见，故 n'' 可见。结果如图 5-2(b) 所示。

注意：立体表面上的点的可见性判别，由点所在表面的可见性来确定。如本例中点 N 所在平面 EDD_1E_1 上，该平面的侧面投影可见，故 n'' 可见。当点所在平面积聚为一线段时，则不需判别点在该投影中的可见性，如本例中的点 m、n、m''。

例 5-2 如图 5-3(a) 所示，已知在正五棱柱表面上折线 RMN 的正面投影 $r'm'n'$，求其另外两面投影。

分析：由正五棱柱三面投影图知，点 R 在棱面 CBB_1C_1 上，此棱面的侧面投影不可见，点 M 在棱线 BB_1 上，点 N 在棱面 ABB_1A_1 上，故线段 RM 在 CBB_1C_1 上，线段 MN 在棱面 ABB_1A_1 上。

作图：（1）分别过点 r'、m'、n' 作竖直投影连线，交五边形的边为 r、m、n。

（2）分别过点 r'、m'、n' 作水平投影连线，交棱面 ABB_1A_1 于 m''、n''，利用投影关系量取 y 坐标得 r''。

（3）判别可见性并连线。折线 RMN 的水平投影 rmn 重合在棱面有积聚性的水平投影上，线段 RM 的侧面投影（r''）m'' 不可见，画成虚线，线段 MN 的侧面投影 $m''n''$ 可见，画粗实线。结果如图 5-3(b) 所示。

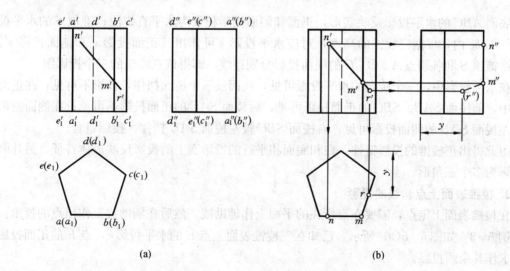

图 5-3 正五棱柱表面上取线
(a) 已知 (b) 作图

（二）棱锥

1. 棱锥的投影

底面为多边形，各棱面是有一个公共顶点的三角形组成的立体称为棱锥。图 5-4(a)

所示的三棱锥，底面 ABC 为水平面，棱面 SAC 为侧垂面，其余两个棱面为一般位置平面，其中 AB、BC 为水平线，AC 为侧垂线，棱线 SA、SB、SC 皆为一般位置直线。图 5-4(b) 所示是三棱锥的三个投影图。

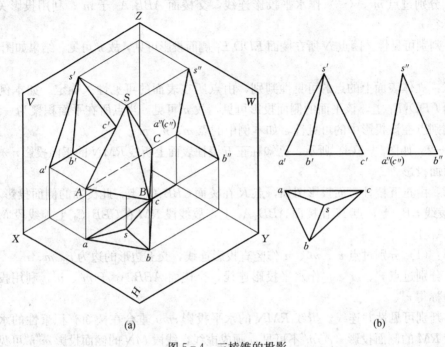

图 5-4 三棱锥的投影

(a) 直观图 (b) 投影图

底面 ABC 的水平投影反映实形，正面和侧面投影积聚为水平直线段；锥顶 S 的水平投影 s 在 $\triangle abc$ 内，根据三棱锥的高度，对应水平投影 s 可作出其正面投影 s' 和侧面投影 s''。最后将锥顶 S 和各顶点 A、B、C 的同面投影分别连线，即得该三棱锥的三个投影图。

在水平投影中，三个棱面的水平投影可见，底面被三个棱面挡住，投影不可见；在正面投影中，前棱面 SAB、SBC 的正面投影可见，后棱面 SAC 的正面投影不可见；在侧面投影中，左棱面 SAB 的侧面投影可见，右棱面 SBC 被左棱面 SAB 挡住，投影重合。

由此得出正棱锥的投影特性：在和底面相平行的投影面上的投影反映形体特征，另外两面投影为多个三角形。

2. 棱锥表面上点和线的投影

在棱锥表面上定点，需要在点所在的平面上作辅助线，然后在辅助线上作出点的投影。

例 5-3 如图 5-5(a) 所示，已知在三棱锥表面上点 E 的水平投影 e，点 F 的正面投影 f'，求作其余两投影。

分析：从三面投影图上可知，e、f' 可见，故点 E 在左棱面 SAB 上，点 F 在右棱面 SBC 上，两点均在一般位置平面上，需分别作辅助线求出它们的另两面投影。

作图：(1) 在水平投影上，连 se 并延长交 ab 于点 1，由 1 作竖直投影连线，交 a'、b' 于点 $1'$，得到辅助线 SⅠ 的正面投影；在正面投影上，过点 f' 作底边 $b'c'$ 的平行线 $m'n'$（m'、n' 分别在 $s'b'$ 和 $s'c'$ 上），过点 n' 作竖直投影连线，交 sc 于 n，由 n 作 bc 的平行线 mn。

（2）点 E、F 分别在 $S\mathrm{I}$、MN 上，过点 e、f' 分别作投影线，与 $s'1'$ 交于 e'，与 mn 交于 f。

（3）分别过点 e'、f' 作水平投影连线，利用投影关系，分别量取 y_1、y_2 坐标得 e''、f''。

（4）判别可见性。因点 F 所在棱面 SBC 的侧面投影不可见，故 f'' 不可见，其余点均可见。结果如图 5-5(b) 所示。

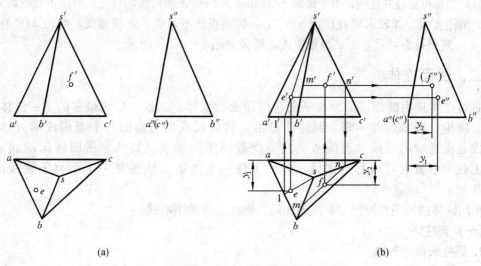

(a) (b)

图 5-5 三棱锥表面上取点

(a) 已知 (b) 作图

例 5-4 如图 5-6(a) 所示，已知在三棱锥表面上一折线 RMN 的水平投影 rmn，求其另外两面投影。

分析：由三棱锥投影图知，点 R 在底边 BC 上，点 M 在棱线 SB 上，点 N 在棱面 SAB 上，故线段 RM 在棱面 SBC 上，线段 MN 在棱面 SAB 上。

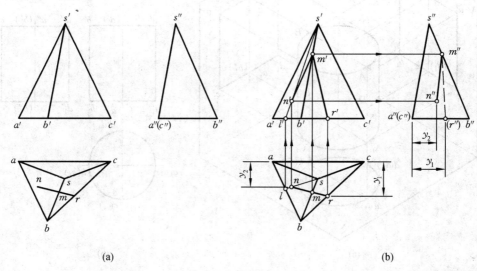

(a) (b)

图 5-6 三棱锥表面上取线

(a) 已知 (b) 作图

作图：（1）求 r'、r''。根据点的从属性，直接在正面投影上求出点 R 的正面投影 r'，同时量取 y_1 坐标得 r''。

（2）求 m'、m''。因点 M 在棱线 SB 上，可直接由 m' 求得水平投影 m、侧面投影 m''。

（3）求 n'、n''。连接 sn 并延长得辅助线 sl，求出 SL 的正面投影 $s'l'$，过点 n 作竖直投影连线，交 sl 于 n'，量取 y_2 坐标得 n''。

（4）判别可见性并连线。由于棱面 SAB 和棱面 SBC 正面投影均可见，所以正面投影 $r'm'n'$ 可见，画粗实线。线段 RM 在棱面 SBC 上，侧面投影不可见，画成虚线，线段 MN 在棱面 SAB 上，侧面投影可见，$m''n''$ 画粗实线。结果如图 5-6（b）所示。

二、曲面立体

曲面立体是由曲面或曲面与平面包围而成的立体。工程上应用最多的是回转体，如圆柱、圆锥、圆球、圆环等。回转体是由回转曲面或回转曲面与平面围成的立体。回转曲面是由运动的母线（直线或曲线）绕着固定的轴线（直线）做回转运动而成的；曲面上任一位置的母线称为素线；母线上任一点的运动轨迹是一个垂直于轴线的圆，称为纬圆。

画回转体的三面投影图时，应该先画出轴线和圆的中心线。

（一）圆柱体

1. 圆柱表面的形成

如图 5-7（a）所示，一直母线 AA_1 绕与其平行的轴线 OO_1 旋转一周，所形成的曲面称为圆柱面；母线两端点 A、A_1 旋转形成的上、下两个圆周称为上、下底圆。圆柱面上的所

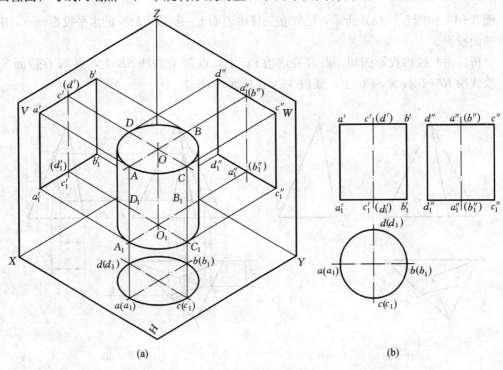

图 5-7　圆柱的投影

（a）直观图　（b）投影图

有素线都与轴线相互平行。

2. 圆柱的投影

图 5-7(b) 所示为一直立圆柱的三面投影图。由于圆柱的轴线为铅垂线，所以圆柱面的水平投影积聚为一圆，同时此圆也是圆柱的上下底圆的投影，画图时用垂直相交的点画线表示圆的中心线，交点为轴线的水平投影。圆柱的正面投影和侧面投影均为矩形，矩形的上下两边为圆柱上下底面的积聚投影，长度等于圆柱的直径；点画线表示圆柱轴线的投影。

正面投影矩形左右两边的 $a'a_1'$、$b'b_1'$ 分别为圆柱正面投影轮廓线 AA_1、BB_1 的投影，它们把圆柱面分为前后两半，前半圆柱面在正面投影中可见，为矩形；后半圆柱面在正面投影中不可见，与前半圆柱面投影重合。正面投影轮廓线的水平投影积聚在圆周上为最左、最右点 $a(a_1)$、$b(b_1)$，其侧面投影和圆柱轴线的投影重合。

圆柱的侧面投影矩形前后两边的 $c''c_1''$、$d''d_1''$ 为圆柱面侧面投影轮廓线 CC_1、DD_1 的投影，它们把圆柱面分为左右两半，左半圆柱面在侧面投影中可见，为矩形；右半圆柱面在侧面投影中不可见，与右半圆柱面投影重合。侧面投影轮廓线的水平投影积聚在圆周上为最前、最后点 $c(c_1)$、$d(d_1)$，其正面投影和轴线的投影重合。

3. 圆柱表面上点和线的投影

在圆柱表面上定点和线，可以直接利用圆柱表面投影的积聚性来作图。

例 5-5 如图 5-8(a) 所示，已知圆柱面上点 E、G 的正面投影为 e'、g'，点 F 的侧面投影 f''，求各点的另外两面投影。

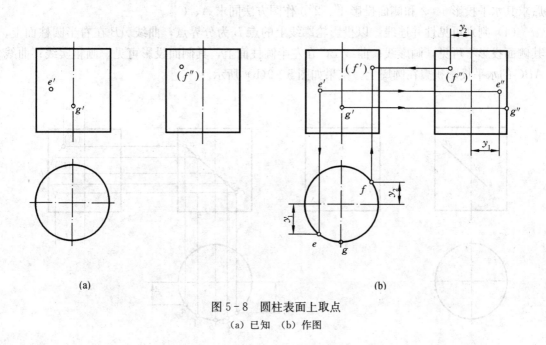

(a)　　　　　　　　　　　(b)

图 5-8 圆柱表面上取点

(a) 已知　(b) 作图

分析：由圆柱的三面投影图知，e'、g' 可见，故点 E 在前半、左半圆柱面上，点 G 在前边侧面投影轮廓线上，而 f'' 不可见，点 F 在后半、右半圆柱面上，因此可先利用圆柱面的水平投影的积聚性，作出各点的水平投影，再求出侧面投影。

作图：(1) 求 E、F 的另两面投影。因点 E、F 在圆柱面上，其水平投影必在圆柱面有积聚性的圆周上。过点 e' 作竖直投影连线，交圆周于 e，e 在前；量取坐标 y_2 得 f，f 在后。分别过点 e'、(f'') 作水平投影连线，量取 y_1 坐标得 e''，过点 f 作竖直投影连线得 f'。因点 F 在后半圆柱面上，故正面投影 f' 不可见。

(2) 求点 G。因点 G 在侧面投影轮廓线上，即圆柱面最前素线上，所以过 g' 作投影连线，分别求得 g'、g''。结果如图 5-8(b) 所示。

例 5-6 如图 5-9(a) 所示，已知圆柱表面上曲线 ABC 的正面投影 $a'b'c'$，求其另两面投影。

分析：由圆柱的三面投影图知，曲线 AB 在右半圆柱面上，其侧面投影不可见，曲线 BC 在左半圆柱面上，其侧面投影可见。曲线 ABC 的水平投影积聚在圆周上，求作其侧面投影时需先求出曲线上的特殊位置点，如极限点（曲线上最前、最后点，最左、最右点，最上、最下点）、投影轮廓线上的点，然后再取足够数量的一般位置点，最后判别可见性并连线。

作图：(1) 求曲线端点 A 和 C 的投影。A 和 C 两点的水平投影 a、c 积聚在圆周上，可作投影连线直接求出；再利用投影关系，分别量取 y_1、y_2 坐标得 a''、c''，注意 a'' 不可见。

(2) 求曲线在投影轮廓线上的点 B 的投影。因点 B 在侧面投影轮廓线上，所以过 b' 作投影连线，分别求得 b、b''。

(3) 求适当数量的一般点 Ⅰ、Ⅱ。分别在曲线 AB、BC 的正面投影中取点 $1'$、$2'$，然后求其水平投影 1、2 和侧面投影 $1''$、$2''$，作图方法同求 A、C。

(4) 判别可见性并连线。以投影轮廓线上的点 B 为分界点，曲线 AB 在右半圆柱面上，其侧面投影不可见，画虚线；曲线 BC 在左半圆柱面上，其侧面投影可见，画粗实线；曲线 ABC 的水平投影积聚在圆周上。结果如图 5-9(b) 所示。

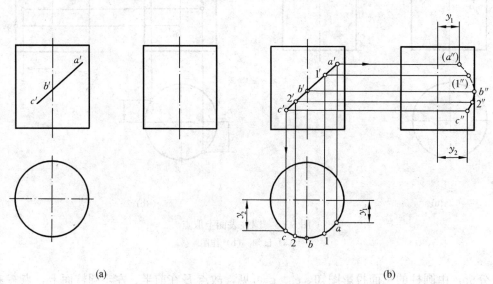

(a)　　　　　　　　　　　　　　　(b)

图 5-9　圆柱表面上取线

(a) 已知　(b) 作图

（二）圆锥

1. 圆锥表面的形成

如图 5-10(a) 所示，一直母线 SA 绕与它相交的轴线 SO 旋转一周而形成的曲面称为圆锥面。圆锥面的所有素线均相交于 S 点。

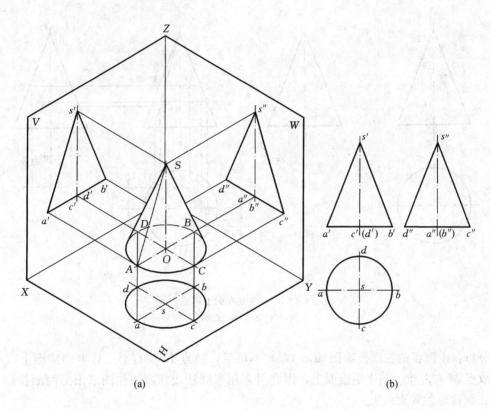

图 5-10　圆锥的投影

(a) 直观图　(b) 投影图

2. 圆锥的投影

图 5-10(b) 所示为圆锥的三面投影图。因为圆锥轴线为铅垂线，所以圆锥的水平投影为一圆，这是圆锥面的投影，也是圆锥底面的投影。画图时用垂直相交的点画线表示圆的中心线，交点为锥顶的水平投影。

圆锥的正面投影和侧面投影均为等腰三角形，其底边是底圆的积聚投影，长度等于底圆的直径。正面投影为三角形，其两腰为圆锥正面投影轮廓线 SA、SB 的投影，为正平线，它们把圆锥分为前半圆锥面和后半圆锥面。侧面投影三角形的两腰为圆锥侧面投影轮廓线 SC、SD 的投影，为侧平线，它们把圆锥分为左半圆锥面和右半圆锥面。圆锥面在三个投影面上的投影都没有积聚性。

3. 圆锥表面上点和线的投影

因圆锥面的三个投影都没有积聚性，所以在圆锥表面上定点时，常用的作图方法为素线法和辅助圆法。所谓素线法是指在圆锥表面上过已知点作一过锥顶的直线，即素线，先求出该素线的第二面投影，继而求出点的第二投影，并最终求出点的第三投影。辅助圆法是指在圆锥表面上过已知点作一垂直于圆锥轴线的纬圆，即辅助圆，先求出该辅助圆的第二面投影，继而求出点的另两面投影。

例5-7 如图5-11(a)所示，已知圆锥表面上点 K、M 的正面投影为 (k')、m'，点 N 的水平投影 n，求其余二面投影。

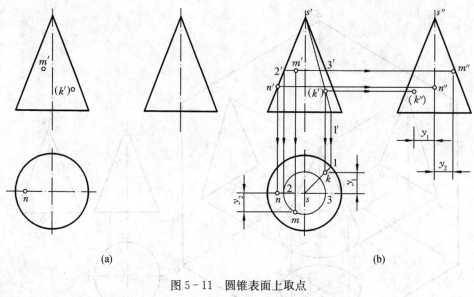

图5-11 圆锥表面上取点
(a) 已知 (b) 作图

分析：由圆锥的三面投影图知，(k') 不可见，故点 K 在右半、后半圆锥面上；m' 可见，故点 M 在左半、前半圆锥面上，因此可采用素线法或纬圆法作图求出另两面投影。点 N 在正面投影的轮廓线上。

作图：(1) 素线法求点 K 的其余二面投影。过 k' 作一过锥顶的素线 $s'1'$，即圆锥面素线 $S\mathrm{I}$ 的正面投影，再求出其水平投影，过 k' 作投影连线，与 $s1$ 相交得 k；量取 y_1 坐标得 k''。因点 K 在右半圆锥面上，故 k'' 不可见。

(2) 辅助圆法求点 M 的其余二面投影。过 m' 作一垂直于轴线的水平线段，即辅助纬圆，交正面投影轮廓线的正面投影于 $2'$、$3'$ 点，以 s 为圆心，$2'3'$ 为直径画圆，即为此纬圆的水平投影；从 m' 作投影连线，交前半圆于 m；量取 y_2 坐标得 m''。结果如图5-11(b)所示。

(3) 利用投影关系求出点 N 的其余二面投影。

例5-8 如图5-12(a)所示，已知圆锥表面上曲线 ABC 的正面投影 $a'b'c'$，求其另两面投影。

分析：由圆锥的三面投影图知，曲线 AB 在前半、右半圆锥面上，其侧面投影不可见，曲线 BC 在前半、左半圆锥面上，其侧面投影可见。曲线 ABC 在圆锥面上，故水平投影可见。求作其水平和侧面投影时需先求出曲线上的特殊位置点，然后再取足够数量的一般位置点，最后判别可见性并连线。

作图过程如图5-12(b)、(c)所示，作图结果如图5-12(d)所示。

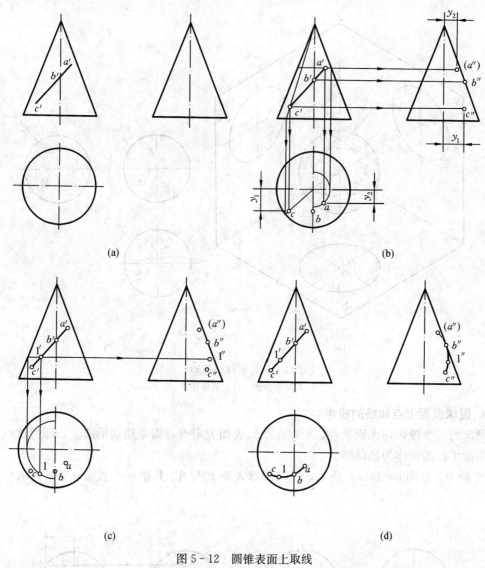

图 5-12　圆锥表面上取线

(a) 已知　(b) 作图　(c) 作图　(d) 作图结果

（三）圆球

1. 圆球表面的形成

以圆周为母线，以它的直径为轴线旋转一周而形成的曲面为圆球表面。母线上任意点运动的轨迹均为圆周，如图 5-13(a) 所示。

2. 圆球的投影

图 5-13(a) 为圆球的三面投影图。其投影均为三个大小相等的圆，直径等于圆球的直径。其中圆 a 是圆球的水平投影轮廓线 A 的水平投影，其正面投影 a'、侧面投影 a'' 分别与水平中心线重合。圆 b' 是圆球的正面投影轮廓线 B 的正面投影，其水平投影 b 与水平中心线重合，侧面投影 b'' 与竖直中心线重合。圆 c'' 是圆球的侧面投影轮廓线 C 的侧面投影，其水平投影 c 和正面投影 c' 分别与竖直中心线重合。

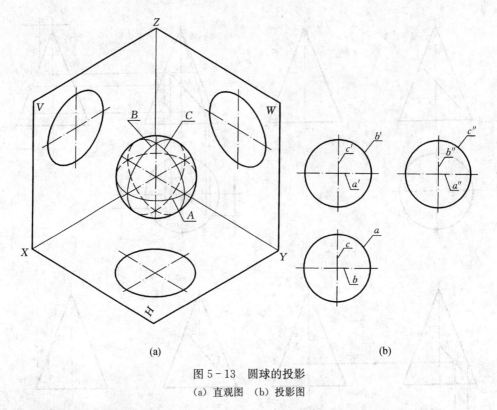

(a)　　　　　　　　　　　　　　(b)

图 5-13　圆球的投影

(a) 直观图　(b) 投影图

3. 圆球表面上点和线的投影

圆球的三个投影均无积聚性，所以在圆球表面上定点，需采用辅助圆法，即过该点作与各投影面平行的圆作为辅助圆。

例 5-9　如图 5-14(a) 所示，已知圆球表面上点 A、B 的一个投影 a'、b''，求作另两面投影。

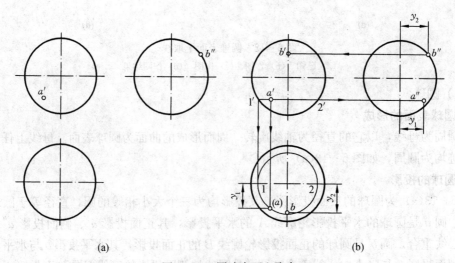

(a)　　　　　　　　　　　　　　(b)

图 5-14　圆球表面上取点

(a) 已知　(b) 作图

分析：由圆球的三面投影图知，a'可见，故点A在左半、下半、前半球面上，需采用辅助圆法求出另两面投影；b''可见，且在左视图圆上，故点B在上半、前半球面上，且在侧面投影轮廓线上，可直接根据从属性求出另两面投影。

作图：(1) 求点A。过a'作水平线，与正面投影轮廓线相交于点$1'$、$2'$，$1'2'$即为所作水平辅助圆的正面投影；求出其水平投影后，从a'作投影连线，交该辅助圆的前半圆于a；量取y_1坐标得a''。由于点A在左半、下半球面上，故a不可见，a''可见。

(2) 求点B。点B在上半、前半球面上，且在侧面投影轮廓线上，可直接根据投影关系求出另两面投影b'、b。结果图5-14(b)所示。

本例点A的另两面投影也可通过作一侧平辅助圆求出，请读者自行分析。

例5-10　如图5-15(a)所示，已知圆球表面上曲线$ABCD$的正面投影$a'b'c'd'$，求其另两面投影。

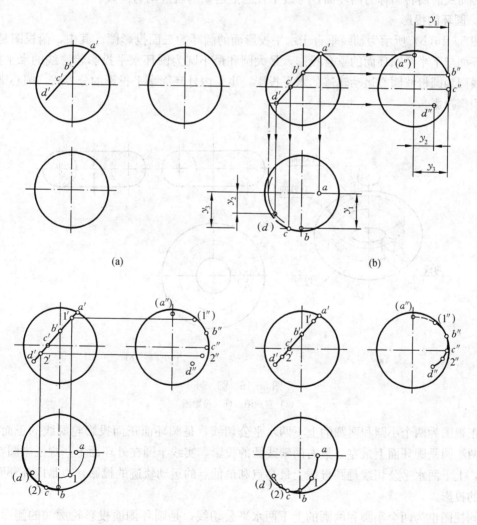

图5-15　圆球表面上取线

(a) 已知　(b) 作图　(c) 作图　(d) 作图结果

分析：由圆球的三面投影图知，曲线 AB 在前半、右半、上半球面上，其水平投影可见，侧面投影不可见；曲线 BC 在前半、左半、上半球面上，其水平、侧面投影可见，曲线 CD 在前半、左半、下半球面上，其水平投影不可见，侧面投影可见。求作曲线的水平和侧面投影时需先求出曲线上的特殊位置点，然后再取足够数量的一般位置点，最后判别可见性并连线。

作图过程如图 5-15(b)、(c) 所示，作图结果如图 5-15 (d) 所示。

(四) 圆环

1. 圆环表面的形成

以圆为母线，以圆平面上不过圆心的直线为轴旋转一周而形成的曲面为圆环面，如图 5-16(a)所示。由圆母线外半圆绕轴旋转而成的回转面称为外环面，由圆母线内半圆绕轴旋转而成的回转面称为内环面，母线上任意点运动的轨迹均为圆线。

2. 圆环的投影

图 5-16(b) 所示为轴线垂直于水平投影面的圆环的三面投影图。其中，俯视图是上半个圆环面与下半个圆环面的重合投影，最大圆和最小圆为圆环水平投影轮廓线的水平投影；点画线圆为圆母线圆心运动轨迹的水平投影，也是内外环面水平投影的分界线，圆心则为轴线的积聚投影。

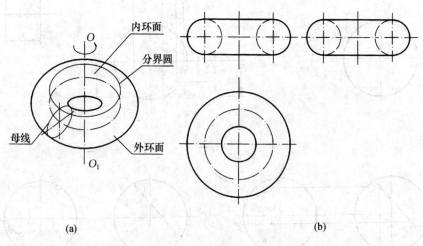

图 5-16 圆 环
(a) 直观图 (b) 投影图

正视图为两个小圆和两圆的上下两水平公切线，是圆环面正面投影轮廓线的正面投影，左右两小圆是圆环面上最左、最右两素线圆的投影，实线半圆在外环面上，虚线半圆在内环面上，上下两水平公切线是圆母线上最高点和最低点的运动轨迹的投影，也是内外环面的分界圆的投影。

侧视图也为两个小圆和两圆的上下两水平公切线，是圆环侧面投影轮廓线的侧面投影，前后两小圆是圆环面上最前、最后两素线圆的投影，实线半圆在外环面上，虚线半圆在内环面上，上下两水平公切线是圆母线上最高点和最低点的运动轨迹的投影，也是内外环面的分界圆的投影。

3. 圆环表面上点的投影

圆环表面上取点。可过点作垂直于轴线的辅助圆求得。

例 5-11　如图 5-17(a) 所示，已知圆环面上点 E、F 的正面投影 e'、f'，求它们的另两面投影。

分析：由圆环三面投影图知，因 e' 可见，点 E 应在前半外环面上，f' 不可见，点 F 可能在上半内环面上，也可能在后半外环面上，它们的另两面投影可借助于一水平圆求得。

作图：(1) 求点 E。过 e' 作水平线，与左右两实线圆部分交于点 $1'$、$2'$，$1'2'$ 即为所作水平辅助圆的正面投影；以 $1'2'$ 为直径，以俯视图上的圆心为圆心画圆，过 e' 作投影连线交俯视图上该辅助圆的前半圆于 e，量取 y_1 求出 e''。

(2) 求点 F。过 (f') 作水平线，与左右两虚线部分交于点 $3'$、$4'$，$3'4'$ 即为所作水平辅助圆的正面投影；以 $3'4'$ 为直径，以俯视图上的圆心为圆心画圆，过 f' 作投影连线交俯视图上该辅助圆的后半圆于 f；量取 y_2 求出 f''。如图 5-17(b) 所示。

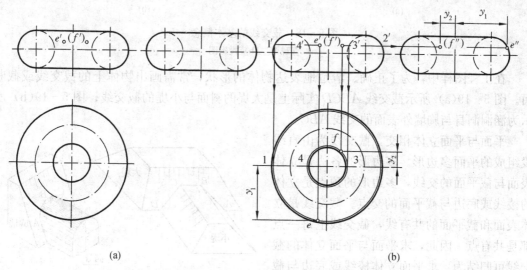

图 5-17　圆环表面上取点

(a) 已知　(b) 作图

本例点 F 的另两面投影共有三解，另两解请读者自行分析。

第二节　平面与平面立体相交

平面与立体相交，就是用平面截切立体，所用的平面称为截平面，截平面与立体表面的交线称为截交线，截交线所围成的平面图形称为截断面，简称为断面，截切后的立体为截断体，如图 5-18 所示。

截交线既在截平面上，又在立体表面上，因此截交线是截平面与立体表面的共有线，截交线上的点为截平面与立体表面的共有点。由于立体表面是封闭的，因此截交线必定是一个或若干个封闭的平面图形。截交线的形状取决于立体表面的形状和截平面与立体的相对位置。因此，求截交线的问题可归结为求平面与立体的共有点的作图问题。

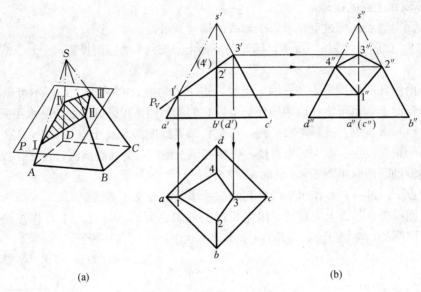

(a)   (b)

图 5 - 18   截交线的基本概念

(a) 直观图   (b) 投影图

在工程图样中，为了正确、清楚地表达物体的形状，常需画出物体上的截交线或截断面。图 5 - 19(a) 所示截交线 ABCD 实际上是大堤的斜面与小堤的截交线；图 5 - 19(b) 所示为涵洞洞身与胸墙外表面的交线 ABC。

平面与平面立体相交，截交线为由直线段组成的平面多边形。多边形的各边是立体表面与截平面的交线，多边形的顶点是立体的棱线或底边与截平面的交点。截交线是立体表面和截平面的共有线，截交线上每一点都是共有点。因此，求平面与平面立体的截交线可归结为：求平面立体棱线或底边与截平面的交点，或求截平面与平面立体表面的交线。

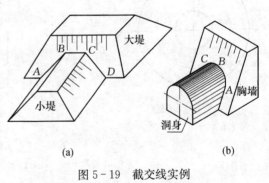

(a)   (b)

图 5 - 19   截交线实例

(a) 大小二堤   (b) 涵洞

求平面立体截交线的一般步骤为：

(1) 分析截平面位置。通常为利于解题，截平面为特殊位置平面，因此其投影具有积聚性。根据截交线是截平面与立体表面的共有性，截平面具有积聚性的投影必与截交线在该投影面上的投影重合。这时，截交线的一个投影为已知，利用这个已知直投影便可以作出截交线的其他投影。

(2) 分析截交线的形状。平面立体的截交线一般是封闭的多边形。根据截平面与立体的相对位置分析截平面与立体的几个表面相交，进而确定截交多边形的边数。

(3) 投影作图。利用直线与平面相交求交点、平面与平面相交求交线的作图方法分别作出截交线上每个点和每条边的投影。

(4) 判别可见性并擦去多余的作图线，整理完成全图。

例5 - 12   求四棱锥 SABCD 被正垂面 P 截切后截断体的投影。

分析：从图 5-18(b) 的 V 面投影看出：平面 P 与四棱锥的四条棱线均相交，因此截交线为四边形，各顶点为平面 P 与四条棱线的交点。V 面投影 $1'2'3'4'$ 与截平面 P_V 重合，为已知，其另外两面投影为类似图形，都为四边形；进而可得到 H 面投影 1234 和 W 面投影 $1''2''3''4''$。然后依次连接即得截交线的 H、W 面投影。最后补全四棱锥各棱线，并判别可见性。

作图：（1）分别从 $1'$、$2'$、$3'$、$4'$ 作投影连线，与 H 面投影、W 面投影的各条棱线相交于点 1、2、3、4、$1''$、$2''$、$3''$、$4''$。

（2）依次连接 1234 和 $1''2''3''4''$，分别得到截交线的 H、W 面投影。

（3）由于棱面 SBC 和 SDC 的 W 面投影不可见，所以该投影面上棱线 $3''c''$ 不可见，画成虚线。

例 5-13　如图 5-20(a) 所示，完成切口正四棱柱的 H、W 面投影。

分析：切口四棱柱可看作是被侧平面 P 和正垂面 Q 切去一部分形成的。从图 5-20(a) 的 V 面投影看出：截平面 Q 与四棱柱的三条棱线相交，截交线为一五边形，V 面投影与截平面 P 重合，另两面投影为类似图形，都为五边形；截平面 P 与棱柱的顶面和右边的两个棱面相交，截交线为一四边形，V 面投影与截平面 P 重合，H 面投影积聚为一条直线，W 面投影反映实形，为四边形；所有截交线可利用积聚性直接求得，依次连接即得截交线 H、W 面投影。截平面 P 与 Q 相交的交线必须画出。

作图：（1）分别从 f'、g'、e' 作投影连线，与 W 面投影的各条棱线相交于点 f''、g''、e''。

（2）分别从 c'、d' 作投影连线，与 H 面投影交于点 c、d，量取 y_1、y_2 在侧面投影上得点 c''、d''。

（3）依次连接 $f''g''c''b''a''d''e''f''$，得截交线的 W 面投影。

（4）连接 ab、$c''d''$，并补全四棱柱侧面投影的轮廓。如图 5-20(b) 所示。

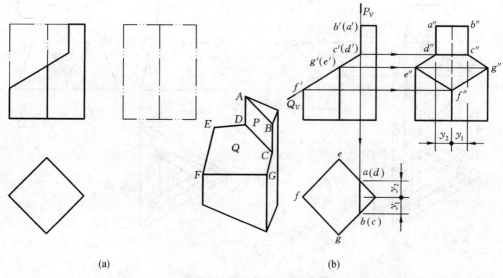

图 5-20　切口四棱柱的投影

（a）已知　（b）作图

例 5 - 14 如图 5 - 21(a) 所示，完成切口三棱台的 H、W 面投影。

分析：切口三棱台可看作是被水平面 P 和正垂面 Q 切去一部分形成的，如图 5 - 21(b) 所示。切口是由水平面 P 与三棱台的交线 Ⅰ Ⅶ Ⅷ 和正垂面 Q 与三棱台的交线 Ⅳ Ⅶ Ⅷ 组成，其中交线 Ⅰ Ⅶ Ⅷ 与棱台的底边平行。切口的正面投影可直接得到，需要作出 H、W 面投影。截平面 P 与 Q 的交线必须画出。

作图：(1) 分别作出水平面 P 和正垂面 Q 与整个三棱台的截交线 Ⅰ Ⅱ Ⅲ 和 Ⅳ Ⅴ Ⅵ。

(2) 分别从 $7'$、$8'$ 作投影连线，与 H 面投影 12 和 13 分别交于点 7、8，量取 y_1、y_2 在侧面投影上得点 $7''$、$8''$。

(3) 依次连接 178、$1''7''8''$、748 和 $7''4''8''$，得截交线的 H、W 面投影。

(4) 补全三棱台水平和侧面投影的轮廓，注意 78 线为虚线，如图 5 - 21(d) 所示。

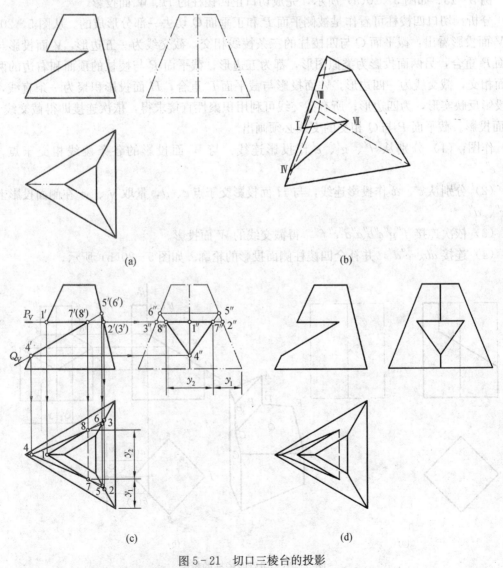

图 5 - 21 切口三棱台的投影

(a) 已知 (b) 直观图 (c) 作图过程 (d) 作图结果

第三节 平面与曲面立体相交

平面与曲面立体相交，其截交线一般情况下是平面曲线或曲线与直线组成的封闭图形，特殊情况为直线段围成的封闭图形。

学习的曲面立体均为回转体。平面与回转体表面相交时，其截交线取决于回转体的表面形状和截平面与回转体的相对位置。截交线既是截平面上的线，又是回转体表面上的线，它是回转体表面与截平面的共有线。因此求截交线时是求截交线上的若干共有点，然后按顺序连接成封闭的平面图形。

1. 求截交线的方法

（1）利用截平面和回转体表面的积聚性，按投影关系直接求出截交线上点的投影。

（2）利用截平面的积聚性和求曲面立体上点的方法，求出截交线上点的投影。

2. 求回转体截交线的一般步骤

（1）根据回转体的形状及截平面与回转体轴线的相对位置，判断截交线的形状和投影特征。

（2）求出截交线上一系列特殊位置点的投影（这些点包括截交线位于投影轮廓线上的点、中心线上的点和截交线的起讫点等，也就是最左、最右、最前、最后、最上、最下点及可见和不可见的分界点）。

（3）求作截交线的一般位置点（当特殊位置点不是很多时，画出的图形不很准确，此时需要找出一些中间点补充，一般选择对称位置的点）。

（4）将求作的所有点连接。若两点之间为直线，就用直线连接两点；若为曲线，就用曲线按照顺序光滑连接。

（5）判别可见性并擦去多余的作图线，整理完成全图。

一、圆柱的截交线

根据截平面与圆柱轴线位置的不同，圆柱上的截交线有椭圆、圆和矩形三种情况，见表 5-1。

表 5-1 圆柱的截交线

截平面位置	垂直于轴线	倾斜于轴线	平行于轴线
截交线形状	圆	椭圆	矩形
立体图			

（续）

截平面位置	垂直于轴线	倾斜于轴线	平行于轴线
截交线形状	圆	椭圆	矩形
投影图			

求作圆柱上的截交线时，应注意利用其投影的积聚性。

例 5-15　如图 5-22(a) 所示，圆柱被截平面截割后的投影。

分析：圆柱轴线垂直于 W 面，截平面 P 垂直于 V 面且与圆柱轴线斜交，截交线为一椭圆。椭圆的长轴 AB 平行于 V 面，短轴 CD 垂直于 V 面。其 V 面投影积聚在 P_V 上，W 面投影积聚在圆周上。因此，只需求出截交线的 H 面投影，利用投影关系可直接求得。

作图：（1）先求特殊点。求长短轴端点 A、B、C、D 的 V 面投影，据此求出长短轴端点的 H 面投影 a、b、c、d。

（2）求若干一般位置点。如在截交线 V 面投影任取点 e'，据此求出 W 面投影 e'' 和 H 面投影 e。由于椭圆为对称图形，可作出与点 E 对应的点 F、G、K 的各投影。求作这些点时，要注意坐标 "y"。

（3）连线并判别可见性。在 H 面投影上依次连接 $agcebfdka$，即为所求。

（4）补全图形轮廓并判别可见性，如图 5-22 所示。

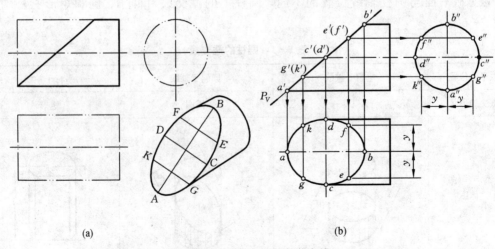

(a)　　　　　　　　　(b)

图 5-22　平面与圆柱的截交线

(a) 已知　(b) 作图

例 5 - 16 如图 5 - 23(a) 所示，已知圆柱榫头的 V 面投影，求另外两面投影。

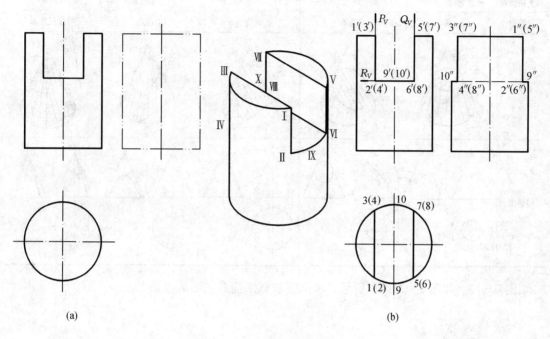

图 5 - 23 圆柱榫头的投影

(a) 已知 (b) 作图

分析：从给出的 V 面投影可知，圆柱榫头是由对称侧平面 P、Q 和水平面 R 切割圆柱而形成的，且三个截平面都未全部截断圆柱，只是局部切割。其中侧平面 P、Q 平行于圆柱轴线，截交线均为开口矩形，水平面 R 垂直于圆柱轴线，截交线为两段圆弧。

作图：(1) 求侧平面 P、Q 与圆柱的截交线。侧平面 P 切割圆柱为开口矩形 I II IV III，其中 I II 和 III IV 为素线，由截交线 1′2′、(3′)(4′) 可直接求得 H 面投影 1(2)、3(4)，据此投影关系求出 W 面投影 1″2″3″4″。根据对称关系，可求出侧平面 Q 与圆柱的截交线的投影。

(2) 求水平面 R 与圆柱的截交线。水平面 R 截圆柱为两段圆弧 II IX VI 和 IV X VIII。其 V 面投影 2′9′6′ 和 4′10′8′ 重合在 R_V 上，H 面投影重合在圆周上，可直接求得。W 面投影为两直线段 2″9″6″ 和 4″10″8″。由于点 IX、X 分别在圆柱的最前、最后轮廓素线上，故可直接求得 9″、10″。如图 5 - 23 所示。

(3) 求三截面彼此间交线，判别可见性，完成作图。P 与 R 交线为 II IV，Q 与 R 交线为 VI VIII，只要将同面投影连接即得。其中 W 面投影 2″4″、6″8″ 不可见。圆柱的最前轮廓素线点 IX、最后轮廓素线点 X 以上被截断，故圆柱 W 面投影轮廓线 9″、10″ 以上不能连线。

二、圆锥的截交线

根据截平面与圆锥轴线位置的不同，圆锥上的截交线有五种情况，见表 5 - 2。

表 5 - 2　圆锥的截交线

截平面位置	垂直于轴线 θ=90°	倾斜于轴线 θ>α	平行于一条素线 θ=α	平行于轴线 θ=0°	过锥顶 θ<α
截交线形状	圆	椭圆	抛物线	双曲线	等腰三角形
立体图					
投影图					

例 5 - 17　如图 5 - 24(a) 所示，求圆锥被截平面截割后的投影。

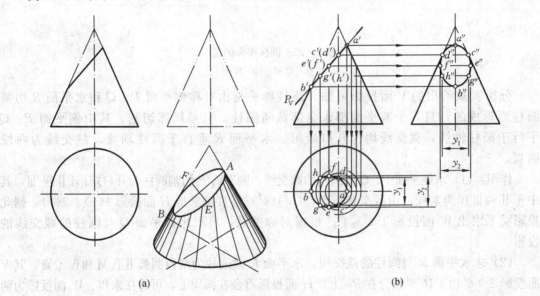

图 5 - 24　平面与圆锥的截交线

(a) 已知　(b) 作图

分析：截平面 P 与圆锥的所有素线相交，截交线为一椭圆。P 面与圆锥最左、最右两条轮廓素线的交点的连线 AB 为椭圆的长轴；短轴 EF 必过 AB 的中点，且垂直于 V 面。该椭圆的 V 面投影积聚在 P_V 上，其 H、W 面投影仍为椭圆，但不反映实形。

作图：(1) 因椭圆长轴端点 A、B 的 V 面投影分别位于最右、最左两条轮廓素线上，可直接确定 a'、b'，据此求出 H 面投影 a、b 和 W 面投影 a''、b''。

(2) 作椭圆短轴端点 E、F 的投影。过 $a'b'$ 的中点 $e'(f')$ 作辅助水平圆，求出 e、f；再由投影关系求出 W 面投影 e''、f''。

（3）求最前、最后轮廓素线上的点 C、D。先由 c'、d' 求 c''、d''，再求出 c、d。

（4）求两个一般位置点 G、H。

（5）光滑连接各点，得截交线的三面投影。

（6）补全图形轮廓并判别可见性。如图 5-24(b) 所示。

例 5-18　如图 5-25(a) 所示，求圆锥被截平面截割后的投影。

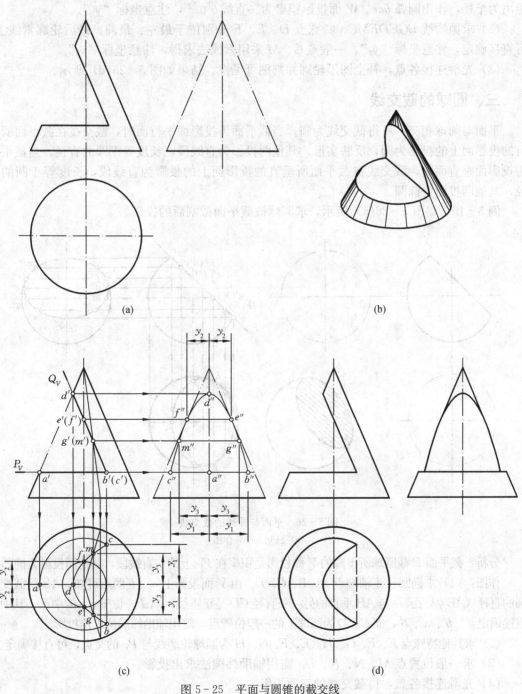

图 5-25　平面与圆锥的截交线

(a) 已知　(b) 直观图　(c) 作图　(d) 作图结果

分析：水平面 P 与圆锥相交，截交线为一圆弧，正垂面 Q 与圆锥相交，截交线为一抛物线，如图 5-25(b)。圆弧的 V 面投影积聚在 P_V 上，H 面投影反映实形，W 面投影也积聚为一直线；抛物线的 V 面投影积聚在 Q_V 上，另两面投影为一抛物线，但不反映实形。截平面 P 与 Q 相交的交线必须画出。

作图：（1）求圆弧 BAC。在 H 面投影上，以中心线交点为圆心，点 a 到中心线交点的距离为半径，作出圆弧 bac。W 面投影积聚为一直线 $b''a''c''$，注意坐标"y_1"。

（2）求抛物线 $BGEDFMC$。特殊点 D、E、F 分别位于最左、最前、最后轮廓素线上，可直接确定，注意坐标"y_2"。一般点 G、M 采用素线法求得，注意坐标"y_3"。

（3）光滑连接各点，补全图形轮廓并判别可见性。结果如图 5-25(d) 所示。

三、圆球的截交线

平面与圆球相交，所得截交线为圆。当截平面为投影面平行面时，截交线在截平面所平行的投影面上的投影为圆，反映实形，其他两投影为直线段，长度等于圆的直径。当截平面为投影面垂直面时，截交线在截平面所垂直的投影面上的投影为直线段，长度等于圆的直径，其他两投影为椭圆。

例 5-19 如图 5-26(a) 所示，求圆球被截平面截割后的投影。

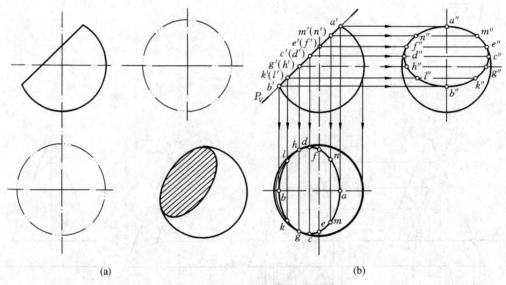

图 5-26 平面与圆球的截交线

(a) 已知　(b) 作图

分析：截平面 P 截圆球所得圆的 V 面投影是积聚在 P_V 上的一直线段，其他两投影为椭圆。

作图：（1）求椭圆长短轴端点 A、B、C、D。由 V 面投影上 a'、b' 两点可知，AB 是截交线圆的直径（$AB//V$ 面），与 AB 垂直的另一条直径 CD 是正垂线，$c'(d')$ 位于 $a'b'$ 的中点。其中可直接确定 a'、b'、a''、b''，而 C、D 为圆球上的一般位置点，需用辅助纬圆法求出投影。

（2）求其他特殊点 E、F、G、H。E、F、G、H 为圆球轮廓线与 P_V 的交点，可直接确定。

（3）求一般位置点 M、N、K、L。需用辅助纬圆法求出投影。

（4）光滑连接各点，得截交线的三面投影。

（5）补全图形轮廓，如图 5-26(b) 所示。

第六章　立体表面相交

形状复杂的物体一般可分解为若干个基本立体。两相交的立体称为相贯体，立体表面相交时所产生的交线称为相贯线。两相交立体的表面形状和位置不同，相贯线的形状也就不同。相贯线具有如下性质：

(1) 相贯线是相交两立体表面的共有线，相贯线上的点是两立体表面的共有点。

(2) 相贯线也是两立体表面的分界线。

(3) 由于参与相贯的两立体都占有一定空间，当两立体相交时，相贯线一般为封闭折线或封闭曲线。

因此，求相贯线实质上是求两立体表面的共有线或共有点的问题。

立体相交时，根据立体的几何性质可分为：平面立体与平面立体相交［图 6-1(a)］、平面立体与曲面立体相交［图 6-1(b)］、曲面立体与曲面立体相交［图 6-1(c)］、多立体相交［图 6-1(d)］。

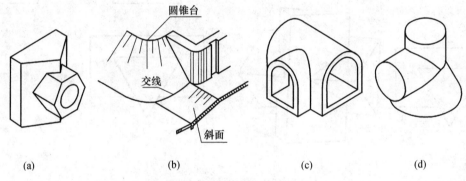

图 6-1　立体与立体的相交

(a) 平面立体相交　(b) 平面立体与曲面立体相交　(c) 曲面立体相交　(d) 多立体相交

第一节　平面立体与平面立体相交

两平面立体的相贯线一般是一条或几条闭合的空间折线或平面多边形，各段折线可看作是两个立体相应棱面的交线，相邻两折线的交点是某一立体的棱线与另一立体的贯穿点，因此求两平面立体相贯线的方法，实质上就是求两个立体相交棱面的交线，或求一立体的棱线与另一立体的贯穿点。

图 6-2 所示是两平面立体相贯的两种常见情形：全贯与互贯。两立体相交时，当水平三棱柱所有的侧棱都穿过垂直三棱柱时，所得的相贯线为两条封闭折线，这种情形称为全贯，如图 6-2(a) 所示；当水平三棱柱只有一部分棱面穿过垂直三棱柱时，所得到的交线是一条封闭折线，这种情形称为互贯，如图 6-2(b) 所示。

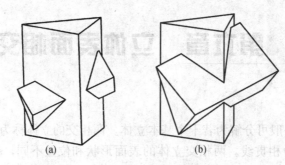

图 6-2 全贯与互贯

(a) 全贯 (b) 互贯

例 6-1 如图 6-3 所示，求两垂直相交的三棱柱的交线。

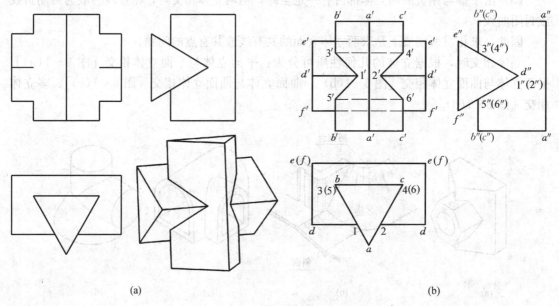

图 6-3 棱柱与棱柱相贯

(a) 已知及直观图 (b) 作图

分析：根据水平投影和侧面投影可以看出，水平三棱柱只有两个侧垂棱面 ED、DF 和垂直三棱柱的两铅垂棱面 AB、AC 相交，并且棱线 E 和 F 与垂直三棱柱没有相交，棱线 A 与水平三棱柱没有相交，由此可知，两三棱柱是互贯，它们的交线是分布在 AB、AC、ED 和 DF 棱面上的一条闭合空间折线。求相贯线就是求棱面 AB 与棱面 ED 和 FD 的交线、棱面 AC 与棱面 ED 和 DF 的交线以及棱面 BC 与棱面 ED 和 DF 的交线。因为垂直三棱柱的水平投影积聚成三角形，相贯线的水平投影就在此三角形上，水平三棱柱的侧面投影积聚成三角形，相贯线的侧面投影就在此三角形上，所以本题只需求相贯线的正面投影。

作图：（1）求棱线对另一立体的全部交点。垂直三棱柱的三个棱面都和水平投影面垂直，水平投影积聚成直线，所以水平三棱柱的棱线 D 与棱面 AB、AC 的交点 Ⅰ、Ⅱ 的投影可以利用积聚性直接求出。水平三棱柱的三个棱面都与侧投影面垂直，侧面投影积聚成直线，所以垂直三棱柱的棱线 B 和 C 与棱面 DE、DF 的交点Ⅲ、Ⅳ、Ⅴ、Ⅵ的投影，可以利用积聚性直接求出。

（2）确定连接顺序。$1'$、$3'$ 既在棱面 AB 上，又在棱面 ED 上，$1'-3'$ 是棱面 AB 和棱面 ED 的交线。同理，$1'-5'$ 是棱面 DF 和 AB 的交线，$2'-4'$ 是棱面 AC 和棱面 ED 的交线，$2'-6'$ 是棱面 AC 和棱面 DF 的交线，$3'-4'$ 是棱面 BC 和棱面 ED 的交线，$5'-6'$ 是棱面 FD 和棱面 BC 的交线。

（3）判别交线的可见性。若交线上某一线段同时位于两立体的可见棱面上，则该线段必为可见的，若相交两棱面其中有一个棱面为不可见，则该线段也不可见。在正面投影中，垂直三棱柱的棱面 BC 不可见，因此交线Ⅲ-Ⅳ、Ⅴ-Ⅵ正面投影 $3'-4'$、$5'-6'$ 为不可见，应画成虚线，而棱面 AB、AC 及 ED、DF 的正面投影是可见的，它们的交线的正面投影 $1'-3'$、$1'-5'$、$2'-4'$、$2'-6'$ 段都是可见的，画成粗实线。

（4）检查棱线的投影，并判别可见性。因为两棱柱相交后成为一个整体，所以棱线 B、C 在交点Ⅲ-Ⅴ、Ⅳ-Ⅵ段应该不存在了。水平三棱柱的棱线 E 和 F 被遮挡部分应该画成虚线。

例 6-2　如图 6-4 所示，求四棱柱与三棱锥的交线。

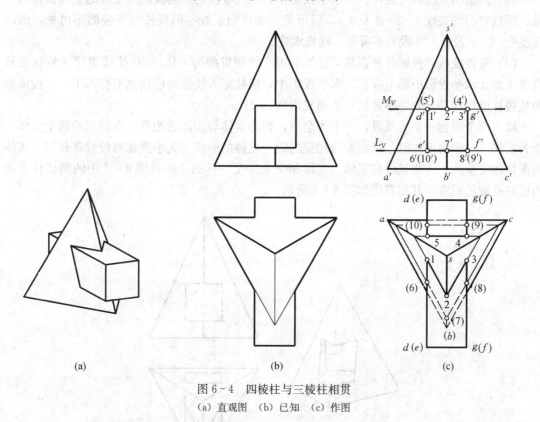

图 6-4　四棱柱与三棱柱相贯

(a) 直观图　(b) 已知　(c) 作图

分析：由正面投影可以看出，四棱柱的四条棱线都穿过棱锥，所以两立体是全贯的，其相贯线为两条封闭折线，前面一条是四棱柱的棱面与三棱锥棱面 SAB 和 SBC 相交所产生的交线，为空间折线；后面一条是四棱柱的棱面与三棱锥棱面 SAC 相交所产生的交线，因为棱面 SAC 为侧垂面，所以其交线是一条封闭的平面折线。四棱柱的四个棱面都分别平行于投影面，所以交线的各段均为水平线或侧平线，交线的正面投影与四棱柱四个棱面所积聚的直线重合。所以本题只需要求出相贯线的水平投影。

作图：（1）先求四棱柱两水平棱面与三棱锥的交线。假设将水平棱面 DG、EF 扩展为水平面 M、L，因为它们与三棱锥的底面平行，则它们与三棱锥的交线为两个与三棱锥底面各边分别平行的相似三角形，三角形的顶点是平面 M、L 与三棱锥三条棱线 SA、SB、SC 的交点。水平投影中所画的两个细实线三角形与棱柱棱线 D 的交点分别为Ⅰ、Ⅴ，与棱柱棱线 G 的交点分别为Ⅲ、Ⅳ，与棱柱棱线 E 的交点分别为Ⅵ、Ⅹ，与棱柱棱线 F 的交点分别为Ⅷ、Ⅸ，1-2-3、4-5 和 6-7-8、9-10 即为所求棱面 DG、EF 与三棱锥各棱面的交线的水平投影。

（2）再求两个侧平棱面 DE 和 GF 与三棱锥的交线。可直接利用棱柱的两个侧平面的水平投影具有积聚性直接定出，即 1-6、3-8、5-10 和 4-9 段。

这样就求出四棱柱与三棱锥的两条封闭的交线的水平投影，与棱面 SAB 和 SBC 相交所产生的交线水平投影为 1-2-3-8-7-6，是空间折线；与 SAC 相交所产生的交线的水平投影为 4-5-10-9，为平面折线。

（3）判别相贯线的可见性。在水平投影中，因三棱锥的三侧棱面及棱柱的上棱面都为可见，所以它们的交线 1-2-3 及 4-5 段可见，画成粗实线，但棱柱的下棱面不可见，因此交线 6-7-8 及 9-10 段为不可见，画成虚线。

（4）检查棱线的投影并判别其可见性。因立体相贯融为一体，SB 棱线贯穿于棱柱ⅡⅦ段在正面和水平投影中都不存在，水平投影中，棱柱穿入棱锥的棱线也不存在了，三棱锥底面被棱柱遮挡的部分变为不可见，要画成虚线。

以上两个例题一个为互贯，一个为全贯，都是实体与实体的相贯。当相交的两个立体一个为实体，一个为虚体时，只要参与相交的两个立体的形状、大小及相对位置都相同，实体与虚体相交所产生的相贯线和实体与实体相交是完全一样的。如将例 6-2 中的四棱柱变为四棱柱孔前后贯穿，其相贯线如图 6-5 所示。

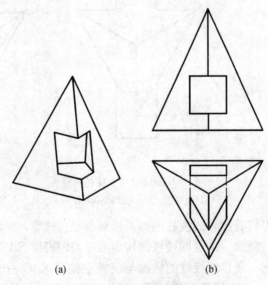

(a)　　　　　　　　　(b)

图 6-5　实体与虚体的相贯

(a) 直观图　(b) 投影图

第二节　平面立体与曲面立体相交

平面立体与曲面立体表面相交，所得的相贯线是由若干段平面曲线（有时为直线）组成的封闭折线。相贯线上每一段平面曲线是平面立体上的某个棱面与曲面立体表面的截交线，两段截交线的交点是平面立体的棱线与曲面立体表面的贯穿点，因此求平面立体与曲面立体的相贯线实质上是求平面立体棱面与曲面立体的截交线或求平面立体的棱线与曲面立体的贯穿点。

例 6-3　求如图 6-6(a) 所示圆柱与三棱柱的相贯线。

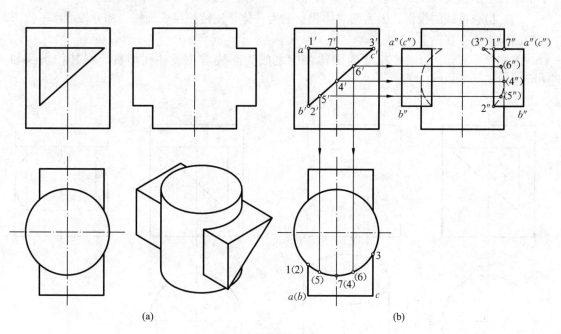

(a)　　　　　　　　(b)

图 6-6　圆柱与三棱柱相贯

(a) 已知及直观图　(b) 作图

分析：三棱柱的三个棱面的正面投影具有积聚性，相贯线的正面投影积聚在其上，圆柱的水平投影具有积聚性，相贯线的水平投影就积聚在圆上，本题只需求相贯线的侧面投影。此物体前后对称，故其相贯线也为前后对称，相贯线是由三条截交线组成的，分别是直线、部分圆和部分椭圆。棱线 A、B、C 与圆柱的贯穿点为 Ⅰ、Ⅱ、Ⅲ。

作图：(1) 先求棱面 AB 与圆柱的截交线。棱面 AB 与圆柱轴线平行，所以其截交线是直素线 Ⅰ-Ⅱ 段，其正面投影和棱面 AB 的正面投影重合，水平投影积聚成一个点，根据两面投影求出其侧面投影 $1''-2''$。

(2) 求棱面 AC 与圆柱的截交线。棱面 AC 与圆柱轴线垂直，其截交线为圆的一部分，水平投影反映实形，$1-7-3$ 段圆弧，正面投影为 $1'-7'-3'$，因为 Ⅰ-Ⅶ-Ⅲ 段圆弧平行于水平投影面，所以其侧面投影为直线，利用两面投影求出其侧面投影 $1''-7''-3''$。

（3）求棱面 BC 与圆柱的截交线。棱面 BC 与圆柱轴线倾斜，因此其截交线为椭圆的一部分。正面投影积聚在棱面 BC 的投影上，水平投影为 2-4-3 段圆弧。为了求其侧面投影，先找截交线上的特殊点。B、C 棱线与圆柱的贯穿点 Ⅱ、Ⅲ 为椭圆上的特殊点，Ⅳ 点在圆柱最前面的素线上，也是特殊点，求出这几个特殊点的三面投影。为了作图准确，在 Ⅱ-Ⅳ、Ⅳ-Ⅲ 两段圆弧中间再找两个一般点 Ⅴ、Ⅵ，根据两面投影分别求出侧面投影 5″、6″。按顺序 3″-6″-4″-5″-2″ 将其连成光滑的椭圆曲线，即是棱面 BC 与圆柱的截交线。

（4）判别相贯线的可见性。因为棱面 AB 可见，截交线 1″-2″ 段可见，画成粗实线；棱面 BC 不可见，2″-5″-4″-6″-3″ 段椭圆弧不可见，画成虚线；棱面 AC 与圆柱的交线，在左半个圆柱上的截交线 1″-7″ 为可见，在右半个圆柱的截交线 7″-3″ 段为不可见。

（5）检查棱线的投影。因为两立体相交融为一体，三棱柱穿入圆柱的部分棱线水平投影和侧面投影不存在。

若将例 6-3 中的三棱柱变为虚体，使之成为圆柱与三棱柱孔相贯，则其相贯线如图 6-7 所示。

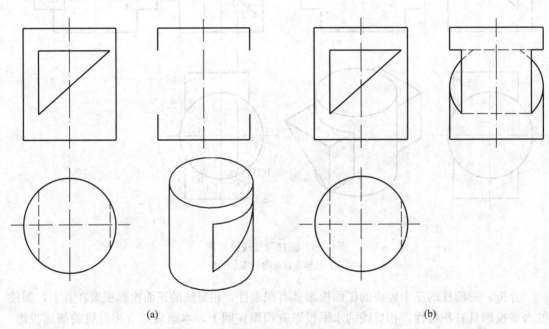

（a）　　　　　　　　　　　　　　　　　（b）

图 6-7　圆柱与三棱柱孔相贯
(a) 已知及直观图　(b) 投影图

例 6-4　求如图 6-8 所示四棱柱与圆锥的相贯线。

分析：由水平投影可以看出，四棱柱与圆锥体的相贯线可分为四部分：它们是四棱柱的四个棱面分别与圆锥面相交所得的截交线，它们的空间形状都是双曲线，由于四棱柱的四个棱面都是铅垂面，其水平投影都积聚成直线，相贯线的水平投影就在这四条直线上，所以相贯线的水平投影是已知的，只需求其正面投影。

由于四棱柱前后左右对称，因此四个棱面与圆锥体表面所产生的相贯线也是前后左右对称的。

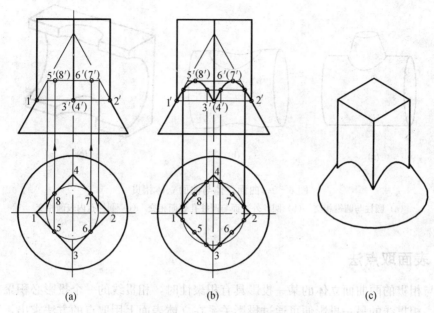

图 6-8 四棱柱与圆锥相贯

(a) 已知 (b) 作图 (c) 直观图

作图：（1）先求相贯线的特殊点。左右两条棱线与圆锥体表面的交点 $1'$、$2'$，既在四棱柱棱线上又在圆锥正面投影轮廓线上，可直接确定，因为四棱柱是正四棱柱，所以四条棱线与圆锥表面的交点在同一个水平圆上，而这个水平圆的正面投影，积聚成一条直线，就是 $1'-2'$ 直线，所以四棱柱前后棱线与圆锥面的交点 Ⅲ、Ⅳ，就在这条直线上，而且正面投影重影。

（2）再求截交线上的最高点。截交线的最高点就在四棱柱的水平投影的内切圆上，因为圆锥体的纬圆再小于这个圆就不和四棱柱相交了，水平投影中内切圆和四边形的切点 5、6、7、8 就是最高点，然后求内切圆的正面投影所积聚的直线，$5'$、$6'$、$7'$、$8'$ 就在这条直线上，而且 $5'$ 和 $8'$、$6'$ 和 $7'$ 重影。

（3）求一般点。作一辅助水平面，它和圆锥的截交线是一水平圆，此圆和四棱柱的每一个棱面有两个交点，求出这个水平圆的正面投影所积聚的直线，然后再求交点的正面投影。

（4）光滑连接，并判别可见性。相贯线的正面投影是可见的，因此按顺序光滑连接时，连成粗实线即可。

第三节 曲面立体与曲面立体相交

两曲面立体相交的相贯线，一般是封闭的空间曲线，在特殊情况下是平面曲线或直线，如图 6-9 所示。求作相贯线时，一般先求两曲面立体表面相交后的一系列共有点，然后将这些点连成光滑的曲线，并判别其可见性。求两曲面立体表面共有点的常用方法有：表面取点法、辅助平面法、辅助球面法。

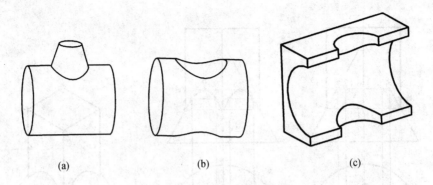

图 6 - 9 曲面立体与曲面立体相贯
（a）圆柱与圆锥相交 （b）圆柱外表面与圆柱孔表面相交 （c）圆柱孔内表面相交

一、表面取点法

当参与相贯的两曲面立体的某一投影具有积聚性时，相贯线的一个投影必积聚在该投影上。因此，相贯线的另一投影便可通过投影关系在立体表面上用取点的方法求出，这种方法称为表面取点法。

例 6 - 5 求如图 6 - 10 所示轴线垂直相交的两圆柱的相贯线。

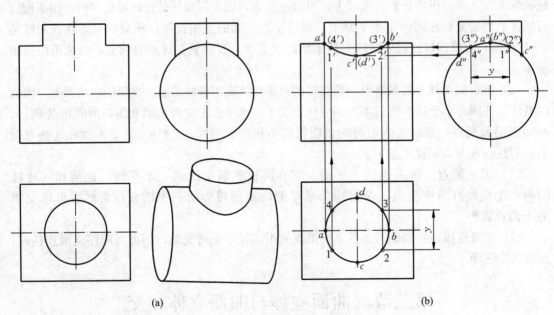

图 6 - 10 两轴线正交的圆柱体的相贯
（a）已知及直观图 （b）作图

分析：由于两圆柱轴线垂直相交，相贯线是一条封闭的空间曲线。相贯线的水平投影在直立圆柱面的水平投影所积聚的圆上，侧面投影在水平圆柱的侧面投影所积聚的圆上（属于两圆柱侧面投影重叠区域内的一段圆弧），因此相贯线的两个投影已知，只需利用表面取点法求出其正面投影。

作图：（1）先求相贯线上的特殊点。A、B 两点既在直立圆柱最左、最右的素线上，又在水平圆柱最上面的素线上，所以 A、B 两点是直立圆柱最左、最右素线和水平圆柱最上面素线的交点，A、B 的正面投影直接可求出。C、D 两点在直立圆柱的最前、最后素线上，又是相贯线上最低点，也是特殊点。其正面投影可根据水平投影和侧面投影求出。

（2）求一般点。在相贯线水平投影上取一般点 1、2、3、4，根据点的投影关系求出侧面投影，然后再根据水平投影和侧面投影求出它们的正面投影。

（3）判别可见性并将各点光滑连接起来，即得相贯线的投影。在正面投影中相贯线是前后对称的，前半部分相贯线可见，后半部分相贯线不可见，但它和前半部分重合，所以画成粗实线。

当相交的两圆柱是空心圆筒时，其内孔与内孔的交线是两圆柱内表面的相贯线，如图 6-11 所示。内表面相贯线的求法与外表面相贯线的求法相同。

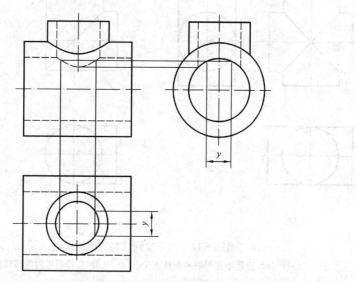

图 6-11　圆柱与圆柱孔的相贯

随着两正交圆柱的尺寸变化，其相贯线的形状和位置也发生变化。其变化趋势为：

（1）直径不相等的两正交圆柱的相贯线是空间曲线，投影后的曲线总是向着直径大的圆柱方向弯曲，如图 6-12(a)、(b) 所示。

（2）直径相等的两正交圆柱的相贯线是平面曲线——椭圆，正面投影积聚成直线，如图 6-12(c)、(d) 所示。

（3）圆柱上穿孔以及两圆柱孔的相贯线，其变化趋势和圆柱与圆柱的相贯是相同的，如图 6-13 所示。

例 6-6　求如图 6-14 所示两圆柱偏交的相贯线。

分析：两圆柱的轴线交叉垂直称为偏交。其相贯线是一条前后不对称，但左右对称的封闭空间曲线，直立圆柱水平投影积聚成圆，相贯线的水平投影必在该圆上，水平圆柱的侧面

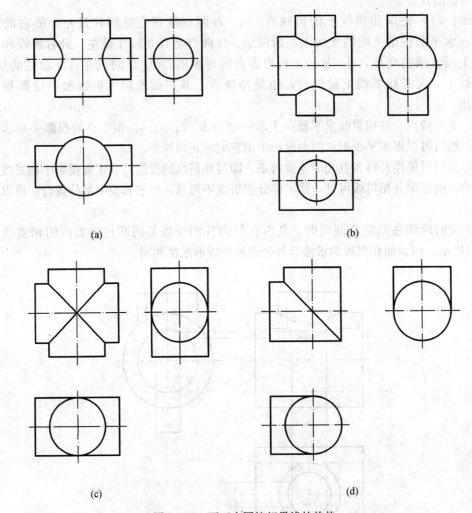

图 6-12　两正交圆柱相贯线的趋势

(a)、(b) 直径不相等的两圆柱正交　(c)、(d) 直径相等的两圆柱正交

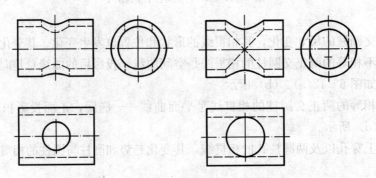

图 6-13　两正交圆柱孔相贯线的趋势

投影积聚成圆，相贯线侧面投影必在这个圆上属于两圆柱的一段公共圆弧上，所以相贯线的水平、侧面投影是已知的，只需求其正面投影。所用方法是表面取点法。

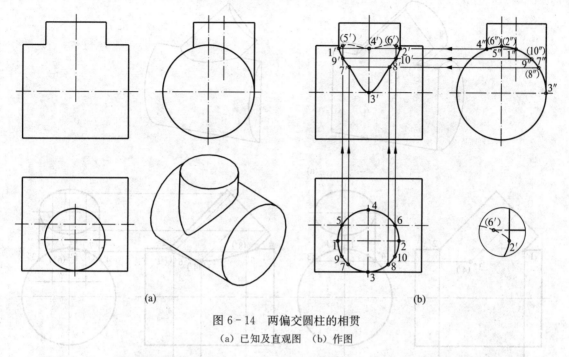

图 6-14 两偏交圆柱的相贯

(a) 已知及直观图 (b) 作图

作图：（1）求相贯线上的特殊点。在小圆柱的最左、最右、最前及最后素线上点Ⅰ、Ⅱ、Ⅲ、Ⅳ是特殊点，相贯线上还有两个特殊点，即在大圆柱最上面素线上的两个点Ⅴ、Ⅵ。先确定这六个点的水平投影位置，再根据投影关系确定其侧面投影，然后根据两面投影求点的正面投影。

（2）求一般点。因为前半段相贯线较长，为了作图准确，再找四个一般点Ⅶ、Ⅷ、Ⅸ、Ⅹ点，先确定水平投影，根据投影关系确定其侧面投影，再根据两面投影求其正面投影。

（3）判别可见性，光滑连接。正面投影中位于直立圆柱前半圆柱面上的相贯线是可见的，连接时按 1'-9'-7'-3'-8'-10'-2' 的顺序连成粗实线，后半圆柱面上的相贯线是不可见的，按 1'-5'-4'-6'-2' 的顺序光滑连接成虚线。

要注意直立圆柱的左右素线正面投影要画到 1'、2' 点。

二、辅助平面法

辅助平面法，是利用辅助截平面截切两相贯体，求属于两曲面立体表面的共有点的方法。辅助平面截切两曲面立体，将得到两条截交线，这两条截交线的交点，既属于截平面，又属于两曲面立体的表面，显然，这些点是相贯线上的点。利用这种方法求出相贯线上的若干点，并依次光滑连接起来，便是所求相贯线。

用辅助平面法求相贯线，要选择合适的辅助平面，以便简化作图。选择辅助平面的原则是：辅助平面与两立体的截交线投影是简单易画的直线或圆（圆弧）。

例 6-7 如图 6-15 所示，求作轴线为正平线和轴线为侧垂线的两相交圆柱的相贯线。

分析：两圆柱的相贯线为一条封闭的空间曲线，轴线为侧垂线的圆柱的侧面投影积聚成

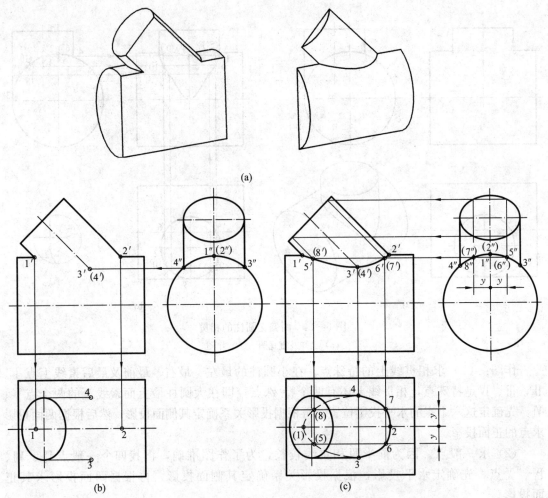

图 6-15　两轴线倾斜相交圆柱的相贯
(a) 直观图　(b) 作图　(c) 作图

为一个圆，所以相贯线的侧面投影就是属于两圆柱的公共部分的一段圆弧，这两个圆柱相交以后是前后对称的，因此相贯线也是前后对称的，相贯线前半部分与相贯线后半部分的正面投影重合。因为两圆柱的轴线都和正投影面平行，可选正平面作为辅助平面求相贯线上的一系列点，正平面与两圆柱的交线都将是素线，两圆柱素线的交点即是两圆柱相贯线上的点。

作图：(1) 求相贯线上的特殊点。正面投影中两圆柱的正面投影轮廓线的交点 $1'$、$2'$ 可直接确定，根据投影关系确定其水平和侧面投影。倾斜圆柱最前、最后素线在相贯线上的点，其侧面投影 $3''$、$4''$ 可直接确定，正面投影和水平投影可根据投影关系求出，应当注意 Ⅲ、Ⅳ 的正面投影投影重合。

(2) 求一般点。作前后对称的两个正平面作为辅助平面，正平面与倾斜圆柱以及和水平圆柱分别交得两条素线，先求出素线的交点正面投影 $5'$、$6'$、$7'$、$8'$，再根据正面投影和侧面投影求出其水平投影 5、6、7、8。

(3) 光滑连接，并判别可见性。相贯线的正面投影前半部分可见，后半部分不可见，但前后重合，因此光滑连接时，连成光滑的粗实线；水平投影中倾斜圆柱的上半个圆柱面可见，下半个圆柱面不可见，因此相贯线的水平投影 4－7－2－6－3 段连成光滑的粗实线，3－5－1－8－4 段连成光滑的虚线。

例6-8 求如图 6-16 所示圆柱与圆锥体的相贯线。

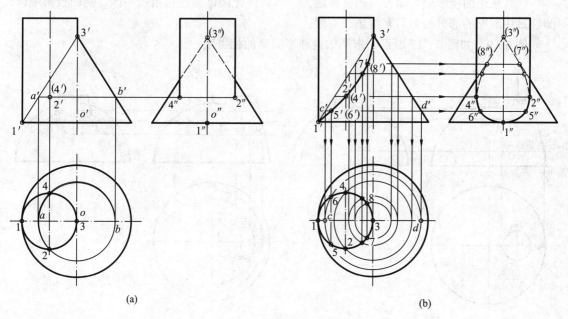

图 6-16 圆柱与圆锥体的相贯
（a）已知及作图过程 （b）作图过程及结果

分析：圆柱与圆锥都是曲面立体，圆锥面没有积聚性，圆柱的水平投影具有积聚性，相贯线的水平投影就在圆柱水平投影所积聚的圆上，相贯线的侧面投影和正面投影没有积聚性，可利用辅助平面法求相贯线上的一系列点。因为圆柱和圆锥的轴线都垂直于水平投影面，所以选择水平面作为辅助平面，它与圆柱、圆锥的截交线都是圆，这两个圆的交点即为相贯线上的点，依此方法，做几个辅助平面，求出若干个相贯线上的点，并依次光滑地连接起来，即为所求相贯线的投影。

作图：（1）求相贯线上的特殊点。相贯线上在圆柱最前、最右、最左、最后素线上的点为特殊点。圆柱最左、最右素线与圆锥最左素线的交点Ⅰ、Ⅲ的三面投影可直接确定；相贯线上在圆柱最前、最后素线上的点Ⅱ、Ⅳ的水平投影，可根据圆柱的水平投影的积聚性直接确定，其正面、侧面投影必须利用辅助平面法来求，在水平投影中以圆锥的底圆的圆心 O 为圆心，以 $O2$ 为半径画圆，这个圆就是所做的辅助平面与圆锥的交线圆，此圆是水平圆，正面投影积聚成一条直线 $a'-b'$，2′、4′就在 $a'-b'$ 上，而且 2′、4′重影，然后求Ⅱ、Ⅳ的侧面投影 2″、4″。

（2）求一般点。先在水平投影中画半径适当的圆，交圆柱所积聚的圆为两个点 5、6，求水平圆的正面投影所积聚的直线 $c'-d'$，根据投影关系，求出 5′、6′，5′、6′就在直线 $c'-d'$ 上，并且重影为一个点，然后再求其侧面投影。依此方法，再求Ⅶ、Ⅷ的三面投影。

（3）光滑连接，并判别可见性。在正面投影中，相贯线前后对称，相贯线的前半部分可见，后半部分不可见，但前后重影，光滑连接 $3'-7'-2'-5'-1'$ 为粗实线；侧面投影中以 $2''$、$4''$ 点为分界点，左半个圆柱与圆锥面的相贯线可见，光滑连接 $2''-5''-1''-6''-4''$ 为粗实线；右半个圆柱不可见，所以与圆锥面的相贯线不可见，光滑连接 $2''-7''-3''-8''-4''$ 为虚线。

（4）在正面投影中，圆锥与圆柱体融为一体，因此圆锥最左边素线不画，侧面投影中被圆柱遮住圆锥的部分的前后素线画成虚线。

例 6-9 如图 6-17 所示，求圆锥台和半圆球的相贯线。

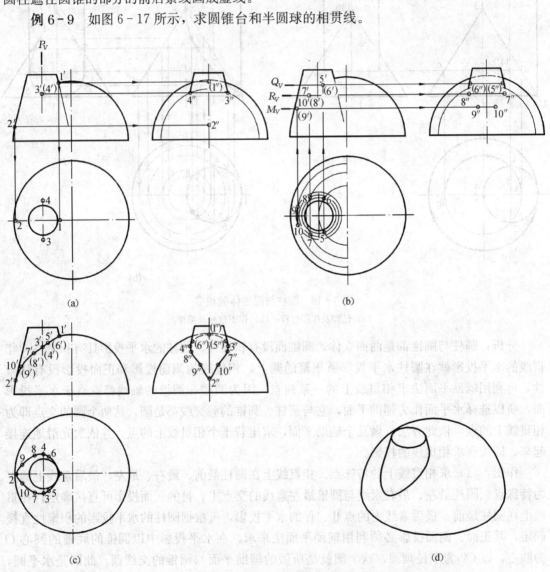

图 6-17 圆锥台和半圆球的相贯
(a) 已知及作图 (b) 作图 (c) 作图过程及结果 (d) 直观图

分析： 圆锥台与半圆球有公共的前后对称面，所以相贯线是一条前后对称的封闭空间曲线。相贯线的正面投影重合为一条曲线，水平投影和侧面投影均为前后对称的封闭曲线。

圆锥台和半圆球的三面投影都没有积聚性，所以不能用表面取点法求相贯线上点的投影，但可选用辅助平面法求相贯线各点投影。

对于圆球面来说，被任何平面截切，其截交线都是圆，但是，只有和某个投影面平行的平面和圆球的截交线在该投影面上的投影才反映截交线圆的实形，所以辅助平面应取投影面的平行面。对圆锥台而言，辅助平面应包含圆锥台的轴线或与圆锥台的轴线垂直，对前者来说，辅助平面和圆锥台的截交线为两条素线，而后者辅助平面和圆锥台的截交线为一水平圆。综合两种情况，辅助平面应取水平面或包含圆锥台轴线的正平面或侧平面。

作图：（1）求相贯线上特殊点。相贯线上在圆锥台最前、最后、最左、最右素线上的点为特殊点，圆锥台的正面投影轮廓线和半圆球的正面投影轮廓线的交点Ⅰ、Ⅱ，为相贯线上最高点和最低点，同时又是最右、最左点，它们的正面投影 $1'$、$2'$ 直接求出，根据轮廓素线投影的对应关系，可直接求出其他两面投影，即 1、2 和 $1''$、$2''$。

包含圆锥台的轴线作辅助侧平面 P，平面 P 和圆锥台交于最前、最后两素线，与半圆球的截交线为一侧平圆，它们的侧面投影交于 $3''$、$4''$，由 $3''$、$4''$ 求出它们的正面投影 $3'$、$4'$ 和水平投影 3、4。

（2）求一般点。在适当的位置上，作水平辅助平面 Q、R、M，如图 6 - 17 所示，它们与圆锥台、半圆球的截交线都是圆，分别作出截交线的水平投影，得到交点 5、6 和 7、8 及 9、10，根据投影关系，由 5、6 求出 $5'$、$6'$ 和 $5''$、$6''$，由 7、8 求出 $7'$、$8'$ 和 $7''$、$8''$，由 9、10 求出 $9'$、$10'$ 和 $9''$、$10''$。

（3）判别可见性，依次光滑连接。相贯线前后对称，正面投影中，前半部分可见，后半部分不可见，但与前半部分重合，按 $1'-5'-3'-7'-10'-2'$ 顺序用粗实线光滑连接各点；相贯线的水平投影可见，用粗实线光滑连接 1-6-4-8-9-2-10-7-3-5-1；侧面投影中，左半个圆锥上的相贯线可见，按 $3''-7''-10''-2''-9''-8''-4''$ 顺序用粗实线光滑连接，右半个圆锥上相贯线不可见，按 $3''-5''-1''-6''-4''$ 顺序用虚线光滑连接。

（4）侧面投影中，圆锥台的最前、最后素线画到 $3''$、$4''$，半圆球的轮廓线被圆锥遮住的部分画成虚线弧。

三、辅助球面法

当曲面立体与球面相交且球心在曲面立体轴线上时，其交线为一垂直于曲面立体轴线的圆，当曲面立体轴线平行于某一投影面时交线圆在该面投影积聚为直线。如图 6 - 18 所示，交线的水平投影为圆，反映实形；其正面投影积聚成一条垂直于曲面立体轴线的直线段。用圆球面作为辅助面，可求得相贯线上的一系列点，这种方法称为辅助球面法。

用辅助球面法求相贯线，

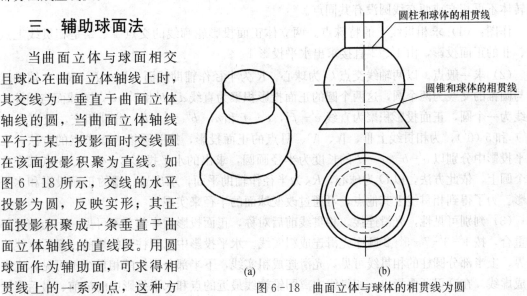

圆柱和球体的相贯线

圆锥和球体的相贯线

(a)　　　　　　(b)

图 6 - 18　曲面立体与球体的相贯线为圆

(a) 直观图　(b) 投影图

应满足以下条件：

(1) 两相交立体为回转体。

(2) 两回转体的轴线相交且同时平行于某一投影面。

例 6 - 10 求如图 6 - 19 所示的轴线为正平线和轴线为侧垂线两相交圆柱的相贯线。

分析：前面求这两个立体的相贯线用的是辅助平面法。由于它们也满足辅助球面法的条件，因此此处用辅助球面法求解。以两圆柱轴线的交点为球心，作一半径合适的辅助球，辅助球与两圆柱的交线都是与其轴线垂直的圆，交线圆的正面投影积聚成直线，直线的交点就是相贯线上的点。

用辅助球面法作图时，辅助球面的最大半径 R_2 是球心 O' 到两立体轮廓线交点中最远点 $1'$ 的距离；最小半径是水平圆柱内切圆的半径 R_1。

作图：(1) 求相贯线上的特殊点。和辅助平面法中所述一致。

(2) 求一般点。作介于 R_1 和 R_2 之间的半径为 R 的辅助球面，该球面与两圆柱的交线都为圆，交线圆的正面投影积聚成与两圆柱轴线分别垂直的直线，直线的交点即是相贯线上的点。

(3) 判别可见性，依次光滑连接。与前面所述相同，这里不再重复。

例 6 - 11 求圆锥与圆柱相交的相贯线（图 6 - 20）。

分析：圆锥与圆柱都是回转体，它们的轴线相交且平行正投影面，满足辅助球面法的条件。以两轴线的交点为辅助球面的球心，作一半径合适的辅助球，辅助球与圆锥、圆柱的交线是与它们的轴线垂直的圆，圆的正面投影为直线，两条直线的交点就是圆锥与圆柱相贯线上的点，依此方法，求出相贯线上若干点，即可求出相贯线的投影。

本题中，辅助球面的最大半径为 R_1，是球心 O' 到两立体轮廓线交点最远点 $1'$ 的距离，最小半径 R_2 是内切于圆锥面的球的半径，辅助球的半径应当介于二者之间，否则辅助球和回转体不再相交或两交线圆没有共同点。

作图：(1) 求相贯线上的特殊点。两立体正面投影轮廓线的交点 $1'$、$2'$ 是相贯线上点 Ⅰ、Ⅱ 的正面投影，由 $1'$、$2'$ 直接求出水平投影 1、2。

(2) 求一般点。以两轴线交点 O' 为球心，R 为半径作辅助球面（$R_1 < R < R_2$），辅助球面与圆锥的交线为两个圆，这两个圆的正面投影积聚为直线 $a'-b'$ 和 $c'-d'$，圆球面与圆柱的交线为一个圆，正面投影积聚为直线 $e'-f'$，$e'-f$ 和 $a'-b'$、$c'-d'$，分别相交，交点为 $3'$（$4'$）和 $5'$（$6'$），为相贯线上 Ⅲ、Ⅳ、Ⅴ、Ⅵ 点的正面投影，按照圆锥表面求点的方法，在水平投影中分别以 $a'-b'$、$c'-d'$ 的长度为半径画圆，求出的水平投影 3、4、5、6 点就在这两个圆上，依此方法，以 O' 为球心，R_2 为半径作辅助平面，求出 Ⅶ、Ⅷ 的正面投影和水平投影。为了得到相贯线上其他点，可通过改变球面的半径来实现。

(3) 判别可见性，光滑连接。相贯线前后对称，正面投影后半部分不可见，但与前半部分重合，按 $1'-3'-7'-5'-2'$ 顺序光滑连成粗实线。水平投影中以圆柱面的最前、最后素线为分界，上半部分圆柱的相贯线可见，光滑连成粗实线，下半部分圆柱的相贯线不可见，光滑连成虚线。在这里还要指出：相贯线中离圆锥轴线最近的点和水平投影中的最前、最后素线上的点，其两面投影预先作不出来，只能在连线后确定。

(4) 圆锥的底圆在水平投影中被圆柱遮挡住的部分不可见，画成虚线。

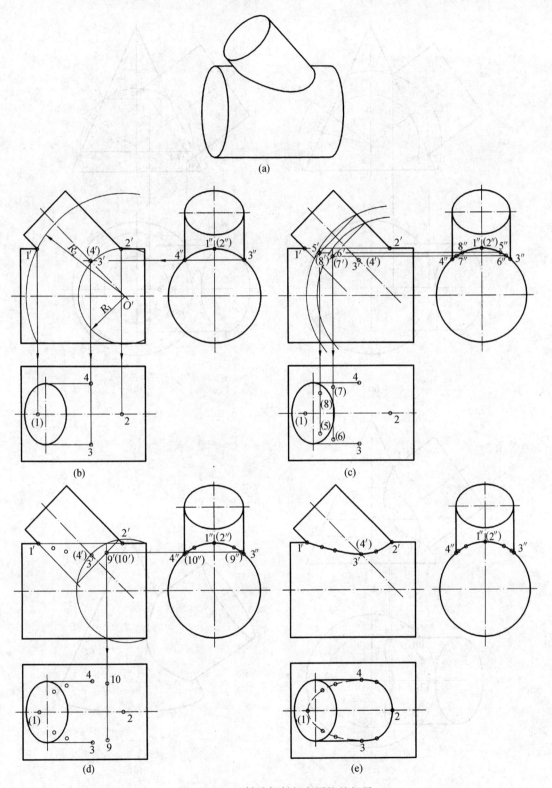

图 6-19 两轴线倾斜相交圆柱的相贯

(a) 直观图 (b) 已知及作图过程 (c) 作图过程 (d) 作图过程 (e) 作图结果

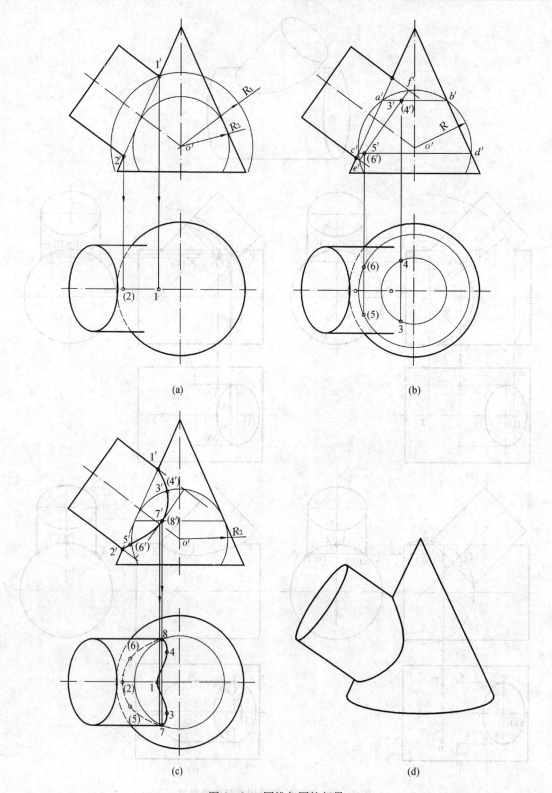

图 6-20　圆锥与圆柱相贯

(a) 已知及作图过程　(b) 作图过程　(c) 作图过程及结果　(d) 直观图

四、曲面立体相交的特殊情况

两曲面立体相交，一般情况下是空间曲线，但在特殊情况下，相贯线也可以是平面曲线或者是直线，常见的特殊情况有两种：

（1）共锥顶的两圆锥和两轴线互相平行的圆柱面，它们的交线是直线，如图 6-21 所示。

（2）如果两个二次曲面（如圆柱面、圆锥面、球面等）共同外切于第三个二次曲面，则它们的交线为两条二次平面曲线，称为蒙日定理。图 6-22 给出了圆柱与圆柱、圆柱与圆锥相交的特殊情况，它们公共外切于一个球，因此它们的交线为两条平面曲线——椭圆，在正面投影中，两椭圆分别积聚成直线，这两条直线分别是它们轮廓线交点的连线。

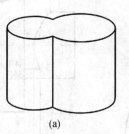
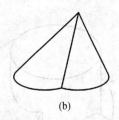

图 6-21　相贯线为直线
(a) 两轴线互相平行的圆柱
(b) 共锥顶的两圆锥

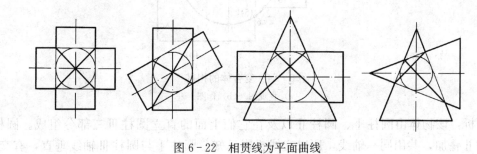

图 6-22　相贯线为平面曲线

第四节　多立体相交

有的物体由三个或三个以上的立体相交而成，如图 6-23 所示。它们表面的相贯线是由几段相贯线组合而成的。画图时，首先要进行分析，找出有哪些表面参与相交，这些表面是什么形状，然后逐一作出各段相贯线的投影。

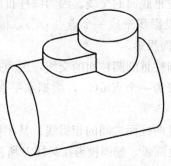

图 6-23　多立体相贯

例 6-12 求如图 6-24 所示形体的表面相贯线。

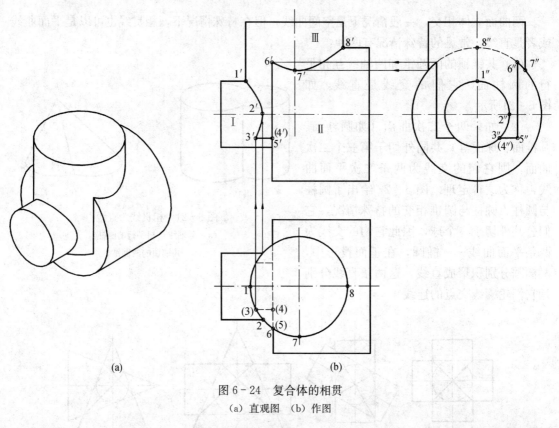

图 6-24 复合体的相贯
(a) 直观图 (b) 作图

分析：该物体由圆柱 Ⅰ、圆柱 Ⅱ 以及在它们上面的直立圆柱 Ⅲ 三部分组成。圆柱 Ⅰ 与圆柱 Ⅱ 叠加，共用同一轴线，所以交线投影已知。圆柱 Ⅰ 与圆柱 Ⅲ 轴线垂直，有交线。圆柱 Ⅱ 与圆柱 Ⅲ 轴线垂直，也有交线。三个圆柱都具有积聚性，因此可用表面取点法求相贯线。

作图：（1）该形体前后对称，作图时为了方便分析，可只分析前半部分。先求圆柱 Ⅰ 与圆柱 Ⅲ 两圆柱的圆柱面的相贯线，其相贯线为空间曲线，相贯线的水平投影是圆柱 Ⅲ 圆柱面所积聚的圆上的一段圆弧 1-2-3，侧面投影 1″-2″-3″，根据这两面投影求其正面投影 1′-2′-3′。

（2）求圆柱 Ⅰ 圆柱面与圆柱 Ⅲ 底面的交线。因为圆柱 Ⅲ 底面为水平面，所以与圆柱 Ⅰ 的圆柱面的交线为侧垂线。侧面投影积聚成一个点 3″(4″)，根据侧面投影求其水平投影 (3)(4)，再根据两面投影求它的正面投影。

（3）求圆柱 Ⅱ 的左端面与圆柱 Ⅲ 的圆柱面的交线，因为是侧平面与圆柱面的交线，因此其交线为铅垂线，水平投影积聚为一个点 6(5)，根据水平投影求其侧面投影 5″6″，再求相贯线的正面投影 5′6′。

（4）最后求圆柱 Ⅱ 与圆柱 Ⅲ 两柱面之间的相贯线。其相贯线为空间曲线，水平投影是圆柱 Ⅲ 所积聚的圆上的 6-7-8 段圆弧，侧面投影在圆柱 B 所积聚的圆上的一段圆弧 6″-7″-8″，根据两面投影求相贯线的正面投影 6′-7′-8′。

（5）判断其可见性，并光滑连接。相贯线的正面投影前半部分看得见，后半部分看不见，但因为前后是对称的，所以正面投影中每段相贯线都画成粗实线，水平投影中3-4段看不见，画成虚线，其他都画成粗实线。侧面投影中，$7''-8''$段看不见，但与$6''-7''$重叠的部分画成粗实线，因此只有不重叠部分$6''-8''$段画成虚线，其他段是看得见的，画成粗实线。

（6）水平投影中，圆柱Ⅱ的左端面在水平投影中所积聚的直线被遮挡的部分注意画成虚线，侧面投影中圆柱Ⅱ所积聚的圆被遮住的部分画成虚线圆弧。

第七章 组 合 体

组合体是对形状结构比较复杂的形体的统称，它是将真实工程形体经过抽象简化而形成的几何形体。从几何学角度出发，任何一个工程形体不考虑其工艺特征都可抽象为组合体，如图7-1所示。本章将重点讨论组合体视图的画法、尺寸标注和阅读的方法，为绘制和阅读工程图打下基础。

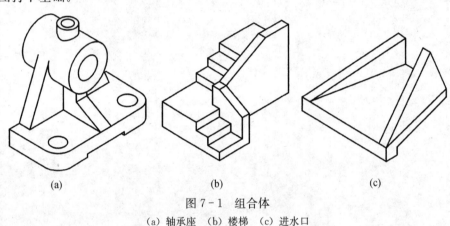

(a)　　　　　　　　　(b)　　　　　　　　　(c)

图7-1　组合体

(a) 轴承座　(b) 楼梯　(c) 进水口

第一节　组合体的构成分析

组合体的形状虽然复杂，但若对其进行构成分析，都可以看成是由一些简单的基本几何体经过叠加或切割的方式而构成的。形体分析法是分析组合体构成的基本方法。

一、形体分析法

形体分析法是观察形体、认识形体的一种思维方法。所谓形体分析就是假想将组合体分解为若干简单形体，并分析它们的组合方式、各部分之间的相对位置和相邻表面的连接关系，从而将一个复杂问题转化为若干个简单问题来处理，这种分析方法称为形体分析法。如图7-1所示的轴承座，即可看成是由五个简单形体经叠加方式组合而成（图7-2）。形体分析法是画组合体视图、标注尺寸、读图的基本方法。

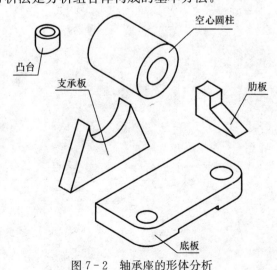

图7-2　轴承座的形体分析

二、组合体的构成

1. 组合体的组合方式

组合体的组合方式有叠加、切割和综合三种形式。

(1) 叠加：是指把几个简单形体按一定的相对位置叠加在一起，如图 7-1(a)、（b）所示。

(2) 切割：是指从基本几何体上去掉一部分实体，包括开槽与穿孔，如图 7-3 所示。

(3) 综合：是指组合体的组合方式中既有叠加、又有切割，如图 7-1(c) 所示。

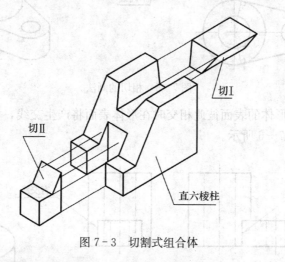

图 7-3 切割式组合体

2. 各组成部分之间表面的连接关系及连接处的画法

简单形体构成组合体时，由于组合方式和各部分间相对位置不同，它们相邻表面的连接有叠合、共面、相切、相交几种情况。

(1) 叠合。两个形体以平面方式（面与面相互贴合）相互连接，如图 7-4 中所示的形体Ⅰ与形体Ⅱ，在其结合处往往产生一定数量的分界线，画图时不要漏画分界线。

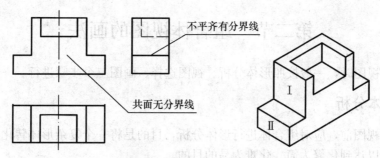

图 7-4 叠合、共面的画法

(2) 共面。两个形体表面位于同一平面上，在它们之间无分界线，如图 7-4 所示。画图时，分别画出各基本体的视图后，去掉共面的两面间不存在的分界线，便得到组合体的视图。注意形体分析法是假想的一种简化方法，形体上原本不存在的轮廓线最后一定要擦掉。

（3）相切。两个形体表面结合处呈光滑过渡，如图 7-5 所示。画图时不应画出分界线。

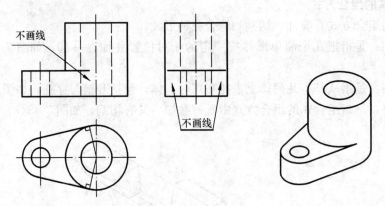

图 7-5　相切的画法

（4）相交。两个形体的表面彼此相交时在形体表面将产生交线，如截交线、相贯线，应将它们画出来，如图 7-6 所示。

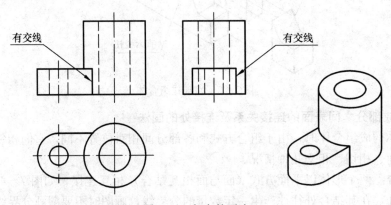

图 7-6　相交的画法

第二节　组合体视图的画法

画组合体视图时，一般按照形体分析、视图选择、画图三个步骤进行。

一、形体分析

画组合体视图前，应对组合体进行形体分析，目的是将一个复杂形体转化为若干个简单形体来处理，以达到化繁为简、化难为易的目的。

二、视图选择

视图选择就是选择形体的表达方案，即如何用较少的视图把形体完整、清晰、简便地表达出来。因此视图选择应包括三个方面，即形体的放置位置、选择主视图及确定视图数量。

1. 确定形体的放置位置

形体放置的方位一般应摆正放平，使形体的主要平面或轴线平行或垂直于投影面。以便投影反映实形，通常按以下顺序确定。

（1）按正常工作位置放置，便于阅读和施工，如土建形体。

（2）按制作或加工位置放置，便于生产和测量，如由车床加工的轴类零件、预制混凝土桩等一类的杆状物体，通常按加工位置水平放置。

（3）对一些无确定工作位置，也没有固定的加工制作方式的形体，可按自然稳定位置放置。

2. 选择主视图

主视图是表达形体形状、结构的主要视图，选择主视图就是确定主视图的投射方向。该方向确定后，其他视图的投射方向也就确定了，应综合考虑下列各点进行选择。

（1）使主视图尽量反映组合体的形状特征、各组成部分的组合关系，以及它们的相对位置。如图 7-7 所示，显然 A 向较 B 向、C 向好。

（2）使各视图中的虚线尽可能地少。如图 7-7 所示，舍去 B 向。

（3）合理利用图纸空间。因为除 4# 图纸外，一般都是横向使用，所以将物体的长边作为 X 轴方向有利于利用图纸，合理布局。如图 7-7 所示，舍去 C 向。

（4）考虑工程图的表达习惯。水利工程制图一般将上游布置在图的左方；建筑图中一般将房屋的正面选为主视图。

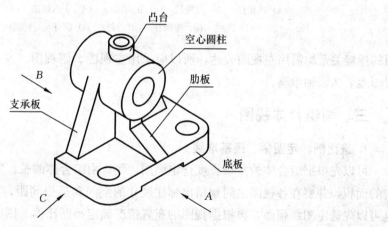

图 7-7 主视图的选择

3. 确定视图数量

通常情况下，表达一个形体可取三个视图，但并不是只能用三个视图表达。形状简单的物体也可以取两个视图，如柱体一般含有特征视图时，只需要两个视图就能表达清楚。有的回转体，标上尺寸后，只需一个视图就可表达清楚，如图 7-8 所示。

表达一个组合体应在主视图确定后，再根据各组成部分的形状和相互位置关系看还有哪些没有表达清楚，来确定还需要用几个视图进行补充表达。一般各组成部分的形状特征投影一定要表达出来，才称得上清晰。图 7-7 所示的轴承座，主视图确定后，底板的形状特征需用俯视图表达，肋板的形状特征需用左视图表达，还有各部分上下、前后的位置关系，表

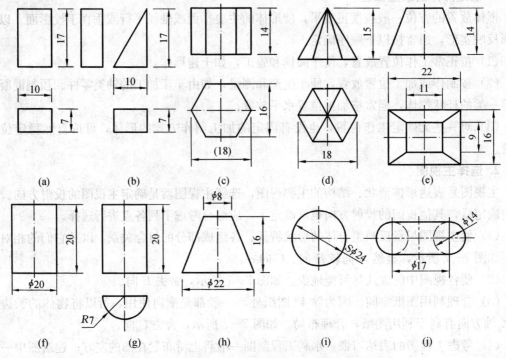

图 7-8　简单形体的视图表达

(a) 四棱柱　(b) 三棱柱　(c) 正六棱柱　(d) 正六棱锥　(e) 四棱台

(f) 圆柱　(g) 半圆柱　(h) 圆台　(i) 圆球　(j) 圆环

面的连接关系均需用左视图表达，所以应采用主视图、俯视图、左视图三个视图才能完整、清晰地表达该轴承座。

三、画组合体视图

1. 选比例、定图幅、画基准线

可以先根据组合体的复杂程度选定画图比例。由组合体的长、宽、高计算出各个视图所占的面积，并要在各视图之间预留出标注尺寸的空间和适当间距，以此确定标准图纸幅面。也可以先选定图纸幅面，再根据视图的布置情况确定画图比例。图幅确定后，开始画图前应先画出各视图的主要定位基准线，以确定各视图在图面上的准确位置。布置视图的原则应匀称美观，视图间不应太挤或集中于图纸一侧，也不要太分散。定位基准线可选取形体的对称线、中心线、底面或相关端面的轮廓线等，以方便画图和测量为原则。

2. 画出各视图

主要是采用形体分析法，根据投影规律，逐个画出各组成部分的投影。轴承座的画图过程如图 7-9(a)～(e) 所示。画图时应按先主后次、先大后小、先实后空、先外后内的顺序作图。要同时将几个视图联系起来画，先画最能反映形状特征的投影，再画其他投影。有时会遇到物体的部分结构与基本几何体相差较大，用形体分析法难以画出的情况，这时可在形体分析法的基础上，对构成形体的某些线面进行线面投影特性分析，辅以线面分析法画图，详见例 7-2。

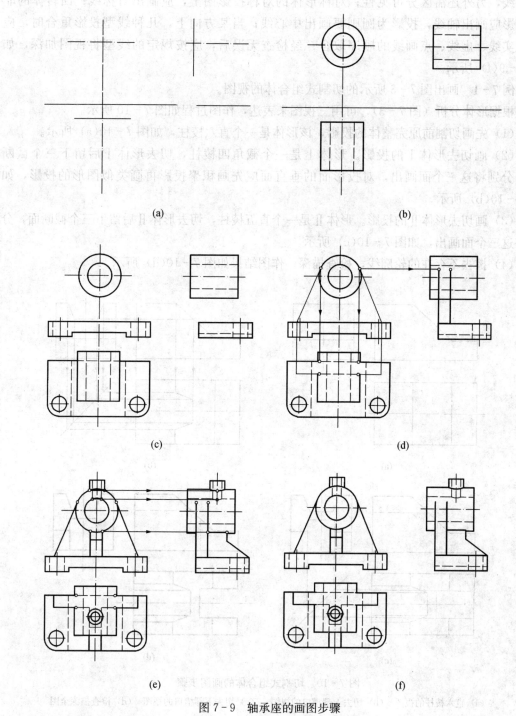

图 7-9 轴承座的画图步骤

(a) 画基准线 (b) 画空心圆柱 (c) 画底板 (d) 画支撑板 (e) 画肋板、凸台 (f) 检查、描深全图

3. 检查、描深

如前所述，形体分析法对组合体的分解是假想的，各组成部分表面之间有无交线或

分界线应通过分析表面连接关系来确定，尤其注意相切或平齐的表面，应擦去不存在的分界线，另外还需区分可见性；对称形体的对称投影图上，应画出对称线；回转体的非圆投影应画出轴线，投影为圆则要画出中心线；当某方向上，几种线型投影重合时，应按粗实线、虚线、点画线的顺序取舍；经检查无误后，应按规定的线型将视图加深，如图7-9(f)所示。

例7-1 画出图7-3所示的切割式组合体的视图。

根据形体分析（图7-3），可用三视图来表达，作图过程如图7-10所示。

(1) 先画切割前原完整体的投影，该形体是一个直六棱柱，如图7-10(a)所示。

(2) 画切去形体Ⅰ的投影。形体Ⅰ是一个截角四棱柱，切去形体Ⅰ后留下三个截断面，分别将这三个面画出，对投影面的垂直面应先画积聚投影再画类似图形的投影，如图7-10(b)所示。

(3) 画切去形体Ⅱ的投影。形体Ⅱ是一个直五棱柱，切去形体Ⅱ后留下三个截断面，分别将这三个面画出，如图7-10(c)所示。

(4) 擦去不存在的轮廓线，检查描深。作图结果如图7-10(d)所示。

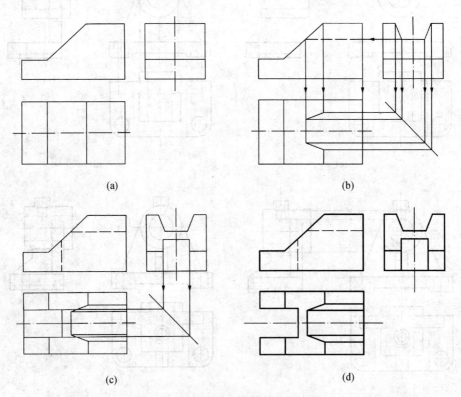

图7-10 切割式组合体的画图步骤

(a) 直六棱柱的视图　(b) 切去上部槽口的视图　(c) 切去下部槽口的视图　(d) 检查描深全图

例7-2 画出图7-1(c)所示的八字翼墙进水口的视图。

形体分析：由图7-1(c)可看出，形体由两部分构成：底板、翼墙（对称两边各一个），各部分之间表面连接关系为叠合，底板是"L"形棱柱的切割体。八字翼墙的形状与基本几何体相差较大，应采用线面分析法分析，逐一画出各个面。

视图选择：将进水口按工作位置放置，主视图投影方向如图 7－11(d) 中箭头所示（与专业图要求一致），底板用主视图、俯视图就能够表达清楚，但八字翼墙要表示清楚其形状、位置关系，还需左视图进行表达。因此该进水口采用主、俯、左三个视图来表达。

进水口的画图过程如图 7－11 所示。

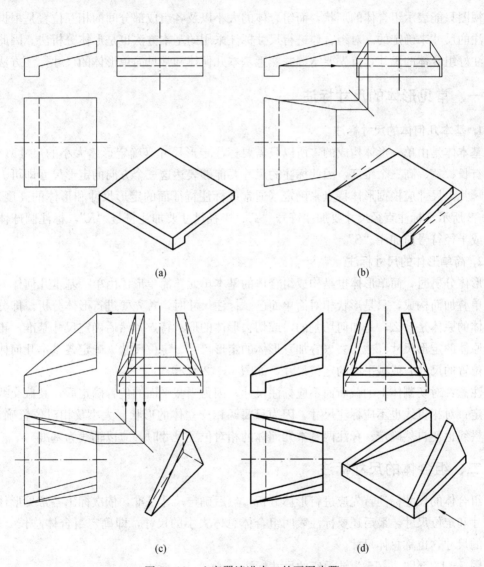

(a)　　　　　　　　　　　　(b)

(c)　　　　　　　　　　　　(d)

图 7－11　八字翼墙进水口的画图步骤

(a) 底板原体棱柱的视图　(b) 画底板切割面　(c) 画八字翼墙的视图　(d) 检查加深全图

(1) 画底板。可先按"L"形柱体画出三个视图，再画前后截断面的投影。

(2) 画八字翼墙。可用线面分析法画出其投影。先对形体的各表面做分析：翼墙由五个表面包围而成，其中顶面和底面为正垂面，迎水面为铅垂面，背水面为一般位置平面，右端面为侧平面。画图时，先画右端侧平面反映实形的投影（左视图），再利用各顶点的投影连线画出其他各面的类似形投影（左视图）。接着根据"高平齐"画出各表面的主视图投影，最后画出俯视图投影。

（3）检查、整理，全图描深。

第三节　组合体视图的尺寸标注

视图只能表示组合体的形状，而组合体的大小以及各组成部分间的相互位置是根据视图上标注的尺寸来确定的。对组合体进行尺寸标注采用的基本方法也是形体分析法。因此，为了标注好组合体的尺寸，首先要掌握并熟悉基本几何体和常见简单形体的尺寸标注方法。

一、常见形体的尺寸标注

1. 基本几何体的尺寸标注

基本体是由单一形体构成的，所以只需要标注定形尺寸（确定形体大小的尺寸）。一个形体有长、宽、高三个维度，因此标注的尺寸要能够表达这三个方向的定形尺寸即可。具体标注哪几个尺寸应根据形体特点来确定（通常应标注特征面的定形尺寸和形体的高度），如图 7-8 所示。标注直径尺寸要加注符号"ϕ"、半径尺寸要加注符号"R"，标注圆球体要在直径或半径符号前加注"S"。

2. 简单形体的尺寸标注

形体分析时，简单形体也是构成组合体的基本单元。简单形体由单一基本几何体的挖切或简单叠加而构成，只是形状相对简单而已。标注尺寸时，首先要进行形体分析，即分析该切割体的原体是什么，是如何切割的，或切去形体的形状特点，然后确定尺寸基准，再依次标注原体的定形尺寸、被切去（叠加）形体的定形尺寸、定位尺寸（确定各基本几何体之间相对位置的尺寸）或截平面的定位尺寸，如图 7-12 所示。

注意：对切割体上的截断面不应标注尺寸，因为当截平面的位置确定后，其截交线便自然确定；对相贯线也不应标注尺寸，因为只要两相交立体的形状、大小及相对位置确定后，其相贯线也便自然确定；标注两基本几何体的相对位置尺寸时，应以轴线为基准。

二、组合体的尺寸标注

组合体的尺寸标注首先应进行形体分析，然后确定尺寸基准，依次标出各常见形体的定形尺寸和定位尺寸。最后还要标注表明组合体总体大小的尺寸，即确定组合体总长、总宽、总高的尺寸，也称总体尺寸。

图 7-13 至图 7-15 为轴承座的尺寸标注。

（1）形体分析及各组成部分的尺寸分析，如图 7-13 所示。

（2）尺寸基准的选择（图 7-14）。长度方向以左右对称面为主要尺寸基准；高度方向以底板的底面为主要尺寸基准；宽度方向以空心圆柱的后端面为主要尺寸基准，理由是空心圆柱为轴承座的主要组成部分，并且有利于圆柱凸台的定位。

（3）逐个形体标注定形尺寸、定位尺寸，如图 7-15 所示。

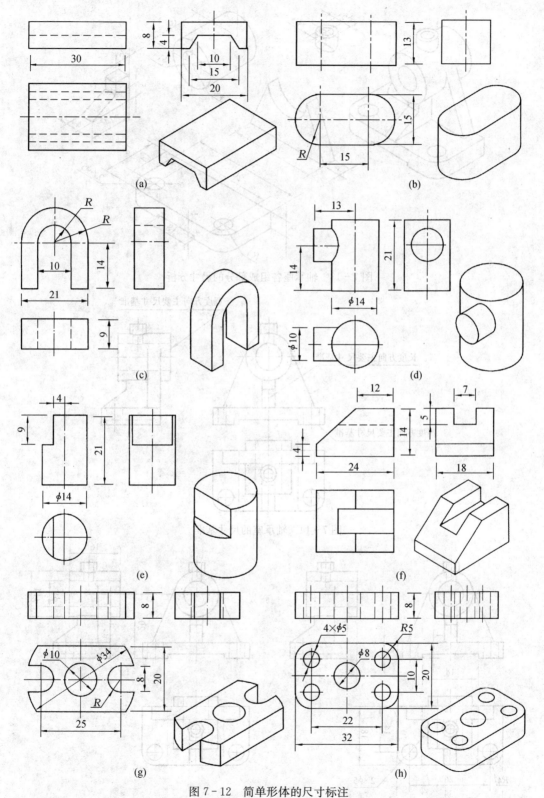

图 7-12 简单形体的尺寸标注

(a) 形体一 (b) 形体二 (c) 形体三 (d) 形体四 (e) 形体五 (f) 形体六 (g) 形体七 (h) 形体八

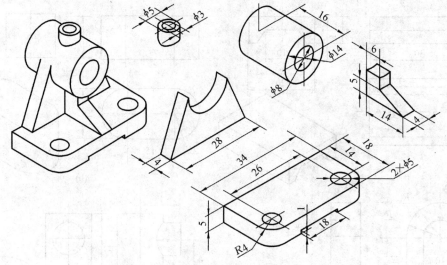

图 7-13 轴承座各组成部分的尺寸分析

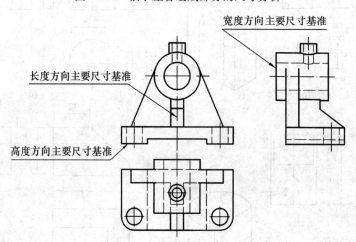

图 7-14 轴承座的尺寸基准

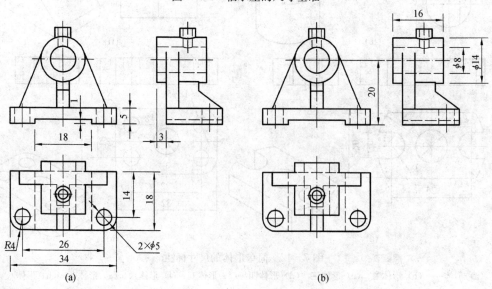

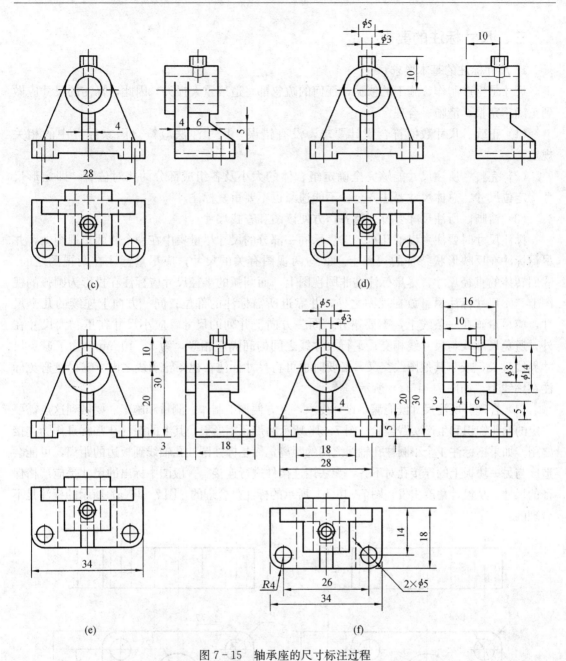

图 7-15 轴承座的尺寸标注过程
(a) 标注底板的尺寸 (b) 标注空心圆柱的尺寸 (c) 标注支承板、肋板的尺寸
(d) 标注凸台的尺寸 (e) 标注总体尺寸 (f) 最后结果

（4）标注总体尺寸，检查、调整。总长由底板的长度确定，不必再标注；总宽由底板的宽度尺寸和支承板的定位尺寸来确定，因这两个尺寸是一定要保证的，不可缺少，所以不直接标注总宽；标注出总高尺寸后，高度方向尺寸出现了封闭的尺寸链，如图 7-15(e) 所示。这样标注既给加工制造困难，同时也不经济。因此，必须对高度方向已注出的尺寸进行调整，根据几个尺寸的重要性比较，去掉凸台高度方向的定位尺寸 10，结果如图 7-15(f) 所示。

三、尺寸标注的要求

1. 尺寸标注的基本要求

尺寸是生产制作、施工的依据，任何的疏忽都将造成重大损失。因此，标注的尺寸应做到正确、完整、清晰、合理。

（1）正确。尺寸数值符合设计要求，没有错误。尺寸注法应符合国家标准中的相关规定。

（2）完整。所注尺寸能够完全确定组合体的大小及各组成部分的相对位置，即定形尺寸、定位尺寸、总体尺寸要注齐全，不能遗漏也不要重复标注。

（3）清晰。所注尺寸要排列整齐，方便读图和查找尺寸。

标注尺寸时要注意以下几点：①表示同一部分的尺寸尽量集中在一个或两个视图上，并尽量标注在反映形状特征的视图上。②与两视图有关的尺寸，应尽量标注在两视图之间。③回转体的直径尺寸，尽量标注在非圆视图上，而圆弧的半径尺寸应标注在投影为圆弧的视图上。④尺寸标注尽量放在视图之外，并靠近所需标注的部位；同一方向上连续的几个尺寸，应尽量画在一条线上，不要错开；同一方向上并列的尺寸，应小尺寸在里、大尺寸在外，避免尺寸线与尺寸线相交；平行尺寸线之间的间隔应相等，为 7～10 mm；为了避免尺寸界线过长，或与其他图线交叉，必要时也可将尺寸标注在视图轮廓线之内。⑤尽量避免标注在虚线上，如图 7-15(f) 所示。

（4）合理。所注尺寸既能满足设计要求，又方便加工制作、测量和施工。要做到这点需要一定的专业知识和生产实践经验。图 7-16 所示的带孔矩形板，其上的圆柱孔常常是作为连接之用。如果不标注 4 个小圆柱孔轴线之间的距离，而是标注圆柱孔轴线到板边的距离，可能会造成与另一块板上的连接孔对不齐，无法用连接件进行连接。一般图中标出的尺寸是应严格保证的尺寸。从设计角度出发，图 7-16(b) 所示的标注是合理的，图 7-16(a) 所示的标注是不合理的。

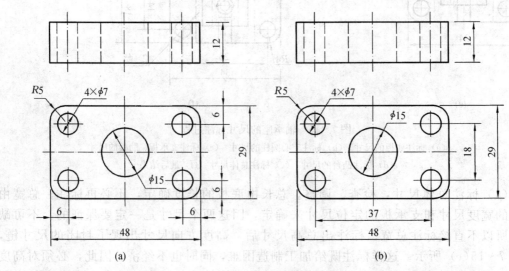

图 7-16 尺寸标注要合理

(a) 不合理　(b) 合理

2. 其他应注意的问题

(1) 尺寸基准的选择。基准是定位尺寸的起点，标注定位尺寸前一定要选择好基准。物体在长、宽、高三个方向上均应有尺寸基准。各组成部分的位置应尽量从同一基准注出。常用作尺寸基准的有：组合体的底面、端面、对称面、轴线等。为了方便制作、施工、测量，有时还设定一个或几个辅助基准，辅助基准与主要基准之间应有直接的尺寸联系。图7-17所示为闸室的尺寸基准及标注。

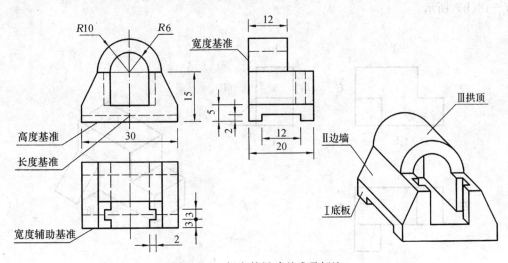

图7-17 闸室的尺寸基准及标注

(2) 回转体的定位尺寸必须直接确定其轴线的位置。所以当组合体的一端为回转体时，一般不直接注出该方向的总体尺寸，而是注到回转体的轴线，作为该方向的总体尺寸，如图7-17所示闸室拱顶的标注。

(3) 组合体上各组成部分相同的定形尺寸或定位尺寸只需标注一次，不应重复标注。当形体在叠合、平齐、对称的情况下，在相应方向不需要注定位尺寸。如图7-17所示，以各组成部分平齐的后端面为宽度基准时，均不需标注宽度方向的定位尺寸。

(4) 以对称面为基准的定位尺寸，一般不从对称线注起，而是直接标注互相对称的两要素之间的距离，如图7-17所示边墙长度方向的定位尺寸30。

第四节　组合体视图的阅读

画图是根据物体的形状，运用投影规律画出物体的一组视图，而读图则是根据已画出的视图，依据投影规律和形体分析，想象出物体的空间形状和大小，所以读图是画图的逆过程。画图是读图的基础，而读图是提高空间形象思维能力和投影分析能力的重要方法。

一、读图的基础知识

1. 牢固掌握视图与物体长、宽、高和方位的对应关系

视图与物体长、宽、高的对应关系，即投影规律所反映的长对正、高平齐、宽相等。每

个物体都有上下、左右、前后六个方位，视图与物体六个方位的对应关系，对看图判断组合体各部分之间的相对位置是十分重要的。图 7-18(a) 所示的形体，由投影规律分析可知，该形体为叠加式组合体，由两部分构成，分别为"L"形柱和直角三棱柱体。由三个视图表示的方位关系可知，表示直角三棱柱体的线框位于主视图、俯视图的右侧，位于主视图、左视图的下侧，位于俯视图的前侧和左视图的前侧。因此直角三棱柱应叠加在"L"形柱的右、下、前方，并且两柱体的底面及右侧面平齐连接，从而想象出该物体的形状，如图 7-18(b) 所示。

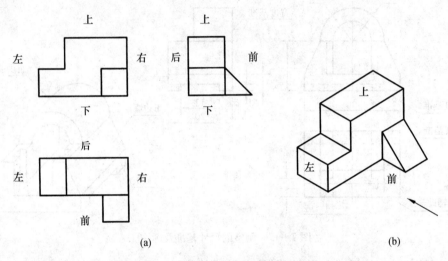

(a)   (b)

图 7-18 分析形体的相对位置

(a) 投影图 (b) 直观图

2. 应将一组视图联系起来读

物体的一个投影通常不能确定它的空间形状。如图 7-19(a)、(b)、(c) 所示的主视图均为梯形，由于俯视图不同，它们的形状分别为四棱台、截角三棱柱和圆台。同样，图 7-19(c)、(d)、(e) 所示的俯视图相同，但主视图各不相同，它们的形状分别为圆台、被截球和空心圆柱。图 7-19(f)、(g)、(h) 所示的主视图、左视图均相同，但俯视图不同，它们分别属于三个不同形体。

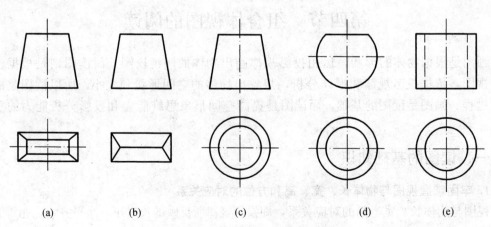

(a)   (b)   (c)   (d)   (e)

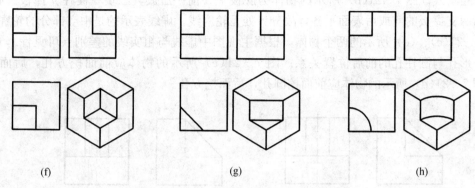

图 7-19 一组视图联系起来读

(a) 形体一 (b) 形体二 (c) 形体三 (d) 形体四 (e) 形体五 (f) 形体六 (g) 形体七 (h) 形体八

3. 善于抓住特征视图

(1) 形状特征视图。在物体的一组视图中，表达物体的形状、结构的作用有大小之分。若能首先找出最能反映物体形状特征的视图，重点阅读，便能提高阅读的速度，帮助想象物体的形状。特别是柱状物体，如图 7-12(a)、(b)、(c) 等所示的形体，只要将特征线框逆着投射方向拉伸出来，就可想象出物体的空间形状。

(2) 位置特征视图。组合体各部分按一定的方位关系组合，在视图中如何判断各组成部分的组合方式是叠加还是挖切，从图 7-20 所示形体的分析中可得出结论：某形体只要有一个投影在另一形体同面投影之外，它们就是叠加而非挖切。最能反映各组成部分之组合方式的视图就是位置特征视图，如图 7-20 所示的主视图。看图时，应抓住位置特征视图来想象物体各部分的相对位置。

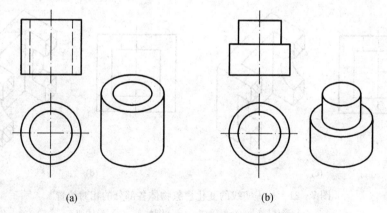

图 7-20 从位置特征视图想象物体各部分的相对位置

(a) 形体一 (b) 形体二

4. 注意虚实线的变化

视图中用粗实线表示可见轮廓，而虚线表示不可见轮廓。一"线"之差常常反映了物体表面之间不同的连接关系或各部分之间不同的位置关系。如图 7-21(a)、(b) 所示两形体的三个视图基本相同，只是主视图中有虚线与粗实线的区别。图 7-21(a) 所示的形体为底板上居中放置一块三棱柱支撑板。底板、竖板与支撑板的前表面不平齐（前后错开），故分界处有粗实线。图 7-21(b) 所示的物体为底板上一前一后放置二块三棱柱支撑板。底板、竖板与两支撑板的前或后表面平齐，故分界处无轮廓线，虚线表示的是中空部分的轮廓。又如图 7-21(c)、(d) 所示的两个物体，根据主视图中虚线与粗实线的差别（可见性），可判断出方形孔与圆柱孔的前后位置关系。图 7-21(c) 所示的物体应前面挖方孔，后面挖圆孔。图 7-21(d) 所示的物体应前面挖圆孔，后面挖方孔。

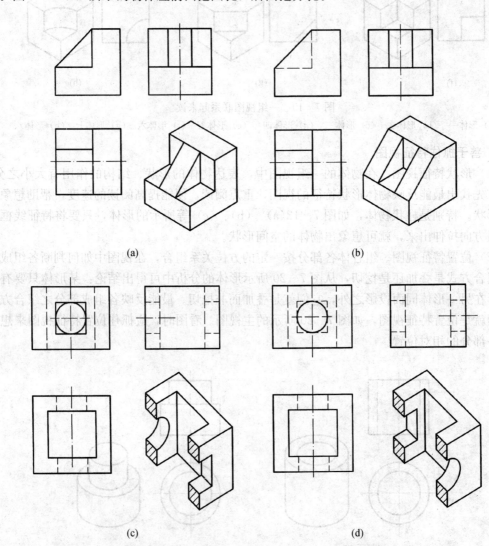

(a)　　　　　　　　　　　　(b)

(c)　　　　　　　　　　　　(d)

图 7-21　从虚实线的变化想象物体各部分的相对位置

(a) 形体一　(b) 形体二　(c) 形体三　(d) 形体四

二、读图的基本方法

读图的基本方法是形体分析法，对于复杂的局部结构可辅助采用线面分析法。两种方法读图的思路基本上都是分解、识读、综合组装，但分析的着眼点却不同。形体分析法着眼于形体，线面分析法着眼于包围形体的各个表面。在具体读图时，可选择使用一种方法或者联合使用。

（一）形体分析法

1. 读图的思路

以几何体为读图单元，把视图中的线框看作表示形体的投影。并通过各视图之间的投影关系，把视图中的线框分离成几个部分，然后分别想出它们的形状、相对位置以及组合形式。最后综合想象出组合体的整体形状。

2. 常见形体的投影特点

如何尽快地从视图中找出代表各形体投影的线框，并将组合体分解成若干部分，是形体分析法读图的关键。除了掌握读图的基础知识外，熟悉及至牢记基本几何体或由其演变而成的简单体的投影特点，是读图必须具备的知识。基本几何体的投影特点在前面章节中已作讨论。图 7-12 所示为一些常见简单体的投影图，供读者识记。

3. 读图步骤

以进水口为例进行说明，如图 7-22(a) 所示。

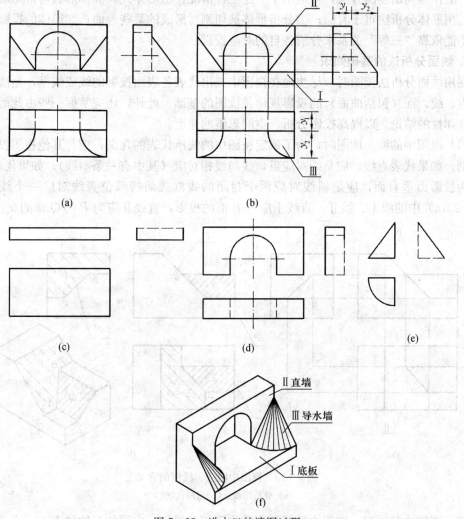

图 7-22　进水口的读图过程

（a）投影图　（b）形体分析　（c）底板　（d）直墙　（e）1/4 圆锥　（f）形体直观图

（1）分解视图。从形状特征线框开始，按投影关系分解为三部分，如图 7 - 22(b) 所示。

（2）逐块想形状。按投影关系找出各块对应的投影，逐块分析、想象。底板 Ⅰ 为矩形板，如图 7 - 22(c) 所示。直墙 Ⅱ 为矩形板中间挖切掉一"∩"形柱，如图 7 - 22(d) 所示。导水墙 Ⅲ 为 1/4 圆锥，如图 7 - 22(e) 所示，左右各有一个。

（3）综合起来想整体。需读清楚各部分的位置关系、组合形式及各表面的连接方式，然后进行组装。直墙叠合在底板上面，后端面平齐。1/4 圆锥叠加在底板的上面，左或右端面与底板、直墙平齐，后端面与直墙贴合，叠加在直墙前面。物体的总体形状如图 7 - 22(f) 所示。

（二）线面分析法

1. 读图的思路

以线、面作为读图的单元。将形体看成是由若干面包围而成的。把视图中的线框看作表示形体上的表面，把线看作表示形体上的线或面。根据视图上的图线和线框，分析所表达线、面的空间形状和相对位置关系，来想象形体的形状。线面分析法读图没有形体分析法直接，一般作为辅助读图方法，常应用于下述三种情况：①形体或其局部形状与常见形体差异较大，用形体分析法难于看懂；②分析形体被切割后形成的某些表面；③形体的投影关系重合，不能依靠"三等"关系来分清各自的对应投影。

2. 线面分析法的基础知识

在用线面分析法读图时，尽快地在视图中找出代表各表面投影的线或线框，是读图的关键。点、线、面（包括曲面）的投影规律是读图的基础。此外，还应掌握一些由此而派生出来的规律性的结论，以提高投影分析、空间思维的速度。

（1）视图中的线。读图时，为了确定视图中的线所代表的含义，应与其他视图投影对照来识别。如果代表直线，应是线对应点，线与线相对应（其中有一条斜线）；如果代表平面，则必为投影面垂直面，应是斜线对应两个封闭的线框或两特殊位置线对应一个线框。如图 7 - 23(a) 中的线 Ⅰ、线 Ⅱ，直线 Ⅰ 应为 P 面的投影，直线 Ⅱ 应为 P 与 Q 面的交线 AB。

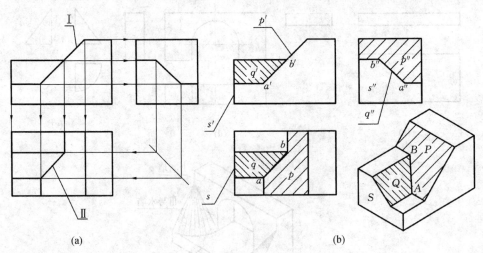

图 7 - 23　视图中图线、线框的含义

(a) 分析图线　(b) 分析线框

（2）视图中的线框。视图中的线框通常表示面的投影，它可能是物体上的一个平面、曲面、平曲组合面或是通孔的投影。读图时，确定线框代表形体上的何种类型表面，应与其他

视图投影对照来识别。若线框对应某条直线，表示一个平面；对应曲线，表示一个曲面；对应直线与圆弧相切，表示一个平曲组合面，如图 7-24 所示。

（3）视图中相邻的线框。当形体为平面体时，视图中两相邻线框表示两个不同的平面。它们或者相交，或者有高低、平斜、前后、左右之分，需对照其他视图才能判断它们的相互位置，如图 7-24 所示。

（4）视图之间找线框对应投影的思维方法。除了"三等"关系外，对于平面的投影有"不类似必积聚"的关系存在。在视图之间找不到类似图形时，必有积聚性线段相对应，如图 7-23（b）中的 Q 面、S 面。

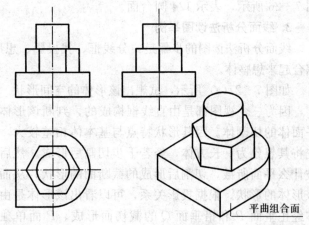

图 7-24　视图中线框的含义

判断类似形的法则是：n 边形对应 n 边形，对应顶点的连线垂直于投影轴；平行边对应平行边，平行边边长之比相等；两可见线框对应顶点的排序应有同向性。如图 7-23（b）所示的 Q 面，由主视图的直角梯形线框，按"长对正"与俯视图对照，分别有一个矩形线框和一个直角梯形线框与之长对正，根据类似图形法则，显然应与梯形线框对应。

判断积聚性投影的法则是：视图上的可见线框，不会积聚成物体的后端面、右端面、下端面；视图上两相邻线框，不会积聚为同一条直线。

图 7-25 所示，主视图上左低右高的梯形线框，在俯视图上必与最前的直线相对应，从而确定该面必位于最前面，且为正平面；俯视图上相邻的三个矩形线框，必分别与主视图上不同的直线相对应，代表形体上的三个表面，从而确定它们的相对位置，帮助想象物体的形状。

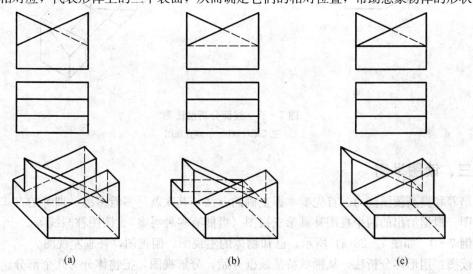

| (a) | (b) | (c) |

图 7-25　判断形体上各面的相对位置
(a) 形体一　(b) 形体二　(c) 形体三

　　如果三个视图的投影关系是"两个线框对应曲线"或"三个线框相对应",但又不具备类似形条件,而且其中一个线框或一个以上的线框具有曲线边者,将表示曲面形。如图 7-26 所示,表示 1/4 圆台面。

3. 线面分析法读图举例

　　线面分析法读图的步骤是:分线框、找投影、想形状、综合起来想整体。

　　如图 7-27(a) 所示,试想出该形体的空间形状。

　　因为三个视图都是由直线框构成的,判断该形体应为平面体的切割体。因其形状特点与基本体相差较大,可以先将其想象为一长方体,经若干步切割后形成。然后分析被什么平面所截,切割后形成的截断面的形状,从而想出该形体的形状。根据投影关系,可以看出该形体是由长方体经正垂面 P 和铅垂面 Q 的截切而形成。P 面单独切割

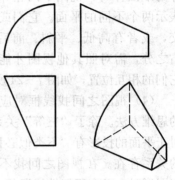

图 7-26　判断曲面形

后的截断面为一矩形,Q 面再切割后的截断面为四边形,两截断面相交,交线 AB 是一般位置直线。由此可想出该形体的形状如图 7-27(b)所示。

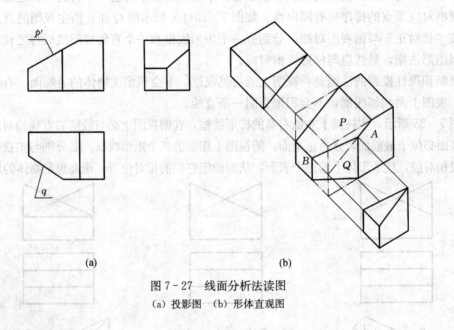

(a)　　　　　　　　　　　　　　(b)

图 7-27　线面分析法读图

(a) 投影图　(b) 形体直观图

三、读图举例

　　培养和提高读图能力,首先要掌握正确的方法,其次就是多看多练。训练的方式有:读三视图、根据给出的两个视图补画第三视图（可能有多种答案）、读图补漏线等。

　　例 7-3　如图 7-28(a) 所示,已知物体的主视图、俯视图,补画左视图。

　　读图:用形体分析法,从形状特征线框开始,分解视图,把物体分为几个部分。

　　(1) 若主视图最上面的封闭线框代表一个组成部分,在俯视图中找不到合理的对应投影,如将该线框沿图上双点画线处拆分为两个线框,如图 7-28(b) 所示,则在俯视图中有

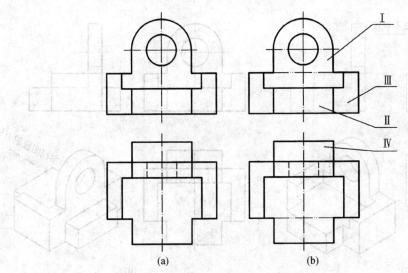

图 7 - 28 物体的主、俯视图及形体分析
(a) 投影图 (b) 形体分析

合理的对应投影,其中,"∩"形线框表示的是一个带圆孔的"∩"形柱。由此判断这可能是两个组成部分表面平齐的情况。

(2) 若俯视图中的"T"形封闭线框代表一个组成部分,在主视图中也找不到合理的对应投影,如将该线框沿图上双点画线处拆分为两个线框,则在主视图中有合理的对应投影,分别表示两个长方体,一个位于物体的最前面,一个在另一个体内,如图 7 - 28(b) 所示。由此断定这也是两个组成部分表面平齐的情况。

(3) 看主视图下面的最大矩形线框,线框内的上方还包含着一个小矩形线框,在俯视图中有合理的对应投影——线框套着线框,表示的是一个带槽长方体。

(4) 看俯视图后面的小矩形线框,在主视图中有合理的对应投影,与物体最前面的长方体投影重合,表示的是一个长方体,位于物体的最后面。

这样把该形体分成了四个部分,如图 7 - 28(b) 所示。再按投影图上表达的位置关系将各部分组装起来,就可想象出物体的空间形状,如图 7 - 29(d) 所示。

补画左视图:按形体分析法补画左视图的过程,如图 7 - 29 所示,图 7 - 29(d) 为完成了的左视图。

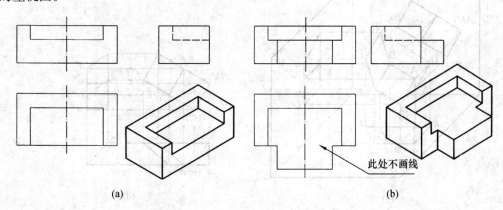

此处不画线

(a)   (b)

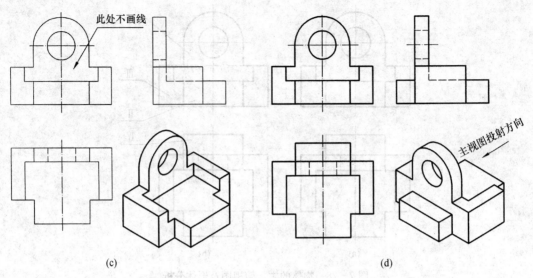

此处不画线

主视图投射方向

图 7-29 补画形体左视图的过程
(a) 画形体Ⅰ (b) 画形体Ⅱ (c) 画形体Ⅲ (d) 画形体Ⅳ、描深

例 7-4 如图 7-30(a) 所示，已知闸墩的主视图、俯视图，补画左视图。

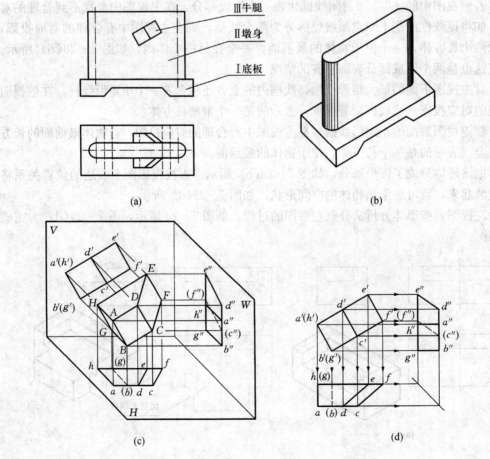

Ⅲ牛腿
Ⅱ墩身
Ⅰ底板

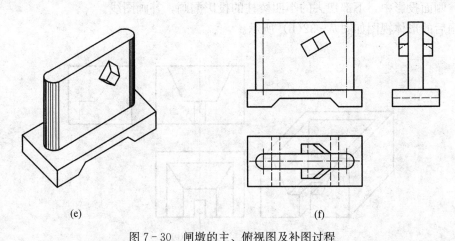

图 7-30 闸墩的主、俯视图及补图过程

(a) 已知 (b) 底板和墩身 (c) 牛腿投影直观图 (d) 牛腿视图 (e) 闸墩 (f) 闸墩视图

分析：由主、俯视图可以看出闸墩由三部分组成，下部Ⅰ底板、上部Ⅱ墩身、墩身两侧各突出一个相同的形体Ⅲ，在工程上称为牛腿（安装闸门用）。底板和墩身的形状较简单，可直接读出其形状，如图 7-30(b) 所示。牛腿的投影与基本几何体差异较大，需作线面分析。根据分析知其由六个面包围而成：最前面、最后面是正平面，形状为矩形；最上面、最下面是正垂面，形状为直角梯形；最左面是正垂面，形状为矩形；最右面是一般位置面，形状为矩形。综合以上分析，得知牛腿是一斜放的直角梯形棱柱，如图 7-30(c) 所示。补画牛腿的左视图也应采用线面分析法来画，如图 7-30(d) 所示。

补画左视图：先画底板、墩身的左视图，再画牛腿的左视图。整个闸墩的形状如图 7-30(e) 所示，补画后的闸墩视图如图 7-30(f) 所示。

例 7-5 如图 7-31 所示，补画视图中所缺的图线。

作为读图练习给出的视图虽然缺少图线，但所示物体的形状通常是确定的。因此，补画漏线可分为两步进行：①根据已知视图想出物体形状；②依据投影关系，按部分找投影，补全图线。

分析：该形体应为长方体的切割体，中间部分被上下各切去一块，中间的上部由两个正垂面、一个侧垂面和一个水平面截切，截断面均为四边形。截断面两两相交，应有交线产生。中间的下部，在截切的基础上又切掉一个小四棱柱，且一直切到形体的底部。从而可想出物体的形状，如图 7-32(a) 所示。

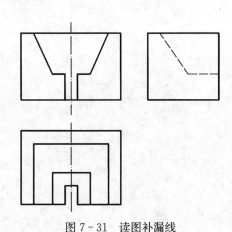

图 7-31 读图补漏线

补画漏线：

(1) 水平投影中，漏画了两正垂面与侧垂面的交线，补画图线。

(2) 正面投影中，水平面截断面的投影画得不完整，补画图线。

（3）侧面投影中，下部切去的小四棱柱的投影漏画，补画图线。

补画后的形体视图如图 7 - 32(b) 所示。

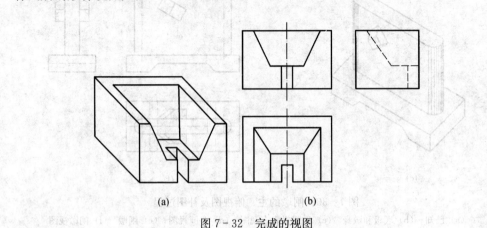

(a)　　　　　　　(b)

图 7 - 32　完成的视图

(a) 直观图　(b) 形体的视图

第八章　轴　测　图

前面介绍的多面正投影图，如图8-1(a)所示，能比较全面地反映物体的真实形状和大小，而且容易绘制，所以在工程上被广泛采用。但这种平面图形缺乏立体感，直观性差，必须具备一定的投影知识，把几个投影图结合起来才能想象出物体的形状。因此，工程上除了广泛应用正投影图之外，有时还需要用直观性好的图形来帮助看图，就是本章所介绍的轴测图。如图8-1(b)所示，轴测图在表达物体形状方面，接近于人们的视觉习惯，立体感强，缺点是度量性差、不便于标注尺寸，作图也比较复杂，因此轴测图一般作为工程辅助图样，也用于科技书刊的插图、产品广告等方面。

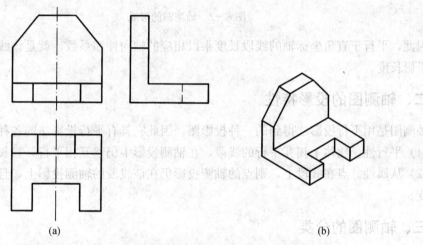

(a) (b)

图8-1　多面正投影图和轴测图
(a) 多面正投影图　(b) 轴测图

第一节　基本知识

一、轴测图的形成

将物体连同建立于物体上的空间直角坐标系，沿不平行于任一坐标平面的方向，用平行投影法将其投射到一个选定平面上，在该平面上所得到的图形，称为轴测投影，简称轴测图。这样的图形能同时反映空间物体的长、宽、高三个尺度，具有很强的立体感，如图8-2所示。其中，S 为轴测投影的投射方向，平面 P 称为轴测投影面，O_1X_1、O_1Y_1、O_1Z_1 为空间直角坐标轴，三个坐标轴的轴测投影 OX、OY、OZ 称为轴测轴，相邻两个轴之间的夹角 $\angle XOY$、$\angle YOZ$、$\angle XOZ$ 称为轴间角，显然三个轴间角之和为360°。轴测轴 OX、OY、OZ 上单位长度与相应的空间直角坐标轴 O_1X_1、O_1Y_1、O_1Z_1 上的单位长度的比值，分别称为

X、Y、Z 轴的轴向伸缩系数，用 p、q、r 表示，即

$$p=\frac{OA}{O_1A_1} \qquad q=\frac{OB}{O_1B_1} \qquad r=\frac{OC}{O_1C_1}$$

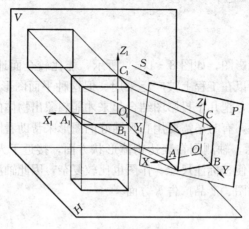

图 8-2 轴测图的形成

因此，平行于直角坐标轴的线段长度乘以相应的轴向伸缩系数，就是该线段相应轴向的轴测投影长度。

二、轴测图的投影特性

轴测图是用平行投影法得到的一种投影图，因此它具有平行投影法的各种投影特性。

（1）平行性。物体上相互平行的线段，在轴测投影中仍然互相平行，且长度比不变。

（2）从属性。点在线段上，则点的轴测投影仍在该线段的轴测投影上，且点分割线段之比不变。

三、轴测图的分类

根据投射方向与投影面的相对位置不同，把轴测图分为两种：用正投影法得到的轴测投影称为正轴测投影，即正轴测图；用斜投影法得到的轴测投影称为斜轴测投影，即斜轴测图。

根据轴向伸缩系数的不同，又可将轴测图分为三类：

（1）正（斜）等轴测图：三个轴向系数都相等，即 $p=q=r$。

（2）正（斜）二轴测图：三个轴向系数中有两个相等，即 $p=q\neq r$ 或 $p=r\neq q$ 或 $r=q\neq p$。

（3）正（斜）三轴测图：三个轴向伸缩系数都不相等，即 $p\neq q$、$q\neq r$、$p\neq r$。

其中比较常用的是正等轴测图和斜二轴测图，这也是本章的重点。

第二节 正等轴测图

一、正等轴测图的轴向伸缩系数和轴间角

当轴测投射方向垂直于轴测投影面时，三个坐标轴与轴测投影面之间的夹角都相等（即

投射方向与三个坐标轴的夹角相等）时，三个坐标轴的轴向伸缩系数都相等，即 $p=q=r$，这时物体在轴测投影面上的投影图称为正等轴测图，简称正等测，如图 8-3 所示。

在正等轴测图中，由于空间的三个坐标轴都和轴测投影面倾斜，故三根轴向直线在轴测投影面的投影都小于实长，即轴向伸缩系数小于 1，通过计算证明 $p=q=r=0.82$。由于三个坐标轴与轴测投影面的夹角相等，所以三个轴间角相等，且三个轴间角之和为 360°，所以 $\angle XOY = \angle YOZ = \angle XOZ = 120°$。画正等轴测图时，一般 OZ 轴总是处于铅垂位置，OX、OY 轴与水平线成 30°，如图 8-4 所示。

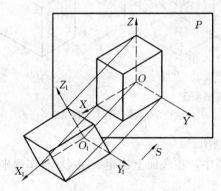

图 8-3 正等轴测图的形成

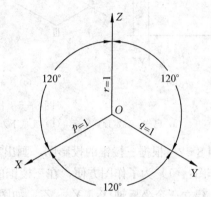

图 8-4 正等轴测图的轴间角与轴向伸缩系数

根据轴向伸缩系数 $p=q=r=0.82$ 来度量与坐标轴平行线段的尺寸，画出的正等轴测图保持了物体的正确轴测关系，但需要计算各个尺寸，作图比较繁琐。为了作图简便，在画正等轴测图时，通常令 $p=q=r=1$，这样就可以直接按物体的坐标尺寸在轴测图上沿相应的轴测轴方向测量作图。不过，这样画出的轴测图比按轴向伸缩系数 0.82 画出的轴测图放大了 $\frac{1}{0.82} \approx 1.22$ 倍，尽管物体的形状没有改变。

二、平面立体的正等轴测图画法

平面立体的轴测图基本作图方法有：坐标法、端面法、切割法、叠加法，其中坐标法是基础。下面分别举例说明。

1. 坐标法

根据形体上各顶点的坐标，画出各顶点的轴测投影，然后依次连接各点，就得到该形体的轴测图。

应该注意，为确定各点的坐标所选取的坐标轴，应考虑到度量方便，尽量减少作图线。

例 8-1 求作如图 8-5(a) 所示长方体的正等轴测图。

作图：（1）先在正投影图上定出坐标原点和坐标轴的位置，选右侧后下方的顶点作为原点，经过原点的三条棱线分别为 X_1、Y_1、Z_1 坐标轴。

（2）画出坐标轴的轴测投影 X、Y、Z 轴。

（3）沿 X 轴量取长方体的长 a 确定一个角点 I，沿 Y 轴量取长方体的宽 b，确定另外一个角点 II，因为长方体的各棱线分别平行于坐标轴，所以过 I 点、II 点分别作轴测轴的平行线相交于 III 点，如图 8-5(b) 所示。过长方体底面的角点 I、II、III 分别作 Z 轴的平行线，

在 Z 轴的平行线以及 Z 轴上量取长方体的高 h，然后连接各点，如图 8-5(c) 所示。

（4）将不可见的棱线擦去，并加深轮廓线，即得长方体的正等轴测图，如图 8-5(d) 所示。

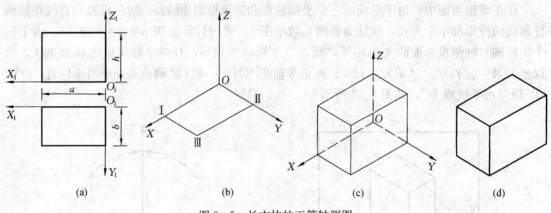

图 8-5　长方体的正等轴测图

(a) 已知、确定顶点坐标　(b) 完成下方各顶点投影　(c) 完成长方体投影　(d) 加深结果

例 8-2　根据三棱锥的投影图，画出其正等轴测图。

作图：（1）为了作图方便，在三棱锥的正投影图中，在底面上确定一个 O_1 点作为坐标原点，建立三个坐标轴 X_1、Y_1、Z_1，如图 8-6(a) 所示。

（2）画出三个坐标轴的轴测投影，即轴测轴 X、Y、Z。

（3）根据 A、B、C 点的坐标值确定 A、B、C 三点的轴测投影，如图 8-6(b) 所示。再根据锥顶 S 点的 x_s、y_s 坐标值，确定 S 点在 XOY 面内的位置。然后过该点作 Z 轴的平行线，在平行线上取 S 点的 z_s 坐标长度，就确定了 S 点的轴测投影位置，如图 8-6(c) 所示。

（4）分别连接 S、A、B、C 各点，如图 8-6(d) 所示。擦去不可见棱线并加深轮廓线，即得三棱锥的正等轴测图，如图 8-6(e) 所示。

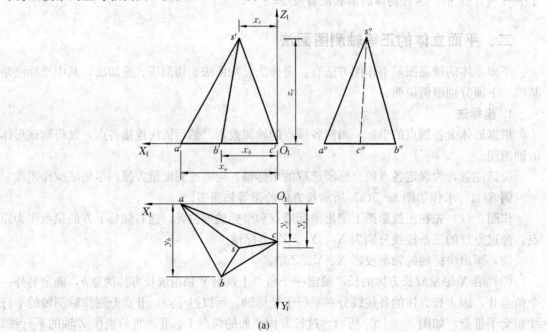

(a)

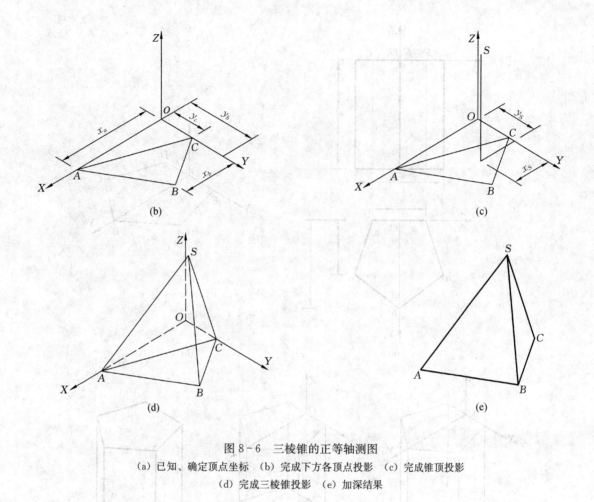

图 8-6 三棱锥的正等轴测图

(a) 已知、确定顶点坐标 （b) 完成下方各顶点投影 （c) 完成锥顶投影

(d) 完成三棱锥投影 （e) 加深结果

2. 端面法

先利用坐标法画出形体的可见端面，然后从端面的各顶点出发，画出可见棱线，再画出另外一端面，即得该形体的轴测图。端面法主要用于画柱体的轴测图。

例 8-3 画出如图 8-7(a) 所示的五棱柱的正等轴测图。

作图：（1）取五棱柱的上端面作为坐标平面 $X_1O_1Y_1$，因为五棱柱左右对称，原点就取在 ED 连线的中点上，确定各顶点的坐标值。

（2）画出轴测轴 X、Y、Z。

（3）根据五棱柱上端面各顶点的坐标值，确定上端面各顶点的轴测投影，如图 8-7(b) 所示。

（4）过 A、B、C、D、E 各点分别作 Z 轴的平行线，根据五棱柱的高度尺寸，确定五棱柱下端面的各个顶点的轴测投影，如图 8-7(c) 所示。

（5）连接各个顶点，看不见的棱线不画，加深轮廓线，即得五棱柱的正等轴测图，如图 8-7(e) 所示。

3. 切割法

对于由基本几何体切割而成的形体，根据形体的特点，利用坐标法及端面法，先画出完

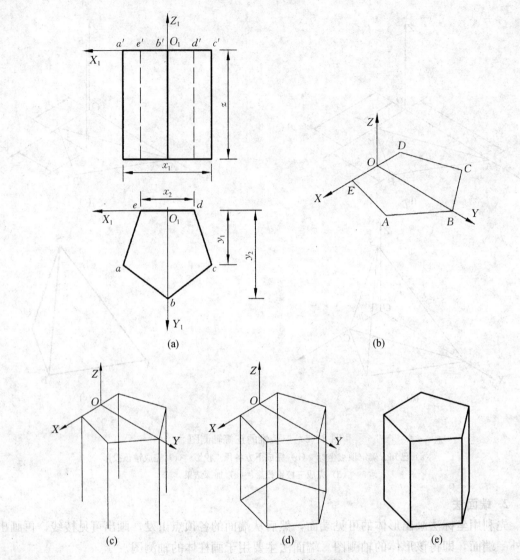

图 8-7　五棱柱的正等轴测图

(a) 已知、确定顶点坐标　(b) 完成上端面投影　(c) 画出棱长

(d) 完成五棱柱投影　(e) 加深结果

整形体的轴测图，然后依次画出每一个切割面，去掉被切去的部分，即得切割体的轴测图。

　　例 8-4　画出如图 8-8(a) 所示切割体的正等轴测图。

　　分析：该形体可视为由长方体切割而成。

　　作图：(1) 在正投影图上定出坐标轴 X_1、Y_1、Z_1。

　　(2) 画出轴测轴 X、Y、Z。

　　(3) 画出完整的长方体的正等轴测图，如图 8-8(b) 所示。

　　(4) 根据坐标 e 和 h_1，画正垂面，切去长方体的左上角，如图 8-8(c)、(d) 所示。

　　(5) 根据坐标 c、d 和 h_2，画出槽的两个侧面和槽底，如图 8-8(e) 所示。

　　(6) 去掉被切去部分的多余图线，加深全图，如图 8-8(f) 所示。

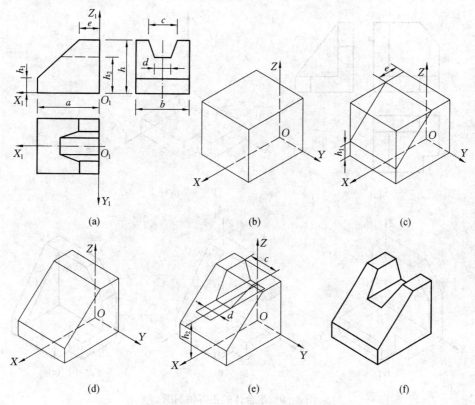

图 8-8 切割体的正等轴测图

(a) 已知 (b) 完成长方体投影 (c) 切去左上角
(d) 切去左上角结果 (e) 切割出凹槽 (f) 加深结果

4. 叠加法

对于叠加类组合体，假想的把组合体分解成几部分，先画主要形体的轴测图，然后根据它们的相对位置关系，逐个画出其他部分，即得整个组合体的轴测图。

例 8-5 画出如图 8-9(a) 所示组合体的正等轴测图。

分析：该形体可视为由竖板、底板以及连接底板和竖板的三棱柱三部分叠加而成。

作图：(1) 先在正投影图上建立坐标轴 X_1、Y_1、Z_1，原点在底板底面上。

(2) 画出轴测轴 X、Y、Z。

(3) 先画出底板外形的正等轴测图，尺寸从视图上直接按 1：1 量取。再按被切割部分尺寸，画出底板上的左边被切去的小长方体，如图 8-9(b) 所示。根据竖板和底板的相对位置尺寸，和竖板各个定形尺寸，画出竖板，如图 8-9(c) 所示。再根据三棱柱和底板、竖板的相对位置关系，以及三棱柱的各个定形尺寸画出三棱柱，如图 8-9(d) 所示。

(4) 擦去多余图线，描深轮廓线，完成全图，如图 8-9(e) 所示。

三、曲面立体的正等轴测图

1. 平行于坐标面的圆的正等轴测图

平行于坐标面的圆的正等轴测投影是椭圆。图 8-10 所示为平行于各坐标面的圆的正等

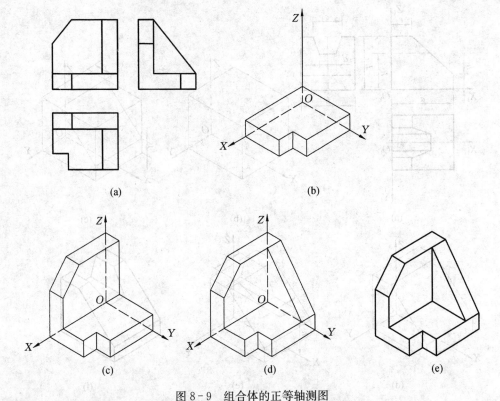

图 8-9　组合体的正等轴测图

（a）已知　（b）完成底板投影　（c）画出竖板　（d）画出三棱柱　（e）加深结果

轴测图，它们都是椭圆。在三个不同的坐标面上，椭圆的长、短轴方向是不同的。与椭圆的画法相同，一般采用四圆心近似画法。三个椭圆均由四段圆弧组成。

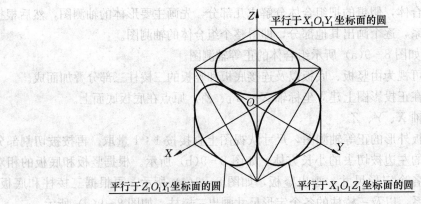

图 8-10　平行于各坐标面的圆的正等轴测图

从图 8-10 中可以看出，圆所在的平面平行于 $X_1O_1Y_1$ 面时，它的轴测投影椭圆的长轴垂直于 OZ 轴，短轴平行于 OZ 轴。圆所在的平面平行于 $X_1O_1Z_1$ 面时，它的轴测投影椭圆的长轴垂直于 OY 轴，短轴平行于 OY 轴。同样，圆所在的平面平行于 $Y_1O_1Z_1$ 面时，它的轴测投影椭圆的长轴垂直于 OX 轴，短轴平行于 OX 轴。

概括起来就是，椭圆长轴垂直于不包含在圆所在坐标面的一根坐标轴的轴测投影，短轴平行于该轴测轴。

下面以平行于 XOY 坐标面、直径为 D 的圆的轴测投影为例，介绍椭圆的具体画法。

（1）过 O 点作轴测轴。应当注意，轴间角要画准确，稍有误差四段圆弧就不能很好地相切。若是手工用仪器绘图，需要检查任意相邻的两个轴测轴的夹角为 60° 即可，其余几个角肯定也为 60°，如图 8 - 11(a) 所示。

（2）以圆的半径 $D/2$ 为半径画圆，交 X、Y、Z 轴于六个点 1、2、3、4、5、6，如图 8 - 11(b) 所示。因为圆在 $X_1O_1Y_1$ 坐标平面内，大圆弧的圆心就是除了 X 轴和 Y 轴以外的另外一个轴 Z 轴上的那两个点，即 1、4 点。过 1 点和 4 点作隔点相连的连线 15、13、46 和 42，大圆弧的半径就是连线的长度。15 和 46 两连线的交点为 O_1，24 和 31 两连线的交点为 O_2，即为两段小圆弧的圆心。小圆弧的半径为 $O_15(=O_16=O_22=O_23)$，如图 8 - 11(c) 所示。

（3）分别以 1、4 为圆心，连线长为半径画大圆弧，椭圆上面一段大圆弧画在 3、5 点之间，下面一段大圆弧画在 2、6 点之间。再分别以 O_1、O_2 为圆心，O_15 为半径画小圆弧，小圆弧画在 5、6 点和 2、3 点之间，四段圆弧光滑地相切，画出整个椭圆，如图 8 - 11(d) 所示。

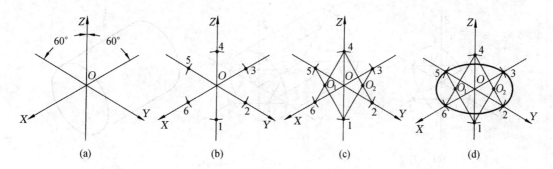

图 8 - 11　圆的正等轴测图的画法
（a）确定轴测轴　（b）确定大圆弧圆心　（c）确定小圆弧圆心　（d）完成椭圆

2. 常见曲面立体的画法

例 8 - 6　画圆柱的正等轴测图。如图 8 - 12(a) 所示。

作图：（1）在正投影图中以底圆圆心为坐标原点 O_1，并确定坐标轴，如图 8 - 12(a) 所示。

（2）用端面法，先画出圆柱前端面的底圆，再画后端面的底圆。以 O 为轴测中心，建立轴测轴 X、Y、Z 轴，检查相邻的轴间角是否准确。以 O 为圆心，以圆柱底圆的半径画圆，交三个轴测轴于六个点，如图 8 - 12(b) 所示，因为圆柱的底圆和 $X_1O_1Z_1$ 坐标面平行，所以在 Y 轴上的两个点为大圆弧的圆心，用前述方法画出前端面底圆的轴测投影。

（3）过 O_1、O_2 点作 Y 轴平行线，沿着 Y 轴及 Y 轴平行线向后找三个点，$O_1{}'$、$O_2{}'$、$2'$，这三个点到 O_1、O_2、2 点的距离分别为圆柱的高度 h。然后以 $O_1{}'$、$O_2{}'$、$2'$ 为圆心，以小圆弧半径、大圆弧半径为半径分别画出大小圆弧，因为后端面底圆后半个椭圆是看不见的，所以后一段大圆弧不用画出，如图 8 - 12(c) 所示。

（4）分别作两个底圆小圆弧的公切线，把后底圆切线以内的小圆弧段擦掉，加深完成全图，如图 8-12(d) 所示。

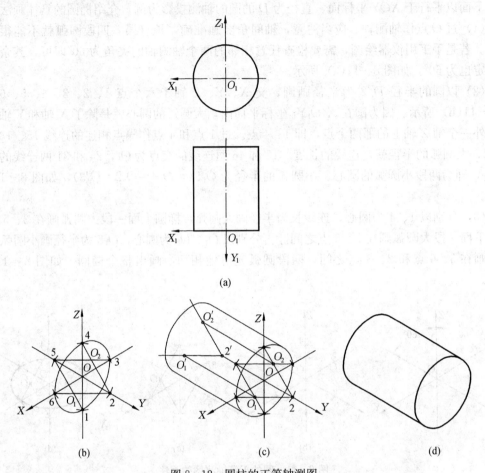

(a)

(b)   (c)   (d)

图 8-12 圆柱的正等轴测图
（a）已知 （b）画出前端面圆 （c）画出后端面圆 （d）完成圆柱加深结果

3. 圆柱截交线的正等轴测图画法

画圆柱截交线和相贯线时，一般先画出圆柱体的正等轴测图，再用坐标法画出截交线或相贯线上若干点的轴测投影，并把这些点连成光滑曲线即可。

例 8-7 画出如图 8-13(a) 所示的截割圆柱的正等轴测图。

作图：（1）在视图中先建立坐标轴 X_1、Y_1、Z_1。

（2）在俯视图中做一些间隔均匀平行于 Y_1 轴的辅助线，辅助线与圆相交于前后两个点，这些点就是截交线上的点在俯视图中的投影，把这些点对应到主视图上，与截平面所积聚的直线相交的交点就是截交线上的点在主视图中的投影。

（3）作轴测轴。画出圆柱底圆的轴测投影，在 X 轴上取和视图上一样间隔的点，过这些点作 Y 轴的平行线，与椭圆相交，如图 8-13(b) 所示，过这些交点作 Z 轴的平行线，根据视图上对应点的 Z_1 坐标，就可确定截交线上各点的轴测投影，如图 8-13(c)、(d) 所示。

（4）光滑连接各点，并作截交线和底面椭圆的公切线，擦去多余图线，描深，完成全图，如图 8 - 13(e) 所示。

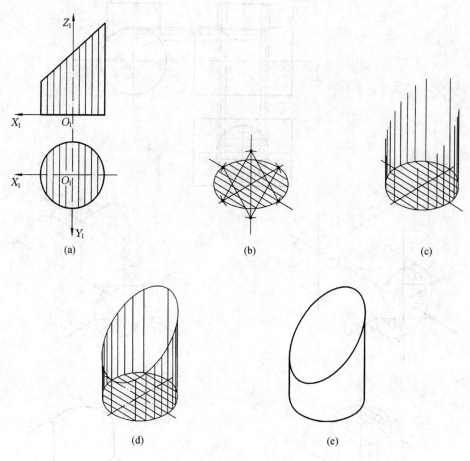

图 8 - 13　截割圆柱的正等轴测图
(a) 已知　(b) 画出底圆　(c) 确定截割位置
(d) 完成截割圆柱　(e) 加深结果

例 8 - 8　作两正交圆柱的正等轴测图。

作图：（1）在视图上确定坐标轴，与求截交线相同，在相贯线上找出一系列点，如图 8 - 14(a) 所示。

（2）分别画出两圆柱的正等轴测图，如图 8 - 14(b)、(c) 所示。

（3）用坐标法作相贯线上各可见点的正等测投影，如图 8 - 14(d) 所示。

（4）光滑连接相贯线上各点，擦去多余图线，描深，如图 8 - 14(e) 所示。

4. 圆角的正等轴测图画法

机件上常会有 1/4 圆柱构成的圆角，在轴测图上它是 1/4 椭圆弧，可用如图 8 - 15 所示的简化画法作图。其作图方法如下：

（1）由角顶沿两边分别量取圆角半径 R，得到 Ⅰ、Ⅱ 两点。

（2）过 Ⅰ、Ⅱ 两点分别作直线垂直于圆角的两边，这两条垂线的交点 O 即是圆弧的圆心。

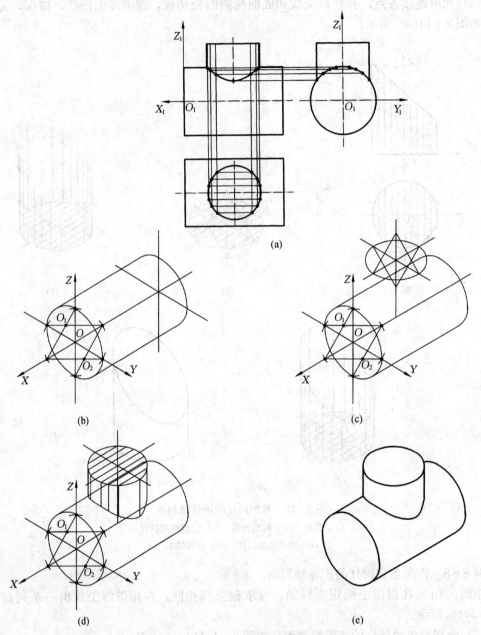

图 8-14　两正交圆柱的正等轴测图
(a) 已知　(b) 画出横置圆柱
(c) 确定竖置圆柱端面　(d) 画出相贯线　(e) 加深结果

（3）以 O 为圆心，$O\mathrm{I}$ 为半径作弧，即是半径 R 的圆弧的轴测投影，由图上可以看出，轴测图上钝角处与锐角处，作图方法完全一样，只是半径不同。

（4）由 O 点沿 Z 轴方向作线，在线上取 $OO_1 = h$，O_1 即底面圆弧的圆心。以 O_1 为圆心，$O\mathrm{I}$ 为半径作弧，与两边相切，即得底面圆弧形状。并在右边小圆弧处作两圆弧的公切线，即完成圆角处的绘制。

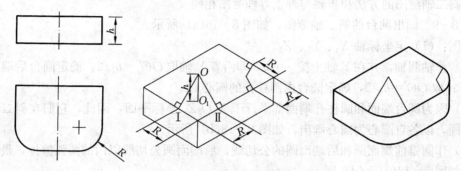

图 8-15 圆角的正等轴测图画法

第三节 斜二轴测图

一、斜二轴测图的轴间角和轴向伸缩系数

如图 8-16 所示，令物体的 OZ 轴处于铅垂状态，坐标平面 $X_1O_1Z_1$ 平行于轴测投影面，为了使轴测投影面上得到的图形有立体感，任选与投影面倾斜的投射方向，用平行投影法将物体投射到轴测投影面上，得到的图形便是斜二轴测图，简称斜二测。

在斜二轴测图中，X_1、Z_1 轴分别平行于轴测投影面，故 X、Z 轴的伸缩系数 $p=r=1$，$\angle XOZ=90°$，而轴测轴 Y 轴的方向和轴向伸缩系数随着投射方向的改变而改变，为作图简便，通常取 $q=0.5$，也就是说和坐标轴 Y_1 平行的线段，其轴测投影取实长的一半。因此，斜二轴测图中，各轴向伸缩系数和轴间角分别为：$p=r=1$；$q=0.5$；$\angle XOY=\angle YOZ=135°$，$\angle XOZ=90°$，如图 8-17 所示。

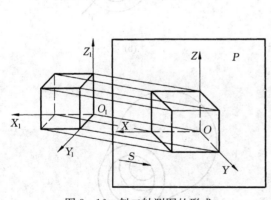

图 8-16 斜二轴测图的形成

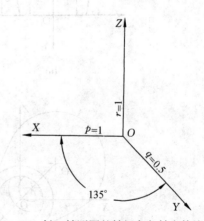

图 8-17 斜二轴测图的轴间角与轴向伸缩系数

二、斜二轴测图的画法

因为三个轴测轴之间的关系，平行于坐标面 $X_1O_1Z_1$ 的圆的斜二轴测图，仍是大小相同的圆，平行于坐标面 $X_1O_1Y_1$、$Y_1O_1Z_1$ 的圆的斜二轴测图是椭圆，所以作轴测图时，物体上有比较多的平行坐标面 $X_1O_1Z_1$ 的圆或曲线的情况下，选用斜二轴测图作图比较方便。

画斜二轴测图的方法和步骤与画正等轴测图相同。

例 8-9 画出圆台的斜二轴测图，如图 8-18(a) 所示。

作图：(1) 定坐标轴 X_1、Y_1、Z_1。

(2) 作轴测轴，并在 Y 轴上按 $q=0.5$ 即沿着 Y 轴取 $OO''=b_2/2$，确定圆台后端面圆的圆心 O'；取 $OO'=b_1/2$，确定圆台内圆柱孔的圆心 O'。

(3) 因为圆台端面和圆柱孔端面都平行于 $X_1O_1Z_1$ 坐标平面，因此，它们在斜二轴测图中仍为圆，以各自圆心为圆心画出，如图 8-18(b) 所示。

(4) 作圆锥前端面圆和后端面圆的公切线，后端面圆公切线以内的圆弧擦掉，最后描深全图，如图 8-18(c)、(d) 所示。

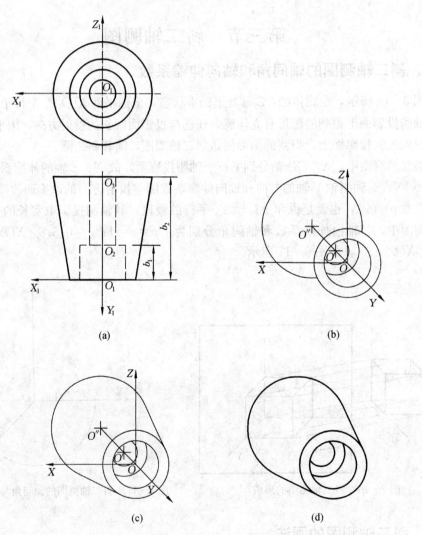

图 8-18　圆台的斜二轴测图

(a) 已知　(b) 画出圆台端面和圆孔端面　(c) 画出圆台　(d) 加深结果

例 8-10 根据图 8-19(a) 所示的视图，画其斜二轴测图。

分析：该形体的圆及圆弧都与坐标平面 XOZ 平行，所以在斜二测图中，圆及圆弧仍反映实形，可用前述的叠加法，先画长方形板，再根据长方形板和空心圆柱的相对位置关系，画空心圆柱。

作图：（1）确定坐标轴 X_1、Y_1、Z_1。

（2）画轴测轴 X、Y、Z。

（3）先画出长方形板的前端面，然后根据视图上的尺寸确定四个角的圆角、圆柱孔的圆心位置，画出圆柱孔和圆角。过各圆柱的圆心作 Y 轴平行线，以 $q=0.5$ 定出圆柱孔后端面的圆心位置，然后画出后端面的圆角及圆柱孔，圆柱孔只画能看到的部分，右上角和左下角的圆角一定要画出两圆弧的公切线，如图 8-19(b) 所示。在长方形板的前端面确定圆柱与长方形板相交的圆的圆心位置 O，过圆心作 Y 轴的平行线，在平行线上根据 $q=0.5$，确定圆柱前端面的圆心位置 O'，根据圆心 O、O' 画出圆柱部分，如图 8-19(c) 所示。

（4）擦去多余图线，并描深全图，如图 8-19(d) 所示。

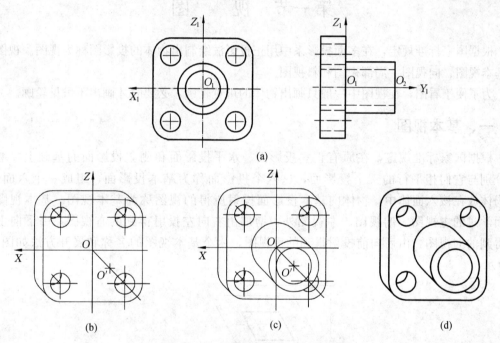

图 8-19 组合体的斜二轴测图

（a）已知 （b）画出长方形板 （c）画出圆柱 （d）加深结果

第九章 工程形体的表达方法

在实际生产中，工程形体的形状、结构复杂多样，仅用三面投影图难以完整、清晰地表达比较复杂形体的内、外部结构，为此，国家标准《水利水电工程制图标准》、《技术制图 图样画法》和《机械制图 图样画法》中规定了表示工程形体的各种方法。本章介绍一些基本画法。

第一节 视 图

根据国家标准规定，在多面投影系中用正投影法绘制出物体的投影图称为视图。视图分为基本视图、向视图、局部视图和斜视图。

为了便于看图，在视图中一般只画出物体的可见轮廓，必要时才画出不可见轮廓。

一、基本视图

根据国家标准规定，在原有正立投影面、水平投影面和侧立投影面的基础上，增加了分别与它们相平行的三个投影面，这六个投影面称为基本投影面，组成一个六面体，将物体放在该六面体中，物体向基本投影面投射所得的视图称为基本视图。基本视图除前面学过的主视图、俯视图、左视图外，增加由右向左投射得到的右视图，由下向上投射得到的仰视图，由后向前投射得到的后视图，六个基本视图的名称和展开方法如图 9-1 所示。

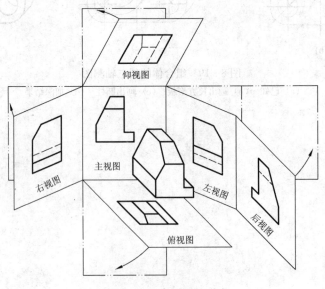

图 9-1 基本视图的形成

展开后六个视图的配置关系如图9-2所示，各视图之间仍然符合"长对正，高平齐，宽相等"的投影规律。在同一张图纸内按图9-2配置六个基本视图时，可不标注视图的名称。

在实际绘图时，应根据物体的形状和结构特点，确定基本视图的数量，力求完整、清晰，绘图简便，避免重复表达，因此通常不需要将六个基本视图全部画出，选用其中必要的几个基本视图即可，一般优先选用主视图、俯视图、左视图。

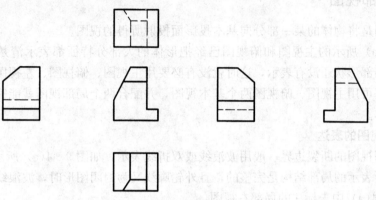

图9-2 六个基本视图的基本配置

二、向视图

如不能按图9-2配置视图时，可按向视图进行视图配置。向视图是可以自由配置的视图。

形体六个基本投射方向（图9-3a)根据专业需要，只允许从以下两种表达方式中选择一种：

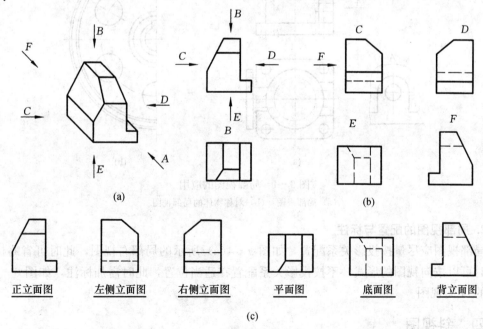

(a)

(b)

正立面图　左侧立面图　右侧立面图　平面图　底面图　背立面图

(c)

图9-3 向视图的配置

(a) 投射方向 (b) 向视图的配置一 (c) 向视图的配置二

（1）在向视图的上方标出"×"（"×"为大写的拉丁字母），在相应视图的附近用箭头指明投射方向，并标注相同的字母，如图9-3（b）所示。

（2）在视图上方（或下方）注写图名，并在图名下方绘一粗横线，其长度应以图名所占长度为准，各视图的位置应根据需要和可能，按相应的规则布置，如图9-3（c）所示。水利、土木行业多用这种表达方式。

三、局部视图

局部视图是将物体的某一部分向基本投影面投射所得的视图。

图9-4（a）所示的主视图和俯视图已经把形体的大部分特征都表示清楚，只有左、右两处凸台的局部形状还没有表示，这时就没有必要用主视图、俯视图、左视图、右视图四个视图来表达，可用主视图、俯视图两个基本视图，并配合两个局部视图就能完整、清晰、简便地表达物体。

1. 局部视图的表达

（1）局部视图的断裂边界一般用波浪线或双折线表示，如图9-4（a）所示的A向视图。

（2）当所表示的局部结构是完整的，且外轮廓线又为封闭图形时，波浪线或双折线可省略，如图9-4（a）中未标注的局部右视图。

（3）对称结构物体的视图可以只画一半或1/4，如图9-4（b）所示，并在对称中心线的两端画出两条与其垂直的平行细实线。

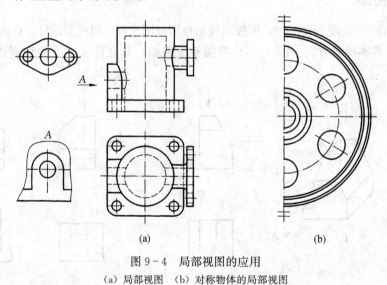

(a) (b)

图9-4 局部视图的应用

（a）局部视图 （b）对称物体的局部视图

2. 局部视图的配置与标注

局部视图应尽量按投影关系配置，如图9-4（a）所示的局部右视图，此时可省略标注。必要时可以按向视图的形式，不按投影关系配置在适当位置，此时需加标注，如图9-4（a）所示的A向视图。

四、斜视图

斜视图是将物体向不平行于基本投影面的平面投射所得的视图。

如图 9-5 所示，为了表示形体倾斜结构的真实形状，选择一个与倾斜部分平行的辅助投影面，在该投影面上作出反映倾斜部分实形的投影图。图 9-5 所示的 A 斜视图，表示了倾斜结构的真实形状。

在绘制、配置和标注斜视图时应遵守以下规定：

（1）斜视图通常只表达物体上倾斜结构的实形，其余部分不必全部画出而用波浪线或双折线断开；如果所表示的倾斜结构完整且其外轮廓线封闭时，波浪线或双折线可省略不画，如图 9-5(a) 所示。

（2）斜视图按向视图的形式配置并标注，最好按投影关系配置，如图 9-5(a) 所示；必要时也可平移到其他适当位置；表示投射方向的箭头应垂直于倾斜表面，标注斜视图的大写拉丁字母应一律写成水平。

（3）必要时，允许将斜视图旋正配置。箭头表示旋转方向。表示该视图名称的大写拉丁字母应靠近旋转符号箭头端，如图 9-5(b) 所示；也允许将旋转角度注写在字母之后，如图 9-5(c) 所示；旋转角度一般小于 90°。

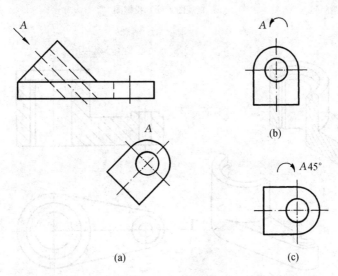

图 9-5　斜视图
（a）按向视图配置的斜视图　（b）旋转配置的斜视图　（c）旋转配置的斜视图

第二节　剖　视　图

一、剖视图的概念

1. 剖视图的形成

物体上不可见的结构形状都用虚线表示，当物体内部结构较复杂时，在视图中就会出现很多虚线，如图 9-6 所示，这样既影响图形的清晰，不利于读图，又不便于标注物体的尺寸，结构的材料在视图中也无法反映出来。

为了解决物体内部结构的表达问题，常采用剖视的画法。

如图 9-7 所示，假想用剖切面将物体剖开，移去观察者和剖切面之间的部分物体，而将其余部分向投影面投射所得到的图形称为剖视图。

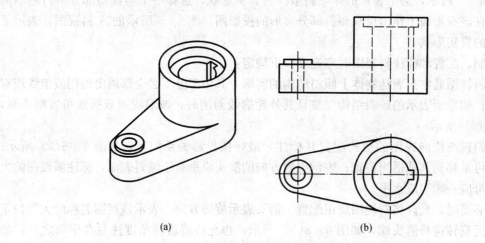

图 9-6　物体的视图表达

(a) 直观图　(b) 投影图

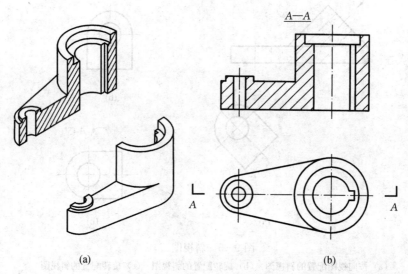

图 9-7　剖视图的基本概念

(a) 直观图　(b) 剖视图

2. 剖视图的画法

（1）确定剖切面的位置。通常用平面作剖切面，必要时也可用柱面剖开物体。为了能清晰地表达物体内孔、槽等结构的真实形状，剖切平面（或柱面）规定为投影面的平行面或垂直面，其位置应通过物体内部孔、槽的轴线或对称面。图 9-7 所示的剖切面为正平面并通过物体的前后对称面。

（2）画轮廓线。用粗实线画出剖切面所剖到物体的断面轮廓以及剖切面后的可见轮廓，对不可见的轮廓线，除非必要，一般应省略虚线，以使图形更加清晰。

（3）画剖面符号。在剖切面与物体接触部分画上剖面符号。国家标准规定，剖面符号因物体的材料不同而不同。表 9-1 列出了水工图中几种常用的剖面符号。

表9-1　水工图中常用的剖面符号

序号	名称	图例	序号	名称	图例
1	岩石		9	混凝土	
2	金属		10	钢筋混凝土	
3	干砌块石		11	砂、灰土、水混砂浆	
4	浆砌块石		12	碎石	
5	天然土壤		13	多孔材料	
6	夯实土壤		14	水、液体	
7	干砌条石		15	黏土	
8	砂砾石		16	碓石	

3. 剖视图的标注

剖视图的完整标注包括：剖切线、剖切符号、编号和剖视图名称。剖切线、剖切符号、编号如图9-8所示。

（1）剖切线。剖切线是指示剖切面位置的线，以细点画线表示，如图9-8(a) 所示；也可省略不画，如图9-8(b) 所示。

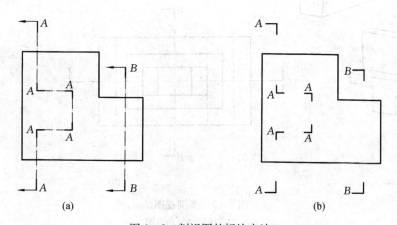

图9-8　剖视图的标注方法
(a) 指示剖切线的标注　(b) 省略剖切线的标注

（2）剖切符号。剖切符号是指示剖切面的起、迄和转折位置（用长度为5～10 mm 粗短画表示）及投射方向（用箭头或粗短画表示）的符号，其中表示投射方向的箭头适用于机械制图，水利、建筑制图多用长度为 4～6 mm 粗短画表示。剖切符号尽可能不要与图形的轮廓线相交；表示投射方向的粗短画画在起、迄处粗短画的外侧，并与起、迄处粗短画垂直，如图 9-8 所示。

（3）剖切符号的编号。宜采用阿拉伯数字或拉丁字母，按顺序由左至右、由下至上连续编号，水利、建筑制图将编号注写在剖视方向线的端部，如图 9-8(b) 所示。

（4）剖视图名称。在相应剖视图的上方（或下方）用相同的数字或字母，注写出剖视图的名称"×-×"，如图 9-7(b) 所示。如果在同一张图上同时有几个剖视图，则其名称应按字母或数字顺序排列，不得重复。

4. 画剖视图应注意的问题

（1）剖视图应按投影关系配置在与剖切符号相对应的位置，必要时也允许将剖视图配置在其他适当的位置。剖视图一般均应标注图名。

（2）剖视图是用假想的剖切面将物体剖开，形体并未真的被切开和移走一部分，因此在一个视图上采取剖视后，其他视图不受任何影响，仍按完整的物体画出。

（3）剖切面后的可见轮廓线应该全部画出，不能遗漏。

（4）在剖视图上，对于已经表示清楚的结构，其虚线可以省略不画。但没有表示清楚的结构，允许画少量的虚线，如图 9-9(b) 所示。

（5）在同一张图上，同一物体的剖面符号必须一致。金属材料的剖面符号是在剖面内画出方向一致、间隔相等、与水平方向成 45°的相互平行的细实线，如图 9-9(b) 所示。在不清楚物体的材料时，该符号也作为通用符号使用。

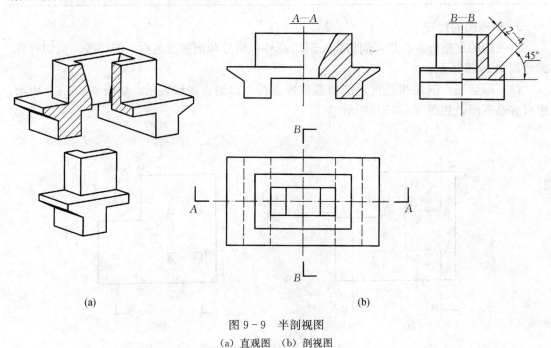

(a)   (b)

图 9-9 半剖视图

(a) 直观图　(b) 剖视图

二、剖视图的种类

剖视图按剖切物体范围的大小，可分为全剖视图、半剖视图和局部剖视图三种。

1. 全剖视图

用剖切面完全地剖开物体所得的剖视图，称为全剖视图。如图 9-7 中的主视图。全剖视图主要用于外形简单、内部形状复杂的不对称物体，或外形简单的回转体零件。它的缺点是不能表达物体的外形。

全剖视图的标注方法与前面所讲剖视图的标注相同。

2. 半剖视图

当物体具有对称平面时，在垂直于对称平面的投影面上，以对称中心线为界，一半画成剖视图，表达内部结构形状；另一半画成视图，表达外部结构形状，这样的图形称为半剖视图。如图 9-9 所示，物体左右、前后对称，在主视图和左视图中均采用半剖视图，既能表达物体的外形，又可表达物体内部结构形状。

半剖视图主要用于内、外形状都需要表示的对称物体。

画半剖视图时需注意的问题：

（1）画图时，习惯把半剖视图放在对称线的右边或下边。

（2）视图和剖视图的分界线是点画线，不能画成粗实线。

（3）由于半剖视图的图形对称，视图与剖视表达方法互补，所以在另一半的视图中不再画虚线（即与粗实线对称的虚线不画）。

（4）半剖视图的标注方法与全剖视图相同。常见错误画法见图 9-10。

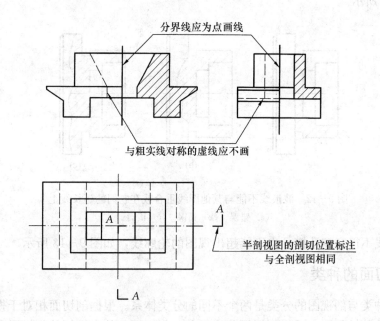

图 9-10　半剖视图错误画法

3. 局部剖视图

用剖切面局部地剖开物体所得的剖视图，称为局部剖视图，如图 9-11 所示。

当物体的部分内部结构尚未表达清楚但又不必作全剖时，或当内外形状需要同时表达但形体又不对称时，可采用局部剖视，局部剖视图不受图形是否对称的限制，剖切位置和剖切范围可根据需要而定，是一种比较灵活的表达方法。局部剖视图用波浪线与视图分界，波浪

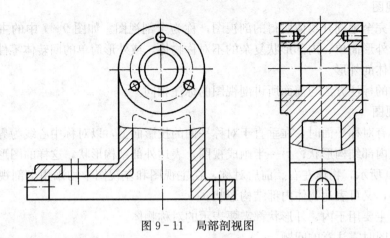

图 9 - 11　局部剖视图

线不应与图样中的其他图线重合。局部剖视图一般不标注。

画局部剖视图时需注意的问题：

（1）在同一个视图中，局部剖视图的数量不宜过多，以免使图形显得过于零碎，不利于读图。

（2）波浪线不能与图形上其他图线重合，如图 9 - 12(a) 所示；或在它们的延长线上，如图 9 - 12(b) 所示。

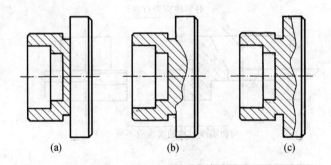

图 9 - 12　波浪线不能与其他图线重合或在它们的延长线上
(a) 错误　(b) 错误　(c) 正确

（3）波浪线不得穿越孔槽，也不能超出视图的轮廓线，如图 9 - 13 所示。

三、剖切面的种类

剖切面的种类与剖视图的分类是两个不同的分类体系。根据剖切面相对于投影面的位置及剖切面组合的数量不同，可将剖切面分为：单一剖切面、几个平行的剖切平面、两个相交的剖切面（交线垂直于某一投影面）和组合的剖切平面，相应地可得到单一剖视（包括斜剖视、全剖视等）、阶梯剖视、旋转剖视和复合剖视这四种剖视图。根据物体的结构特点，可正确而灵活地选择适当的剖切面剖开物体。

1. 单一剖切面

单一剖切面可以是单一的投影面平行平面、单一的斜剖切面以及单一柱面，其中前两种常用。

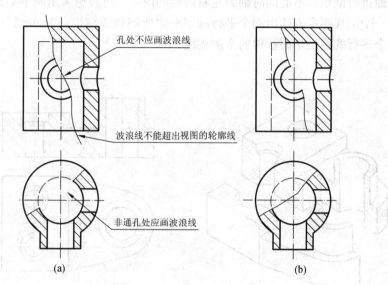

图 9-13　波浪线的画法

（a）错误　（b）正确

（1）平行于某一基本投影面的单一剖切平面。如前所述，在工程图样中，可用平行于某一基本投影面的平面作为剖切平面剖开物体得到全剖视图、半剖视图和局部剖视图。

（2）不平行于任何基本投影面的单一斜剖切平面。当物体上倾斜部分的内部结构在基本投影面上不能反映实形时，可以用一个与倾斜部分的主要平面平行且垂直某一基本投影面的平面剖开物体，再投射到与剖切平面平行的投影面上，可得到反映该倾斜部分内部结构的真实形状，如图 9-14 中的 $A-A$ 剖视图。采用不平行于任何基本投影面的单一斜剖切平面获得的剖视图必须标注剖切位置、投射方向和视图名称，剖视图最好按投影关系配置，如图9-14（a）所示；必要时可以移动到其他适当的位置，在不致引起误解时，也允许将图形旋转，在旋转后的剖视图上方应指明旋转方向，并水平标注数字或字母，如图 9-14（b）所示，需要标注旋转角度值时，必须将角度值标注在数字或字母之后。

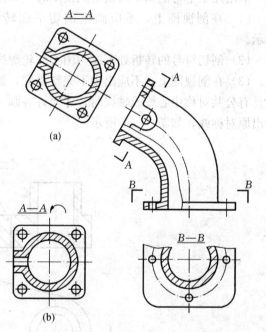

图 9-14　单一斜剖切平面获得的剖视图

（a）按投影关系配置剖视图　（b）旋转后的剖视图

2. 几个平行的剖切平面

用几个互相平行的剖切平面剖开物体所得的剖视图，习惯上称为阶梯剖视。图 9-15（a）所示物体的内部结构需要表达，若采用一个剖切平面进行剖切，不能同时剖到左右两端的内孔。可假想采用两个平行的剖切平面剖开物体，在一个剖视图中表达出两个平行剖切平面所剖到的结构，图 9-15(b) 中的 $A-A$ 即为采用两个平行的剖切平面获得的全剖视图。

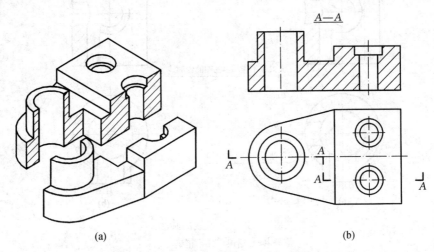

(a)　　　　　　　　　　　　　　　　(b)

图 9-15　几个平行的剖切平面获得的剖视图
(a) 直观图　(b) 剖视图

采用几个平行剖切平面获得剖视图时，要注意下列的问题：

(1) 在剖视图上，不应画出剖切平面转折处的投影，如图 9-16(a) 中的主视图所示。

(2) 剖切符号的转折处不应与图上的轮廓线重合，如图 9-16(b) 中的俯视图所示。

(3) 在剖视图上，不应出现不完整要素，如图 9-16(c) 所示。只有当两个要素在图形上具有公共对称中心线或轴线时，才允许各画一半，此时应以中心线或轴线为界，剖视图应画出原对称线，如图 9-17 所示。

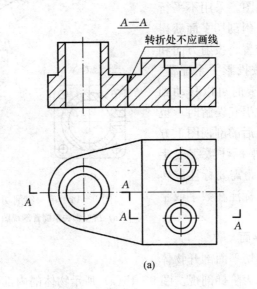

(a)

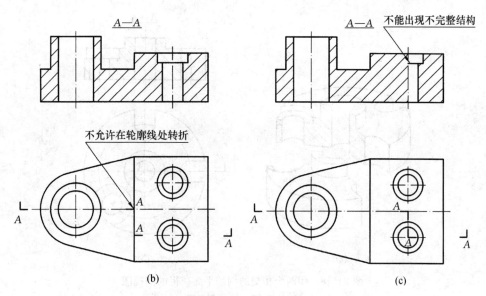

图9-16 几个平行的剖切平面获得剖视图时的常见错误画法
(a) 剖切平面转折处投影 (b) 剖切符号与轮廓线重合
(c) 剖视图中出现不完整结构

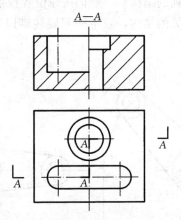

图9-17 具有公共对称中心的剖视图

采用几个平行剖切平面获得的剖视图必须进行标注,即标出剖视图名称、剖切符号,在剖切面的起、迄和转折处标出相同的字母,但当转折处位置空间有限,又不致引起误解时,允许省略字母。

3. 两个相交的剖切面

用两个相交的剖切平面剖开物体所得的剖视图,习惯上称为旋转剖视。当物体具有回转轴,且回转轴垂直某一基本投影面时,可用两个相交的剖切面(交线垂直于某一基本投影面)剖切物体,剖切面的交线与回转轴重合。图9-18中的 A-A 剖视是用两个相交的剖切平面剖切得到的全剖视图,该物体用一个正平面和一个铅垂面剖切,画图时将铅垂面连同被剖开的结构一起绕两个剖切平面的交线旋转到与正面投影面平行后,再进行投射,这样得到的剖视图既能反映实形,又便于画图。

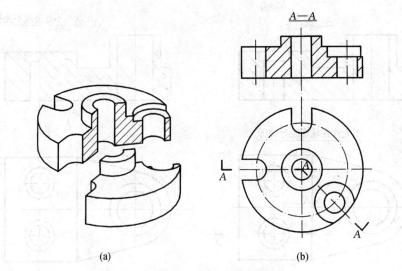

图 9-18　用两个相交的剖切平面获得的剖视图

（a）直观图　（b）剖视图

采用两个相交剖切面获得剖视图时，应注意下列问题：

（1）剖切面剖到的倾斜结构必须旋转到与选定的基本投影面平行后再投射，而位于剖切平面后的其他结构（未被剖切到的结构）一般仍按原位置投射，如图 9-19（a）所示；但与被切结构有直接联系且密切相关的结构，或不一起旋转难以表达的结构，应旋转后再投射，如图 9-19（b）所示。

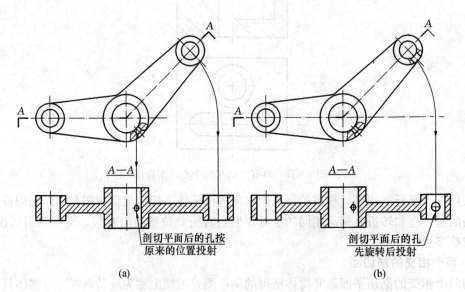

图 9-19　剖切平面后的结构画法

（a）按原位置投射　（b）旋转后投射

（2）当剖切后产生不完整要素时，应将此部分按不剖绘制，如图 9-20 所示。

旋转剖视图必须标注，标注形式与阶梯剖视相同，注意剖切位置与投射方向应始终成一直角。在剖切面的起迄和转折处用相同的数字或字母标出。但当转折处位置有限，又不致引

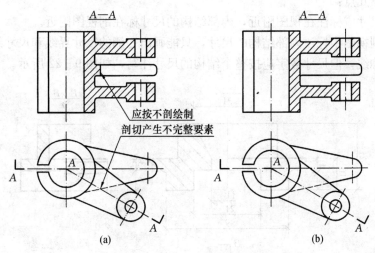

图 9-20 剖切到不完整结构时的画法
(a) 错误 (b) 正确

起误解时，允许省略数字或字母。

4. 组合的剖切平面

除阶梯剖视、旋转剖视以外，用几个剖切面剖开物体所得的剖视图，通常叫做复合剖视。几个剖切面可以是平行面和相交面的组合，一般直接按投影关系绘制而成，若投影重叠时，需将各剖切平面及所剖得的结构依次旋转到与选定基本投影面平行后再投射，此时，需在剖视图上方标注"×-×展开"，如图 9-21 所示。

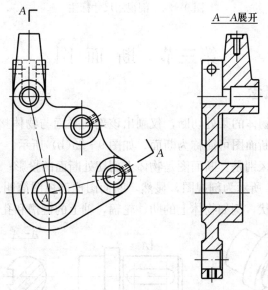

图 9-21 组合剖切平面获得剖视图的展开画法

四、剖视图的尺寸标注

剖视图的尺寸标注基本要求与组合体的尺寸标注相同。为了标注清晰，根据剖视图的特点，应注意以下几点：

（1）外形尺寸应标注在视图附近，内部结构的尺寸标在剖视图附近。

（2）在半剖视图中标注内部结构的尺寸，只能画出一侧的尺寸界线和尺寸线终端，尺寸线应略超过对称线，但尺寸数字应按整个结构的尺寸注写，如图9-22所示。

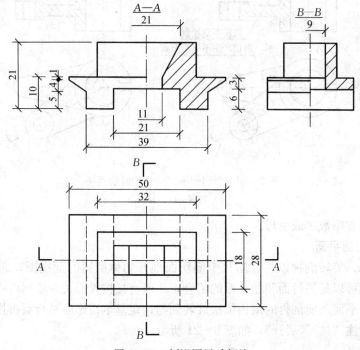

图9-22 剖视图尺寸标注

第三节 断 面 图

一、断面图的概念

假想用剖切平面将物体的某处切断，仅画出该剖切平面与物体接触部分（即剖面区域）的图形，称为断面图，断面图可简称为断面，如图9-23(b)所示。

断面图与剖视图的区别是：断面图是物体上剖切处断面的投影；而剖视图是剖切后物体的投影，如图9-23(c)所示为剖视图，显然，断面图比剖视图简明。断面图常用来表示物体上某一局部的断面形状，例如物体上的肋、轮辐、轴上的键槽和孔等。

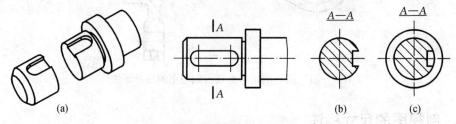

图9-23 断面图与剖视图的区别

（a）立体图 （b）断面图 （c）剖视图

二、断面图的种类

断面图根据其在画图时所配置的位置可分为移出断面图和重合断面图两种。

1. 移出断面图

画在图形外的断面图称为移出断面图。移出断面图的轮廓线用粗实线绘制，配置在剖切线的延长线上或其他适当的位置，如图 9 - 23(b)、9 - 24(a) 所示。

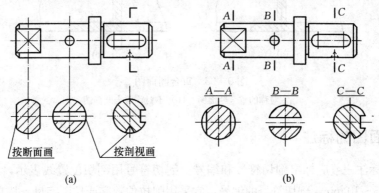

(a)　　　　　　　　　　(b)

图 9 - 24　剖切平面通过回转面形成的孔、凹坑轴线按剖视画法
(a) 正确画法　(b) 错误画法

画移出断面时应注意以下几点：

（1）当剖切平面通过回转面形成的孔、凹坑的轴线，如图 9 - 24(a) 所示，或剖切后出现两个分离的断面如图 9 - 25 所示时，这些结构应按剖视画。

（2）当断面图形对称时，可将其画在视图的中断处，视图应以波浪线或折线断开，如图 9 - 26 所示。

（3）由两个（或多个）相交平面剖切出的移出断面图，中间一般应断开，剖切平面应垂直于被剖切部分的主要轮廓线，如图 9 - 27 所示。

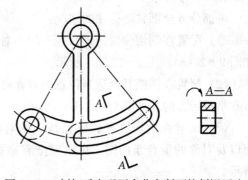

图 9 - 25　剖切后出现两个分离断面按剖视画法

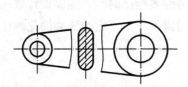

图 9 - 26　移出断面图画在视图中断处

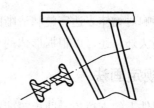

图 9 - 27　断开的移出断面图

2. 重合断面图

画在图形内的断面图称为重合断面图，如图 9 - 28 所示。

重合断面图的轮廓线用细实线绘制。当视图中的轮廓线与重合断面的图形重叠时，视图中轮廓线仍需完整地画出，不可间断，如图 9-28 所示。重合断面图多用于结构简单的形体。

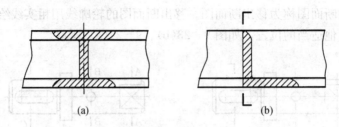

图 9-28 重合断面图

(a) 对称的重合断面图 (b) 不对称重合断面图

三、断面图的标注

断面图的标注一般应标出剖切符号和编号。剖切符号用剖切位置线表示，应以粗实线绘制，长度宜为 5~10 mm。剖切符号的编号，宜采用阿拉伯数字或拉丁字母，按顺序连续编号，并应注写在剖切位置线的一侧，编号所在的一侧应为剖切后的投影方向，如图 9-23(b) 所示，字母 A 注写在剖切位置线的右侧，表示从左向右投射。并在移出断面图的上方标注对应的数字或大写字母名称"×-×"。

可部分或全部省略标注的情况：

(1) 配置在剖切位置的延长线上的不对称移出断面图和不对称重合断面图可省略字母，如图 9-24(a)、图 9-28(b) 所示。

(2) 配置在图纸其他适当位置的对称移出断面图和按投影关系配置的非对称移出断面图可省略投影方向，如图 9-23(b) 所示。

(3) 配置在剖切位置的延长线上的对称移出断面图、画在视图中断处的对称移出断面以及对称的重合断面图，可以完全省略标注，如图 9-24(a)、图 9-26 和图 9-28(a) 所示。

第四节 规定画法和简化画法

在不影响对物体表达完整和清晰的前提下，为缩短绘图时间，提高设计效率，除前面所述的图样画法外，还可以根据形体的具体情况采用以下一些规定画法和简化画法。

一、规定画法

对于构件上的支撑板、肋板等薄壁结构和实心的轴、墩、桩、杆、柱、梁等，如按纵向剖切，即剖切平面与其轴线、中心线或薄板结构的板面平行时，这些结构都按不剖处理，剖面区域内不画剖面符号，而用粗实线将它与其邻接部分分开，图 9-29 所示剖视图中的闸墩和图 9-30 所示翼墙中的支承板，剖后均没有画剖面符号。

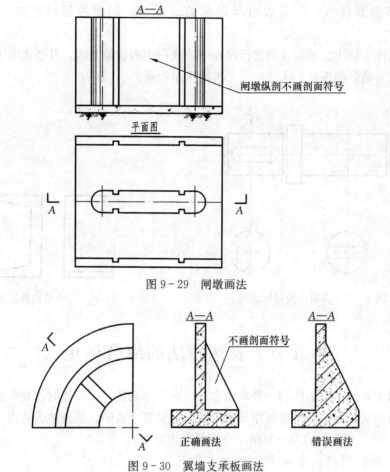

图 9 - 29　闸墩画法

图 9 - 30　翼墙支承板画法

二、简化画法

（1）对于图样中的一些细小结构，当其成规律地分布时，可以简化绘制，仅画出一个或几个，其余只需用点画线表示其中心位置，在图中应注明其总数，如图 9 - 31 中的管接头小孔和图 9 - 32 中排水孔的画法。

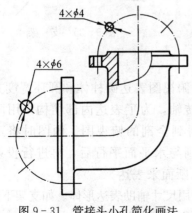

图 9 - 31　管接头小孔简化画法

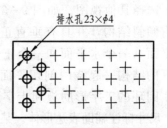

图 9 - 32　规律分布孔的画法

（2）省略剖面符号。在不致引起误解的情况下，剖面符号可省略，如图 9 - 33 所示。

（3）当机件上较小的结构及斜度已经在一个视图中表达清楚时，其他视图中该部分的投影应当简化或省略，如图 9 - 34 所示，主视图按小端画。

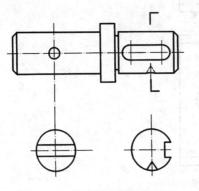

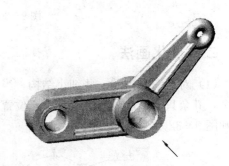

图 9 - 33 省略剖面符号的画法   图 9 - 34 较小结构投影简化

第五节 表达方法的综合运用

前面介绍了表达工程形体的一些常用方法。在具体表达一个形体时，要根据形体的结构特点选择适当的表达方法，将形体用最少的视图，完整、清晰、简便地表达出来。

例 9 - 1 图 9 - 35 所示为一支架，分析其表达方法。

解：（1）分析形状。支架大都用来支撑其他物体。图 9 - 35 所示支架主要由两个中空的圆柱体和一个圆环体组成，由一个工字形肋板连接两圆柱体，一个十字形肋板连接圆柱体和圆环。

（2）选择主视图。通常选最能反映形体特征的投影方向作为主视图的投射方向，如图 9 - 35 箭头所指方向。此方向的主视图只有支架下面的中空圆柱内部结构需要用剖开表达，所以主视图应采取局部剖的表达方法。

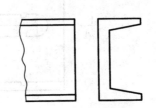

图 9 - 35 支 架

（3）选择其他视图。如图 9 - 36 所示，选择俯视图表达圆柱体和圆环宽度方向。由于支架有倾斜结构，并具有垂直正投影面的回转轴，为了表达内部结构，用两个相交的剖切平面（一个水平面和一个正垂面）剖切得到全剖的俯视图。画图时将正垂面连同被剖开的结构一起绕两剖切平面的交线旋转到与水平面平行后，再进行投射。连接圆柱体、圆环的工字形肋板和十字形肋板用移出断面来表达。

（4）尺寸标注辅助表达形体。某些结构可以利用尺寸辅助表达形体。如支架下面的中空圆柱，在主视图标注尺寸 $\phi16$ 即可表示圆柱，不需再加一个向视图。

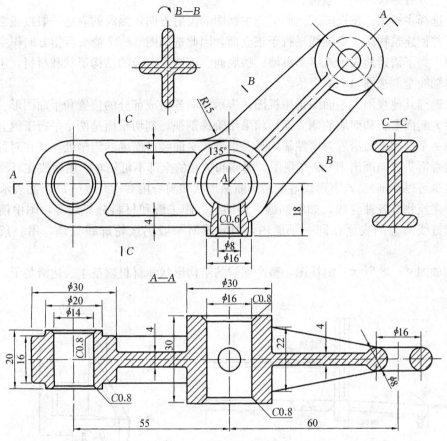

图 9-36 支架的表达方法

例9-2 图 9-37 所示为一涵洞，分析其表达方法。

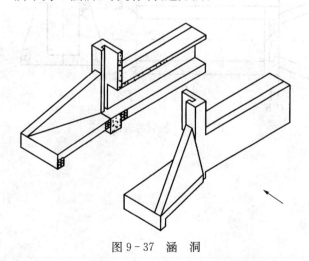

图 9-37 涵 洞

解：（1）分析形状。涵洞是一种水工建筑物，本例所示涵洞沿着轴线方向由翼墙、面墙和涵洞洞身三部分组成。八字形翼墙带有斜护底面，建筑材料是浆砌块石；中间的面墙带有一个从顶面直通底板平面的门槽，建筑材料是混凝土；涵洞为矩形空洞，洞身材料为浆砌块石，洞身上方有一块混凝土盖板。

（2）选择主视图。按视图表达原则选主视图的投射方向，涵洞的表达一般按正常工作位置放置，并使建筑物的主要轴线平行于正立面，因此选如图9-37箭头所指方向作主视图的投射方向。为了清楚地表示八字形翼墙、护底面、面墙、洞身的结构形状和材料，主视图应采取通过轴线全剖视图A-A表达。

（3）选择其他视图。平面图采用视图，表示涵洞各组成部分的位置和平面图形。八字形翼墙的最大断面形状和面墙的侧立面形状采用阶梯剖视，剖切平面是两个平行于侧立面的平面，其中一个剖切平面沿着翼墙左端，另一个剖切平面经过面墙的门槽处，并在对称中心线转折，沿着箭头方向画出B-B左视图，翼墙和护底的全部不可见轮廓用虚线在对称线的左侧画出（也可以不画）。八字形翼墙的最小断面形状和洞身用C-C、D-D断面表示。

由于建筑物有各种缝线，如沉陷缝、伸缩缝、施工缝和材料分界线等，图中箭头所指处，虽然缝线两边的表面在同一平面内，但画图时一般仍按轮廓线处理，用一条粗实线表示。

采用如图9-38所示一组视图，整个涵洞的结构形状和材料就基本表达清楚了。

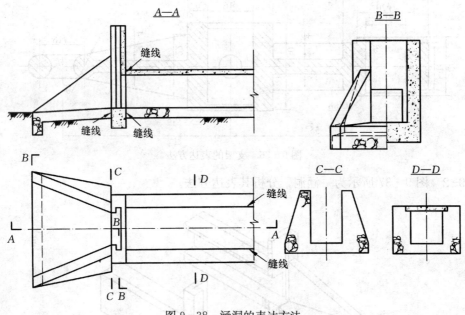

图9-38　涵洞的表达方法

第十章 水利工程建筑中常见的曲面

在水利工程中，为了改善水流条件和建筑物的应力分布，节省建筑材料，经常将建筑物的某些表面做成曲面。例如，溢流重力坝的坝面、水闸的闸墩、渠道的翼墙等。

第一节 曲面的形成和分类

一、形成

曲面可看作是动线的连续运动所形成的轨迹。该动线称为母线，母线可以是直线也可以是曲线。母线在曲面上的任一位置称为素线。控制母线运动的约束条件有点、线、平面，分别称为定点、导线、导平面。母线按一定的规律运动所形成的曲面称为规则曲面，否则称为不规则曲面。本章主要讨论规则曲面。如图 $10-1$ 所示，该曲面在形成时，直线 B_1B 为母线，曲线 BCD 为导线，MN 为导线。

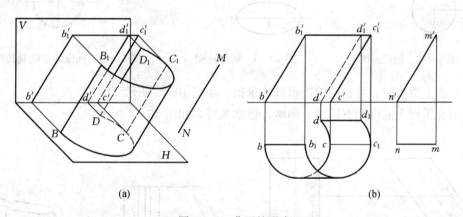

图 $10-1$ 曲面的形成
(a) 形成 (b) 投影图

二、分类

按母线的形状不同，可把曲面分成直线面和曲线面。由直母线运动而形成的曲面称为直线面，例如圆柱面；只能由曲母线运动而形成的曲面称为曲线面，例如圆球面。

第二节 直 线 面

水工建筑物中，常见的直线面有柱面、锥面、双曲抛物面、柱状面、锥状面、单叶回转双曲面。

一、柱面

直母线沿曲导线移动且始终平行于一直线所形成的曲面称为柱面，如图 10-2 所示。曲导线可以闭合也可以不闭合。

柱面上所有的素线相互平行。用一组相互平行的平面截切柱面体，所得的截断面大小及形状完全相同。平面与柱面上的素线垂直相交所得的截面为正截面。柱面的正截面为圆时称圆柱面，如图 10-2 所示；柱面的正截面为椭圆时称椭圆柱面，如图 10-3 所示。

绘制柱面的投影图时，必须绘出曲导线、直导线和一定数量的素线投影。

在水工图上，绘制柱面的素线，理论上相当于在曲面的表面上作出一些等距离素线的投影。在实际绘图时，可根据理论所提供的规律，大致控制素线的疏密，如图 10-4 所示。

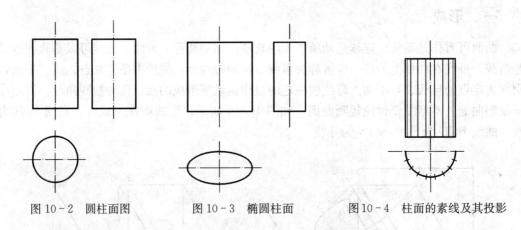

图 10-2　圆柱面图　　　　图 10-3　椭圆柱面　　　　图 10-4　柱面的素线及其投影

在柱面上取点时，可利用辅助素线法求得，如图 10-5 所示。

柱面在工程上的应用有桥墩、闸墩、壅水坝等，如图 10-6 所示。

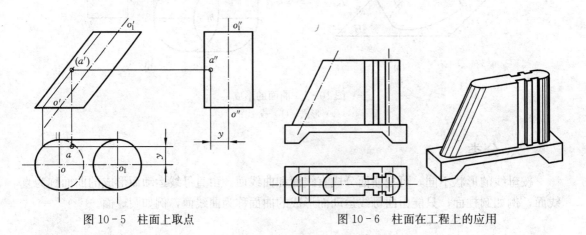

图 10-5　柱面上取点　　　　　　　图 10-6　柱面在工程上的应用

二、锥面

当直母线沿着曲导线移动，且始终通过定点 S 时所形成的曲面称为锥面，如图 10-7 所示。定点 S 称为锥顶。曲导线可以闭合也可以不闭合。

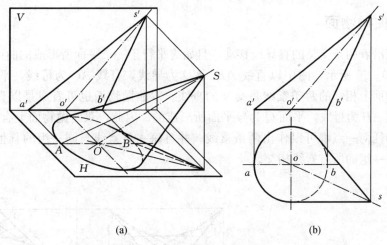

(a)   (b)

图 10-7 锥面的形成及投影

(a) 形成 （b）投影图

锥面上所有的素线都通过锥顶，因此相邻的两条素线是通过锥顶的两条相交直线。
绘制锥面的投影图，必须绘出锥顶、曲导线和一定数量的素线投影，如图 10-7 所示。
在锥面上取点时，可利用辅助素线法求得，如图 10-8 所示。

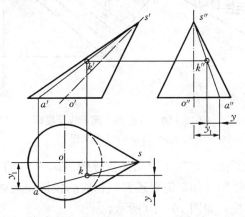

图 10-8 在锥面上取点

锥面在工程上有着广泛的应用。如渠道转弯处的连接段、护坡、渡槽的墩身等，如图
10-9 所示。

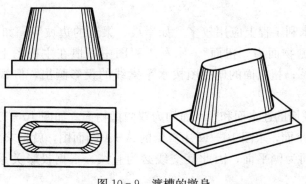

图 10-9 渡槽的墩身

三、双曲抛物面

一直母线沿着两条交叉的直导线移动，且始终平行于一个平面所形成的曲面称为双曲抛物面，如图 10-10 所示，图中以直线 AB、CD 为导线，直线 AC 为母线，平面 P 为导平面。双曲抛物面上相邻的两条素线是交叉的直线。双曲抛物面也可看成是以直线 AC、BD 为导线，直线 AB 为母线，平面 Q 为导平面所形成的。因此，双曲抛物面上有两组直素线，通过该面上的任何一点都可以作出两条素线；并且每一条素线与同一组的其他素线相互交叉，同时与另一组的所有素线相交。

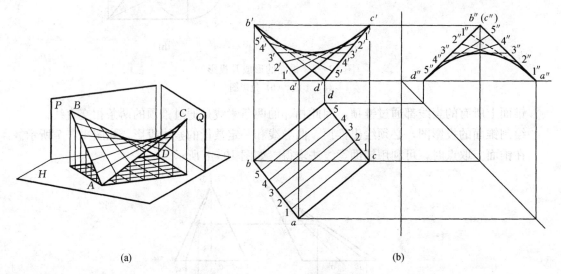

(a)　　　　　　　　　　　　　　　　(b)

图 10-10　双曲抛物面形成及投影
(a) 形成　(b) 投影图

绘制双曲抛物面的投影图，首先作出交叉直导线 AB、CD 的三面投影，再作出导平面的投影，最后作出素线的投影。如果需要还要在相应的投影图上画出各条直素线的包络线，即双曲抛物面的外形轮廓线，如图 10-10 所示。

用平行于导平面的平面截双曲抛物面，所得的截交线为直线。用平行于两导平面交线且不通过素线的平面截双曲抛物面，所得的截交线为抛物线。用不通过任一素线的其他位置平面截双曲抛物面，所得的截交线为双曲线。在该曲面上能截出抛物线和双曲线两种曲线，因此称为双曲抛物面。

双曲抛物面在水利工程上应用较多，如岸坡、渠道的边坡等，如图 10-11 所示。在工程上习惯称双曲抛物面为"扭面"。水利工程图中习惯在主视图上不画素线，只注写"扭面"或"扭曲面"；扭曲面的俯视图按水平素线的投影画出，侧视图按侧面素线的投影画出。

生产设计中，翼墙的迎水面和背水面均为双曲抛物面。如图 10-11 所示，ABCD 为迎水面，MNKL 为背水面，求图 10-12 中翼墙的 A-A 断面图，就是求剖切平面与双曲抛物面的交线，剖切平面为侧平面，因此其交线必为直线。根据投影关系，可得到 A-A 断面图。

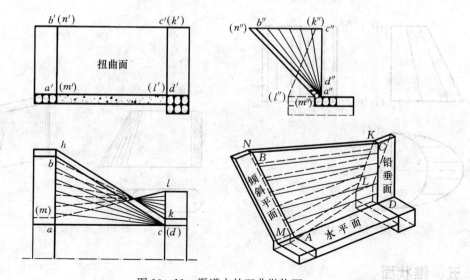

图 10-11 渠道中的双曲抛物面

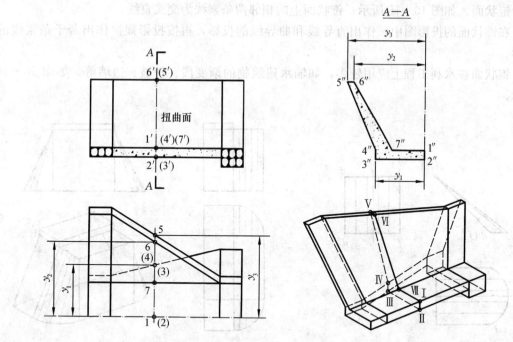

图 10-12 翼墙的断面图

四、柱状面

一条直母线沿两条曲导线移动，且始终平行于一个导平面所形成的曲面称为柱状面，如图 10-13 所示。柱状面上的相邻两条素线为交叉直线。

在柱状面的投影图中只需表示两条曲导线，再按投影规律作出若干条素线的投影。

水利工程上如闸墩、渡槽的墩身为柱状面，如图 10-14 所示。

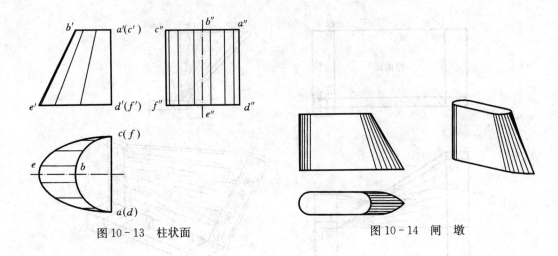

图 10 - 13　柱状面　　　　　　　　　　图 10 - 14　闸　墩

五、锥状面

一条直母线沿着一条直导线和一条曲导线移动，且始终平行于一个导平面所形成的曲面称为锥状面，如图 10 - 15 所示。锥状面上的相邻两条素线为交叉直线。

在锥状面的投影图中，作出直导线和曲导线的投影，再按投影规律作出若干条素线的投影。

锥状面在水利工程上应用较多，如输水建筑物的渐变段、护坡、边墙等，如图 10 - 16 所示。

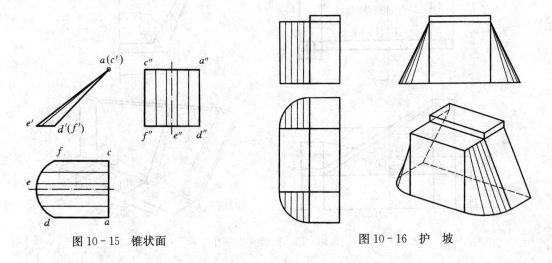

图 10 - 15　锥状面　　　　　　　　　　图 10 - 16　护　坡

六、单叶回转双曲面

一条直母线绕与之交叉的轴线旋转而成的曲面称为单叶回转双曲面，如图 10 - 17 所示。单叶回转双曲面上的相邻两条素线为交叉直线。母线上任意一点的运动轨迹为圆线，称为纬圆；直母线上距轴线最近点的运动轨迹称为喉圆。

单叶回转双曲面如图 10 - 17(a) 所示，已知母线 AB 及回转轴 OO_1 的投影，作出母线两端点轨迹圆的投影；其次作出若干条素线的投影；再作出素线的包络线的投影。回转轴OO_1为铅垂线，母线两端点 A、B 的轨迹的水平投影为圆线，正面投影积聚成直线。素线正面投影的包络线为双曲线。因此，单叶回转双曲面也可以看作由双曲线绕其虚轴回转而形成的，由此得到另一种作图方法，如图 10-17(b) 所示：在母线上取一系列的点如端点、距轴线的最近点及其中间点，依次作出各点轨迹圆的正面投影和水平投影，再将轨迹圆的正面投影的端点连接成光滑的曲线，可得到正视投影的外形轮廓线——双曲线，则完成作图。因此，单叶回转双曲面也可以看作是以双曲线为母线绕其虚轴旋转而成的。

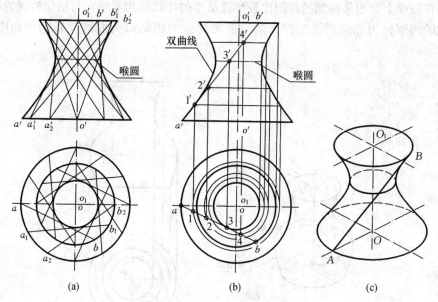

图 10-17　单叶回转双曲面的形成及投影

(a) 投影图　(b) 投影图　(c) 直观图

工程上水塔、冷凝塔的支架为单叶回转双曲面，如图 10-18 所示。

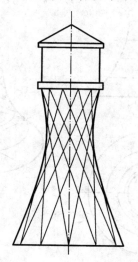

图 10-18　单叶回转双曲面的应用

第三节 曲 线 面

曲线面的表面不能作出任何直线。双曲拱坝、水轮机的蜗壳、水泵的叶轮等为曲线面。

一、曲线回转面

曲线回转面是常见的曲线面，它是由平面曲线绕着与之在同一平面内的一条直线旋转而成的，如图 10-19 所示。在曲线回转面上，素线称为经线，母线上任意一点的运动轨迹称为纬圆。在曲面上与相邻两侧的纬圆比较半径最小的纬圆称为喉圆；与相邻两侧的纬圆比较半径最大的纬圆称为赤道圆。工程上泵站进水管道的喇叭口为曲线回转面，如图 10-20 所示。

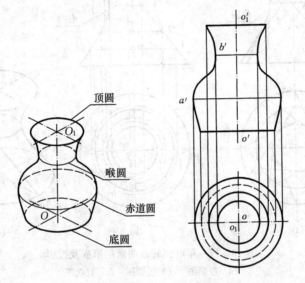

图 10-19 曲线回转面

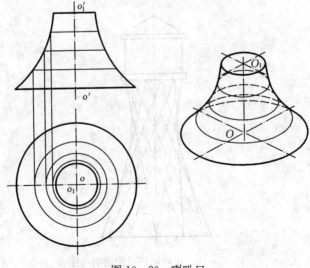

图 10-20 喇叭口

二、圆移曲面

圆移曲面，是指以圆或圆弧为母线，其圆心沿一曲导线运动所形成的曲面。运动时母线所在的平面始终垂直曲导线所在的平面或平行于某一个导平面。

母线圆在运动过程中其直径为常量，称为定线圆移曲面。图 10 - 21 的定线圆移曲面是一段曲拱桥主拱圈的投影图。画其投影图时要表示母线、导线的投影，要画出曲面边界线及外形轮廓线的投影，也要画出曲面上素线的投影。母线圆在运动过程中其直径按一定的规律变化，称为变线圆移曲面。牛角面是一种变线圆移曲面，如图 10 - 22 所示。曲导线是一段 1/4 圆弧（半径为 R），为了反映母线圆直径的变化情况，在投影图上表示若干个断面。

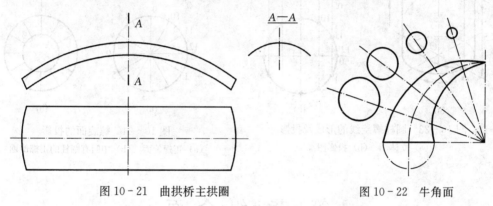

图 10 - 21　曲拱桥主拱圈　　　　　　　　图 10 - 22　牛角面

第四节　螺旋线及螺旋面

一、螺旋线

当一个动点 A 沿直线做匀速运动，同时该直线绕与之平行的轴线 OO_1 作匀速旋转时，动点 A 的轨迹称为圆柱螺旋线。如图 10 - 23 示，直线旋转一周形成一个圆柱面，此时点 A 的直线移动距离称为螺旋线的导程，圆柱的轴线称为螺旋轴线。当螺旋线的可见部分从左向右升高时称为右旋螺旋线，反之称为左旋螺旋线。

已知圆柱面的直径 ϕ 和导程 P_H 及旋向，就能确定圆柱螺旋线的形状。右旋螺旋线的作图方法（图 10 - 23）：①根据圆柱的直径 ϕ 和导程 P_H 作出圆柱的两面投影，轴线垂直于 H 面。②将 H 面的投影图作若干等份（图中为十二等份），导程也作相同的等份，按顺序分别给出各等分点的编号。③过水平投影图圆周上的等分点向上引垂线，与过正面投影的各等分点作的水平线相交于点 $0'$、$1'$、$2'$、$\cdots$、$12'$，各点连成光滑的曲线，即为圆柱螺旋线。作图时要注意曲线的拐点。

二、螺旋面

分别以圆柱螺旋线及其轴线为导线，直母线沿这两条导线移动且保持与轴线相交成一定角所形成的曲面称为螺旋面。当直母线与轴线正交时所形成的螺旋面称为正螺旋面或平螺旋面；当直母线与轴线斜交时所形成的螺旋面称为斜螺旋面。

图 10 - 24(a) 所示为正螺旋面。在作其投影图时，水平投影是过圆上的各等分点与圆心连

线；正面投影过螺旋线上的相应点作水平线与轴线相交，则得投影图。螺旋面的水平投影为圆。如作中间有圆柱的正螺旋面，则是作两条同轴、同导程、同旋向的螺旋线，只是旋转半径不同，如图 10-24(b) 所示。螺旋线、螺旋面在工程上应用广泛，例如旋转楼梯等。

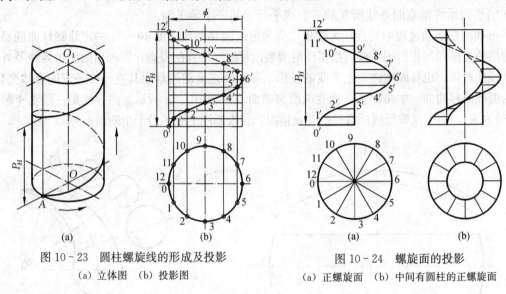

图 10-23　圆柱螺旋线的形成及投影
(a) 立体图　(b) 投影图

图 10-24　螺旋面的投影
(a) 正螺旋面　(b) 中间有圆柱的正螺旋面

第五节　组　合　面

水工建筑物中经常涉及组合面。组合面是指建筑物结构的表面由几种曲面和平面相交或相切组合而成。如图 10-25 所示的渐变段，是由四个锥面和四个平面通过相切组合而成的。四个锥面的锥顶点分别为 A、B、C、D，锥底为四分之一圆，四个锥底组合成一个圆，而 ABCD 组成一个矩形，这个组合面是由矩形（或方形）ABCD 变成圆。这种结构在水利工程中应用较多。

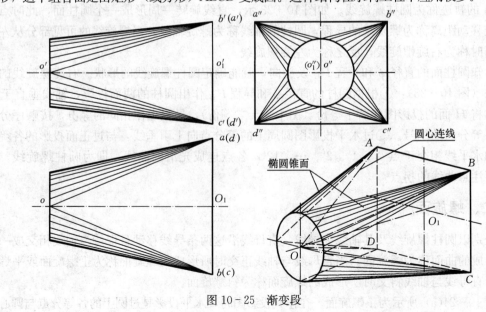

图 10-25　渐变段

图 10-26 所示为水电站的弯肘形尾水管。为了便于施工，它是由一些几何面组成的，这些几何面为圆环面 A、斜圆锥面 B、倾斜平面 C、轴线铅垂的圆柱面 D、轴线水平的圆柱面 E、水平面 F、垂直面 G 和底部水平面 K。尾水管前后对称。

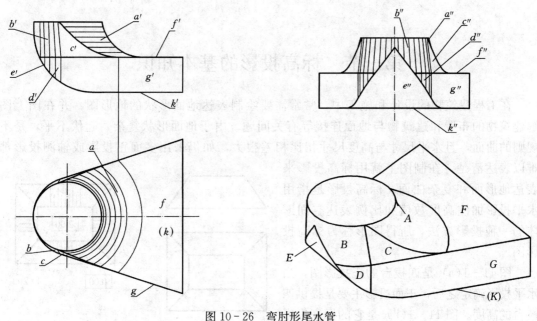

图 10-26　弯肘形尾水管

第十一章　标高投影

第一节　标高投影的基本知识

在工程建筑物的设计和施工中，常常需要绘制表达地面形状的地形图，并在图上图解建筑物的布置和建筑物与地面连接等有关问题。由于地面形状复杂，起伏不平，是不规则的曲面，且水平尺寸与高度尺寸相比相差很大，如仍采用多面正投影或轴测投影都难以表达清楚，在制图上就用标高投影来表达地形面和复杂曲面。标高投影是指用水平投影加注高度数值和比例表达空间形体的一种投影方法，所得图形称为标高投影图。

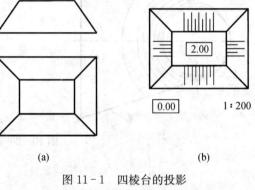

图 11 - 1 是四棱台的正投影图，当水平投影确定之后，正面投影主要是提供四棱台的高度。图 11 - 1(b) 是它的标高投影图，图中只画出四棱台的水平投影，并标注出其顶面和底面的高度数值（2.00 和 0.00）及绘图比例。从图上可以清楚地看出四棱台底面四个顶点的高度为 0.00，顶面四个顶点的高度为 2.00，当各顶点的空间位置确定之后，四棱台的形状和大小也就确定了。

图 11 - 1　四棱台的投影
(a) 正投影图　(b) 标高投影图

标高投影是一种标注高度数值的单面正投影，图 11 - 1(b) 中高度数值 2.00、0.00 称为高程或标高。高程以米为单位，在图上不需要注明。用标高投影图确定形体的形状和大小时，还必须注明绘图比例或画出图示比例尺。

第二节　点、直线和平面的标高投影

一、点的标高投影

在图 11 - 2(a) 中，设水平面 H 为基准面，其高程为 0 m（高于 H 面的高程为正，低于 H 面的高程为负），点 A 高出 H 面 5 m，点 B 在 H 面上，点 C 低于 H 面 4 m，作出 A、B、C 三点的水平投影 a、b、c，并在它们的右下角标注其高度数值 5、0、-4，即为 A、B、C 三点的标高投影图，如图 11 - 2(b) 所示。

根据标高投影图确定上述点 A 的空间位置时，可由 a_5 引线垂直于 H 面，然后在此线上自 a_5 起按一定比例向上量取 5 个单位即得点 A。由此可见，在标高投影中，要充分确定形体的空间形状和位置，必须注明绘图比例或图示比例尺，如图 11 - 2(b) 所示。

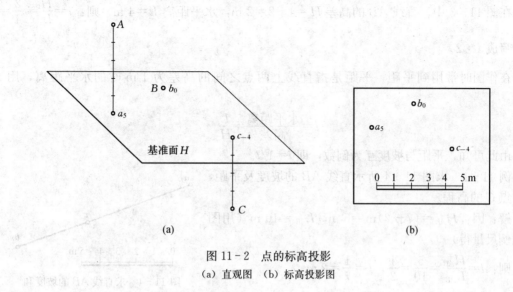

图 11 - 2　点的标高投影

（a）直观图　（b）标高投影图

二、直线的标高投影

1. 直线的表示法

在标高投影中，直线的位置可由直线上的两点或直线上的一点及该直线的方向来确定，其表示方法有以下两种：

（1）直线的水平投影及直线上两点的高程，如图 11 - 3(b) 所示。

（2）直线上一点的高程和直线的方向（图中直线的方向是用坡度 1∶2 和箭头表示，箭头指向下降方向），如图 11 - 3(c) 所示。

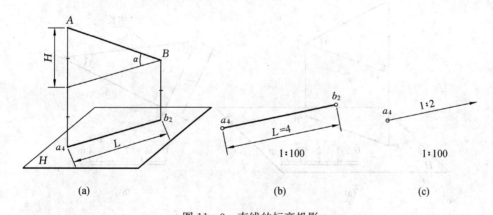

图 11 - 3　直线的标高投影

（a）直观图　（b）直线标高投影图一　（c）直线标高投影图二

直线的坡度 i 是指直线上任意两点之间的高差 H 与其水平距离 L 之比，即：

$$i = \frac{高差}{水平距离} = \frac{H}{L} = \tan \alpha$$

由上式可以看出，坡度 i 就是直线的水平距离为 1 m 时的高差。

在图 11-3 中，直线 AB 的高差 $H＝4-2＝2$ m，水平距离 $L＝4$ m，则：$i＝\dfrac{H}{L}＝\dfrac{2}{4}＝\dfrac{1}{2}$，写成 1：2。

在作图时常用到平距，平距是指直线上两点之间的高差为 1 m 时的水平距离，用 l 表示：

$$l＝\frac{水平距离}{高差}＝\frac{L}{H}$$

由此可知，平距与坡度互为倒数，即 $i＝1/l$。

例 11-1 求图 11-4 所示直线 AB 的坡度及平距，并求点 C 的高程。

解：因：$H_{AB}＝(7-2)$m$＝5$ m，$L_{AB}＝10$ m（用图中比例尺量得）

则：$i＝\dfrac{H_{AB}}{L_{AB}}＝\dfrac{5}{10}＝\dfrac{1}{2}$，$l＝\dfrac{1}{i}＝2$ m

又因 $L_{AC}＝6$ m，据 $i＝\dfrac{H_{AC}}{L_{AC}}$ 得：$H_{AC}＝3$ m，则点 C 的高程为 $(7-3)$m$＝4$ m。

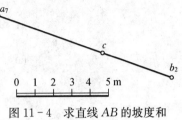

图 11-4 求直线 AB 的坡度和
点 C 的高程

2. 直线的实长、倾角及确定直线上整数高程点

在标高投影中求直线的实长、倾角，仍然采用直角三角形法。如图 11-5 所示，以直线的标高投影 a_8b_4 为一直角边，以直线两端点的高差 ΔH 为另一直角边，其斜边为直线的实长，斜边与直线的标高投影之间的夹角 α，为直线对基准面 H 的倾角。

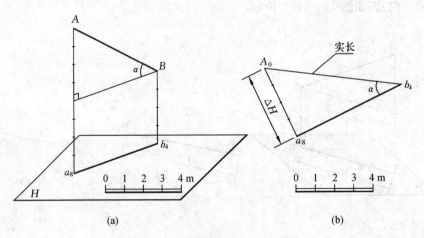

图 11-5 求直线的实长及倾角
(a) 直观图 (b) 作图

在实际工作中常需要在直线的标高投影图上确定各整数高程点。如图 11-6(a) 所示，直线 AB 的标高投影为 $a_{4.4}b_{8.4}$，确定 AB 上各整数高程点可用图解法或计算法求得。

(1) 图解法。按比例作一组与 $a_{4.4}b_{8.4}$ 平行且等距的整数高程直线，并把最靠近 $a_{4.4}b_{8.4}$ 的一根平行线作为高程为 4 的整数高程直线，其余依次为 5、6、7、8、9 的整数高程直线；由 $a_{4.4}$

和 $b_{8.4}$ 作其垂线，在垂线上分别按其高程数值 4.4 和 8.4 定出 A、B 两点；连接 A、B，AB 与整数高程直线的交点Ⅴ、Ⅵ、Ⅶ、Ⅷ就是 AB 上的整数高程点；过这些点分别作 $a_{4.4}b_{8.4}$ 的垂线，得各垂足 4、5、6、7 即为 $a_{4.4}b_{8.4}$ 上整数高程点的投影，如图 11-6(b) 所示。

（2）计算法。由已知条件可知，A、B 两点之间的高差 $H_{AB}=(8.4-4.4)\mathrm{m}=4\,\mathrm{m}$，水平距离 $L_{AB}=6\,\mathrm{m}$（用图中比例尺量得），则平距 $l=\dfrac{L_{AB}}{H_{AB}}=\dfrac{6}{4}=1.5$，由此可知，5、6、7、8 m 各整数高程点之间的水平距离均为 1.5 m，高程 5 m 的点与高程 4.4 m 的 A 点之间的水平距离 $L=H\times l=(5-4.4)\times1.5\,\mathrm{m}=0.9\,\mathrm{m}$，自 $a_{4.4}$ 沿 ab 方向依次量取 0.9 和三个 1.5 m，即可得到高程为 5、6、7、8 m 的整数高程点，如图 11-6(c) 所示。

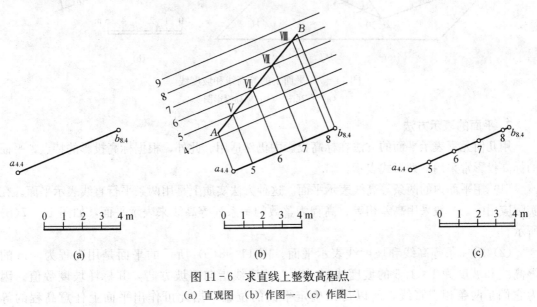

图 11-6　求直线上整数高程点

(a) 直观图　(b) 作图一　(c) 作图二

三、平面的标高投影

1. 平面上的等高线和坡度线

如图 11-7(a) 所示，平面 P 用平行四边形 $ABCD$ 表示，BC 位于 H 面上，是平面 P 与 H 面的交线。平面上的等高线是指该面上高程相等点的集合，也可看成是水平面与该面的交线，如图 11-7 中的直线 BC、Ⅰ、Ⅱ、…。

平面上的等高线也就是平面上的水平线，平面与基准面的交线是平面上高程为 0 m 的等高线，如图 11-7 中直线 BC。图 11-7(b) 中的 bc、1、2、…为平面上等高线的标高投影。

平面上的等高线具有以下特性：

（1）等高线都是直线。

（2）等高线互相平行，它们的标高投影也互相平行。

（3）当高差相等时，等高线之间的水平距离也相等。

当相邻等高线的高差为 1 m 时，它们的水平距离即为平距 l。

坡度线是指平面上对水平面的最大斜度线（即平面上垂直于水平线的直线），如图 11-7 中最大斜度线 AB，它与等高线 BC 垂直，由直角投影定理可知，它们的投影也互相垂直，即

$ab \perp bc$。坡度线 AB 对 H 面的倾角 α，就是平面 P 对 H 面的倾角，因此坡度线的坡度就代表该平面的坡度。

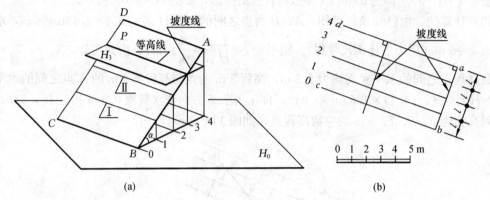

图 11-7 平面上的等高线和坡度线

(a) 直观图 (b) 标高投影图

2. 平面的表示方法

用几何元素表示平面的方法在标高投影中仍然适用。此外，根据标高投影的特点，平面的标高投影常采用下列形式表示：

（1）用平面内的两条等高线表示平面。这种方法实质上是用两条平行直线表示平面。在实际应用中，一般采用高差相等、高程为整数的一系列等高线来表示平面，如图 11-7(b) 所示。

（2）用一条等高线和坡度线表示平面。图 11-8(a) 所示的平面是用高程为 4 m 的等高线和坡度为 1:1.5 的坡度线表示的，坡度线指向下坡方向，并标注坡度数值。因为它们是两条相交直线，所以可以确定平面的位置，据此可作出平面上任意高程的等高线。

若求图 11-8(a) 所示平面高程为 0 m 的等高线，首先求出两条等高线之间的水平距离 L，$L = l \times H = 1.5 \times 4 \text{ m} = 6 \text{ m}$，因为平面上高程为 0 的等高线必与已知等高线平行，且通过坡度线上高程为 0 的点 B。作图时，可根据已知条件，在坡度线上自点 a_4 向下坡方向量 6 m 得点 b_0，过 b_0 作直线与已知等高线平行即可，如图 11-8(b) 所示。

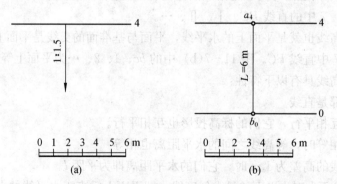

图 11-8 用一条等高线和坡度线表示平面及平面上等高线的求法

(a) 已知 (b) 作图

（3）用一条直线和平面的坡度表示平面。图 11-9(a) 中平面是用一条倾斜直线 a_4b_0 和平面的坡度来表示的。图中箭头表示平面向直线的一侧倾斜，所表示的只是大致坡向，因此画成带箭头的虚线。其坡度线的准确方向需作出平面上的等高线后才能确定。

若求平面的坡度线，需先求出平面上的等高线。该平面上高程为 0 m 的等高线必通过 b_0，且与 a_4 的水平距离为 $L=l×H=1×4\ \text{m}=4\ \text{m}$。以 a_4 为圆心、$R=4\ \text{m}$ 为半径作圆弧，过点 b_0 作直线与圆弧相切，切点为 c_0，直线 c_0b_0 即为该平面上高程为 0 m 的等高线，与 c_0b_0 垂直的直线 a_4c_0 即为平面的坡度线，如图 11-9(b) 所示。已知平面上的一条等高线和坡度线的方向，就可按图 11-8 的作图方法作出平面上其他高程的等高线。

图 11-9(b) 中画出了该平面的示坡线，用以表示坡面。示坡线为长短相间的细实线，示坡线的方向与坡度线一致，垂直于平面上的等高线。示坡线应画在坡面高的一侧。

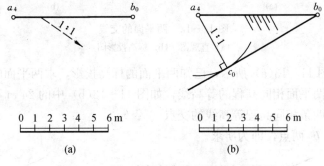

图 11-9　用一条倾斜直线和坡度表示平面
(a) 已知　(b) 作图

（4）用坡度比例尺表示平面。如图 11-10 所示，坡度比例尺是指平面上带有刻度的最大坡度线（即最大斜度线）的标高投影，用平行的一粗一细双线表示。这是因为平面的坡度就是平面上最大坡度线的坡度，并且最大坡度线与等高线互相垂直，过坡度比例尺上各整数高程点作坡度比例尺的垂线，即可得平面上的等高线。

（5）水平面的表示法。水平面可用在其水平投影内标注高程数值与标高符号来表示，如图 11-11 所示的平面是高程为 10.00 m 的水平面。

图 11-10　用坡度比例尺表示平面　　　图 11-11　水平面的表示方法

3. 平面与平面的交线

在标高投影中，求两平面（或曲面）的交线时，通常采用水平面作为辅助平面。水平辅助面与两个平面的交线是两条高程相等的等高线，这两条等高线的交点就是两平面（或曲面）的共有点。如图 11-12(a) 所示，作高程为 20 m、15 m 两个水平辅助面与平面 P、Q 相交，得到高程为 20 m、15 m 的等高线，等高线的交点分别为 A、B，连接 A、B 即为两平面的交线。

由此可知，两平面（或曲面）上高程相等的等高线的交点连线就是两平面（或曲面）的交线。

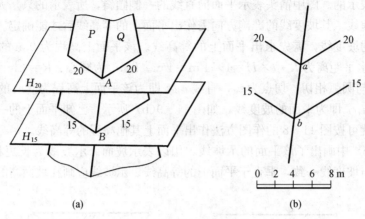

(a)   (b)

图 11-12 两平面的交线

(a) 直观图 (b) 标高投影图

例 11-2 如图 11-13(a) 所示，已知两平面的标高投影，求两平面的交线。

解：（1）作出两平面相同高程的等高线，如图 11-13(b) 中的 24 m 和 19 m。

（2）分别求出两条相同高程等高线的交点 a_{24}、b_{19}。

（3）连接 a_{24}、b_{19} 两点，即为所求。

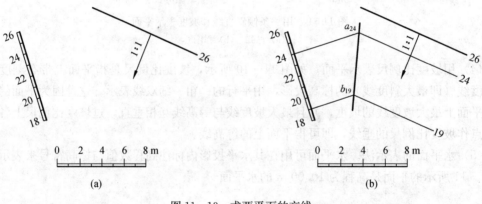

(a)   (b)

图 11-13 求两平面的交线

(a) 已知 (b) 作图

第三节 曲面和地形面的标高投影

曲面的标高投影，由曲面上的一组等高线表示，这组等高线相当于一组水平面与曲面的交线。

一、正圆锥面的标高投影

当正圆锥面的轴线垂直于水平面时，锥面上所有素线的坡度都相等。用一水平面截割正圆锥面时，其截交线为水平圆，这种水平圆即为正圆锥面的等高线。若用一组高差相等的水平面截割正圆锥面，其截交线（即等高线）是一组水平圆，在这些水平圆上加注高程数值，就是正圆锥面的标高投影，如图 11-14 所示。

正圆锥面的标高投影也可以用一条等高线和坡度线来表示，如图 11-15 所示。正圆锥面的示坡线方向与坡度线方向一致，应通过锥顶。

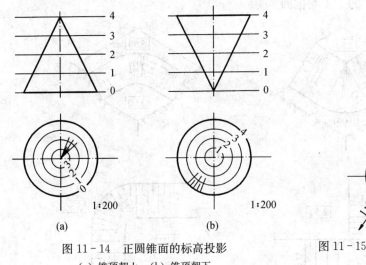

图 11-14　正圆锥面的标高投影
(a) 锥顶朝上　(b) 锥顶朝下

图 11-15　正圆锥面的标高投影

正圆锥面的等高线具有下列特性：

(1) 等高线是一组同心圆。

(2) 当等高线的高差相等时，其水平距离也相等，等于相邻等高线的半径差。

(3) 当圆锥面正立时，等高线越靠近圆心，其高程数值越大，如图 11-14(a) 所示；当圆锥面倒立时，等高线越靠近圆心，其高程数值越小，如图 11-14(b) 所示。高程数值字头应指向高的一侧。

根据正圆锥面等高线的投影特点，可以求出锥面上任意高程的等高线。

例 11-3　如图 11-16(a) 所示，已知 1/4 圆锥顶面高程为 3 m，锥面坡度为 1∶2，求锥面上高程为 1 m 的等高线。

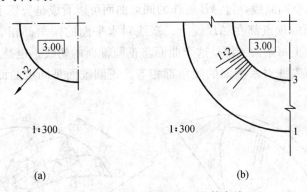

图 11-16　求正圆锥面上的等高线
(a) 已知　(b) 作图

解：两条等高线之间的水平距离 $L=l \times H=2 \times 2=4$ m，由高程为 3 m 的点顺坡度线量取 4 m，得高程为 1 m 的点，再以此点到圆心的距离为半径画同心圆即得 1 m 等高线，画出示坡线，如图 11-16(b) 所示。

　　在土石方工程中，为了防止塌方，常将土体的侧面做成坡面，而在其转弯处做成与侧面坡度相同的正圆锥面。图 11 - 17(a) 所示，转弯处为锥顶朝上的 1/4 圆锥面；图 11 - 17(b) 所示，转弯处为锥顶朝下的 1/4 圆锥面。

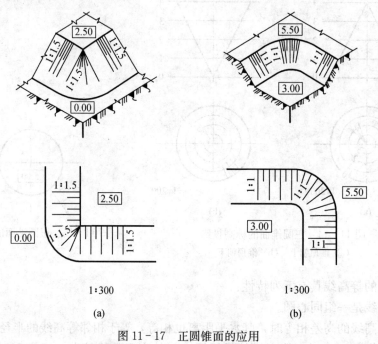

图 11 - 17　正圆锥面的应用

(a) 应用一　(b) 应用二

二、同坡曲面的标高投影

　　当直母线沿着一条空间曲导线移动、直母线对水平面的倾角始终不变时，所形成的曲面称为同坡曲面。图 11 - 18(a) 所示弯曲上升的斜坡引道，其两侧边坡就是同坡曲面，斜坡引道边界 AB 是一条空间曲线，过 AB 所作的同坡曲面可以看成是公切于一组正圆锥面的包络面，这些正圆锥面的顶点都在 AB 线上，素线对水平面的倾角都相等，如图 11 - 18(b) 所示。由于同坡曲面上每条素线都是这个曲面与正圆锥面的切线，也是正圆锥面上的素线，所以同坡曲面上所有素线对水平面的倾角都相等。正圆锥面是同坡曲面的特例，此时导线 AB 退化成为一点。

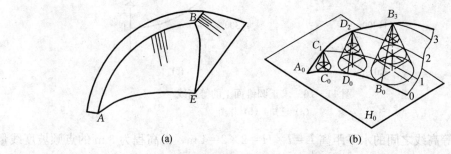

图 11 - 18　同坡曲面的形成

(a) 直观图　(b) 原理图

同坡曲面的标高投影可以用空间曲导线的标高投影和曲面坡度来表示，如图 11-19(a)所示。

如果用水平面截割同坡曲面和正圆锥面，截得同坡曲面上的等高线与正圆锥面上的等高线一定相切，切点在同坡曲面与正圆锥面的切线上。同坡曲面上的等高线就是利用这种关系求出来的。

例 11-4 如图 11-19(a) 所示，过空间曲线 $ACDB$ 作坡度为 $1:1.5$ 的同坡曲面，求出该曲面上高程为 0、1、2 m 的等高线。

解：该同坡曲面可看作是图 11-18(a) 中弯道的内侧边坡。

作图：(1) 根据 $i=1:1.5$，得 $l=1.5$ m。

(2) 作各正圆锥面的等高线。以锥顶 c_1、d_2、b_3 为圆心，分别以 $R=l$、$2l$、$3l$ 为半径，作出高程为 0、1、2 m 的等高线。

(3) 作各正圆锥面上相同高程等高线的公切曲线，即为同坡曲面上的等高线。如图 11-19(b) 所示。

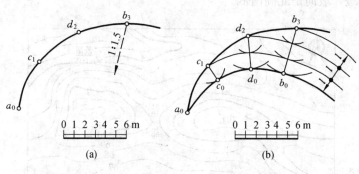

图 11-19 同坡曲面的等高线

(a) 已知 (b) 作图

三、地形面的标高投影

地形面的表示方法与曲面相同，仍然是用等高线来表示。如图 11-20 所示，假想用一组高差相等的水平面截割地形面，可以得到一组高程不同的等高线，画出这些等高线的水平投影，并标注每条等高线的高程及绘图比例，就得到地形面的标高投影图，又称为地形图。地形面上的等高线高程数值的字头按规定指向上坡方向。相邻等高线之间的高差称为等高距，图 11-20 中的等高距为 5 m。由于地形面是不规则的曲面，因此地形图上的等高线也是不规则的曲线。制图标准规定：每五条地形等高线中的第五条称为计曲线（高程一般为 5 m 或 10 m 的倍数），等高线用细实线绘制，计曲线用粗实线绘制。

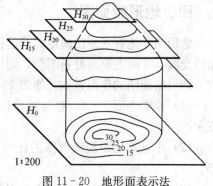

图 11-20 地形面表示法

地形图上的等高线具有下列特性：

（1）一般情况下，等高线是闭合的曲线。在闭合的等高线图形中，如果等高线中间高，四周低，则表示山丘，如图 11 - 21(a) 所示；反之则表示洼地，如图 11 - 21(b) 所示。

（2）在同一张地形图中，等高线越密，则平距小，表示地面坡度越大；等高线稀疏，平距较大，则表示地面坡度平缓。

（3）除悬崖峭壁外，高程不等的等高线不能相交。

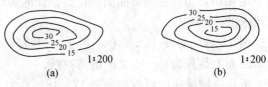

图 11 - 21 山丘和洼地的地形图

（a）山丘 （b）洼地

用等高线表示地形面，能够清楚地反映地形面的形状、地势的起伏变化及坡向等。图 11 - 22 所示为某地的地形图，图中等高距为 1 m，该区域中部在 72 m 高程附近有两处环状的等高线，中间高、四周低，表示是两个小山丘。两山丘之间是鞍部，等高线对称分布。东北部的等高线较密集，表示地形坡度大，地势陡峭并有一段悬崖；西南部等高线稀疏，表示地势平缓，坡向是北高南低。

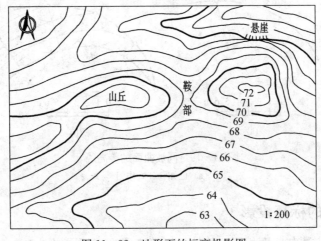

图 11 - 22 地形面的标高投影图

四、地形断面图

地形图不能直观地反映地面的起伏状况，若用铅垂面剖切地形面，画出剖切平面与地形面的交线，并画上剖面材料图例，则得到地形断面图。

地形断面图的作图方法，如图 11 - 23 所示。

（1）作铅垂面 1 - 1，它与地形图上各等高线的交点为 a、b、c、…，如图 11 - 23(a) 所示。

（2）根据等高距及地形图的比例画一组平行的等高线，如图 11 - 23(b) 中的 13、14、15、…。

（3）在最下边的一条直线上，根据图 11 - 23(a) 中 a、b、c、…各点的水平距离，画出 a_1、b_1、c_1、…。

（4）自 a_1、b_1、c_1、…作垂线，与相应的等高线相交于 A、B、C、…。

（5）光滑地连接点 A、B、C、…，并根据地质情况画上相应的剖面材料图例。注意：E、F 两点按地形趋势连成曲线，不能连成直线。

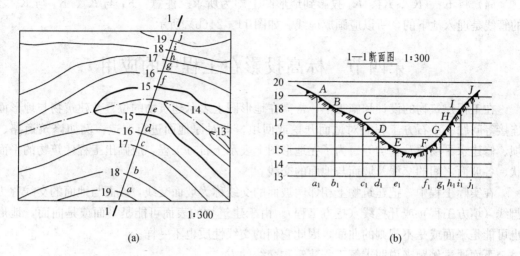

(a)　　　　　　　　　　　　(b)

图 11-23　地形断面图

(a) 已知　(b) 作图

例 11-5　如图 11-24(a) 所示，已知管线 AB 两端的高程分别是 20.5 m 和 21.5 m，求管线 AB 与地面的交点。

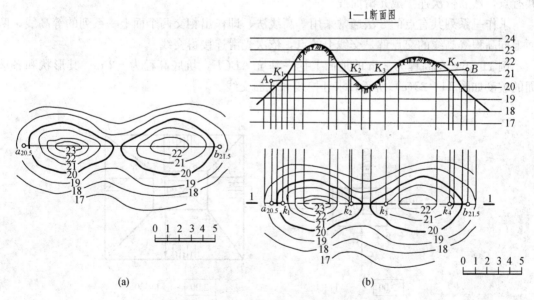

(a)　　　　　　　　　　　　(b)

图 11-24　求管线与地面的交点

(a) 直观图　(b) 作图

分析：从地形图中找不到管线与地面的交点，若通过 AB 作铅垂面剖切地面，画出地形断面图及 AB 的所在位置，即可找到管线 AB 与地面的交点。

作图：（1）过管线 AB 作铅垂面 1-1，画出地形断面图。

（2）根据 A、B 两点的高程，将管线 AB 画在地形断面图上。

（3）管线 AB 与地形断面图的交点 K_1、K_2、K_3、K_4，即为 AB 与地形面的交点。

（4）将 K_1、K_2、K_3、K_4 投影到地形图上即为所求。注意：K_1 与 K_2、K_3 与 K_4 之间的管线是埋入地下的，所以应画成虚线。如图 11-24(b) 所示。

第四节　标高投影在工程中的应用

在工程建筑物的设计和施工中，常需在地形图上表示建筑物的位置及建筑物与地形面的连接等问题。土石方工程需对地面开挖或回填，即对原地面进行改造，例如修筑道路、筑坝、修建水平场地及基坑等。为了在地形图上表示土石方工程，应画出工程建筑物的平面形状、各坡面之间的交线及坡面与地面的交线。

在实际工程中，把建筑物上相邻两坡面的交线称为坡面交线，坡面与地面的交线称为坡脚线（填方工程）或开挖线（挖方工程）。由于建筑物的表面可能是平面或是曲面，地形面也可能是平面或是不规则的曲面，因此它们的交线性质也不一样。

下面通过例题来说明求解工程建筑物交线的方法。

一、用等高线法求交线

在标高投影中求解交线的基本方法仍然是用水平面作辅助面，求相交两个面的共有点。如果交线是直线，只需求出两个共有点并连成直线即可；若交线是曲线，则应求出一系列的共有点，然后依次连接成光滑曲线。

求作一系列共有点的方法通常采用等高线法，即作出相交两个面上一系列的等高线，两面上同高程等高线的交点就是交线上的点，依次光滑连接得交线。

例 11-6　在高程为 2 m 的地面上挖一基坑 $ABCD$，坑底高程为 -2 m，其形状和各坡面的坡度如图 11-25(a) 所示，求开挖线和坡面交线。

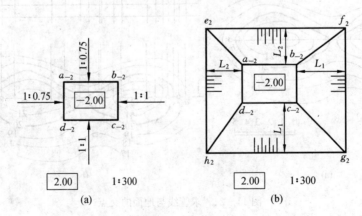

图 11-25　求基坑的开挖线和坡面交线

(a) 已知　(b) 作图

分析：因基坑坑底比地面低，属挖方工程。开挖线是坡面与地面的交线，基坑共四个坡面，产生四条开挖线，因地面是水平面，所以开挖线是各坡面上高程为 2 m 的等高线；四个坡面依次相交产生四条坡面交线。

作图：（1）求开挖线。地面高程为 2 m，开挖线就是各坡面上高程为 2 m 的等高线 $a_2b_2c_2d_2$，它们分别与坑底边线平行，其水平距离由 $L=l \times H$ 求得。式中高差 $H=4$ m，则 $L_1=1 \times 4$ m $=4$ m，$L_2=0.75 \times 4$ m $=3$ m。根据计算出的水平距离作基坑底边的平行线，即为开挖线。

（2）求坡面交线。相交两平面上高程相同的等高线的交点就是两个面的共有点，分别连接相邻两坡面上高程相同的等高线的交点，即得四条坡面交线 a_2a_{-2}、b_2b_{-2}、c_2c_{-2}、d_2d_{-2}。

（3）画出各坡面的示坡线，完成作图，如图 11-25（b）所示。

从图 11-25（b）可看出，相邻两坡面坡度相同时，坡面交线是相同高程等高线的角平分线。

例 11-7 如图 11-26（a）所示，在高程为 0 m 的地面上修筑一平台，台顶高程为 4 m，有一斜坡引道 ABCD 通到平台顶面，平台边坡及引道两侧边坡坡度均为 1∶1，求作坡脚线和坡面交线。

分析：因平台台顶比地面高，属填方工程。坡脚线是各坡面与地面的交线，即各坡面上高程为 0 m 的等高线，四个坡面共产生四条坡脚线；坡面交线是斜坡引道两侧边坡与平台边坡的交线，共两条交线。

作图：（1）求坡脚线。平台两侧边坡坡脚线与平台台顶边缘线 a_4d_4 平行，其水平距离 $L_1=1 \times 4$ m $=4$ m，据此作出平台两侧边坡的坡脚线。

引道两侧边坡坡脚线求法与图 11-9 所示的相同，即分别以 a_4、d_4 为圆心，以 $L_2=1 \times 4$ m $=4$ m 为半径画圆弧，再自 b_0、c_0 分别作此二圆弧的切线，即为引道边坡的坡脚线，如图 11-26（b）所示。

（2）求坡面交线。坡脚线的交点 e_0、f_0 分别是平台边坡和引道两侧边坡的共有点，a_4 和 d_4 也是平台边坡和引道两侧边坡的共有点，连接 a_4e_0 及 d_4f_0，就是所求的坡面交线。

（3）画出各坡面的示坡线。引道两侧边坡的示坡线应分别垂直于 b_0e_0 及 c_0f_0，完成作图，如图 11-26（c）所示。

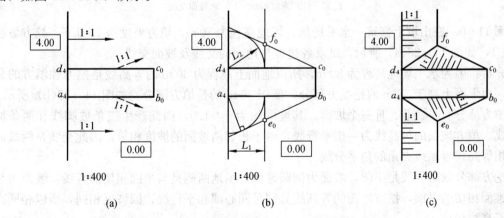

图 11-26 求平台、斜坡引道的坡脚线和坡面交线

（a）已知 （b）作图 （c）结果

例 11-8 在高程为 2 m 的地面上修筑一平台，平台顶面高程为 6 m，顶面形状及各坡面的坡度如图 11-27(a) 所示，试求坡脚线及坡面交线。

作图：(1) 求坡脚线。各坡面的坡脚线是各坡面上高程为 2 m 的等高线。平台两侧边线是直线，所以两侧边坡面是平面。坡脚线与平台边线平行，其水平距离 $L=1\times(6-2)\text{m}=4\text{ m}$。

平台中部边界线是半圆，中部边坡是正圆锥面。所以坡脚线与平台边界半圆是同心圆，其水平距离（即半径差）$L=0.6\times(6-2)\text{m}=2.4\text{ m}$。作图时，以 O 为圆心、$r+2.4\text{ m}$ 为半径作圆弧，即为所求。这个圆弧与平台两侧边坡坡脚线的交点 c_2、d_2 就是正圆锥面与两侧边坡面的共有点，如图 11-27(b) 所示。

(2) 求坡面交线。坡面交线是由平台左右两边的边坡与中部正圆锥面相交而形成的，因两边坡面的坡度小于正圆锥面的坡度，所以它是两段椭圆曲线。a_6、b_6 和 c_2、d_2 分别是两条坡面交线的端点。为了求出中间点，需要在平台两边坡面和中部正圆锥面上，分别求出高程为 5、4、3 m 的等高线。两边坡面上 5、4、3 m 的等高线为一组平行线，它们的水平距离为 1 m($i=1:1$)；正圆锥面上的等高线为一组同心圆，其半径差为 0.6 m($i=1:0.6$)。相邻面上相同高程等高线的交点就是所求的共有点。分别光滑连接左右两边的共有点，即得坡面交线，如图 11-27(c) 所示。

(3) 画出各坡面的示坡线，完成作图。

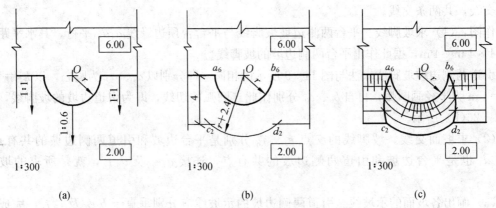

图 11-27 求平台的坡脚线和坡面交线

(a) 已知 (b) 求坡脚线 (c) 求坡面交线

例 11-9 在山坡上修筑一水平场地，场地高程为 30 m，填方坡度为 1:1.5，挖方坡度为 1:1，如图 11-28(a) 所示，试求各边坡与地面的交线及坡面交线。

分析：因为水平场地高程为 30 m，所以地面上高程为 30 m 的等高线是挖方和填方的分界线。地形面上高于 30 m 的是挖方部分，低于 30 m 的是填方部分，如图 11-28(b) 所示。

填方部分有 Ⅰ、Ⅱ、Ⅲ 三个坡面，其坡度均为 1:1.5，因此产生三条坡脚线和两条坡面交线。填方坡面的等高线为一组平行线，由于相邻两坡面的坡度相等，因此交线是两坡面上的相等高程等高线夹角的角平分线。

挖方部分的边界线是半圆，坡面为倒圆锥面，场地两侧是与半圆相切的直线，坡面为与倒圆锥面相切的平面，挖方坡面的等高线分别是同心圆和平行线，因坡度相同，所以相同高程的等高线相切。

开挖线和坡脚线都是曲线，需求出一系列点，并依次光滑连接。

作图：因为地形图上的等高距是 1 m，所以坡面上的等高距也应取 1 m，填方坡度为1：1.5，等高线的平距为 1.5 m；挖方坡度为 1：1，等高线的平距为 1 m。

(1) 求坡脚线。作出各坡面上高程为 29、28、27、…的等高线，并分别求出坡面与地面相同高程等高线的交点 8、9、10、…、14、15，即为坡脚线上的点，分别将三段坡脚线上的点依次光滑连接，即得坡脚线。三段坡脚线分别为 c-8-9-a、a-10-11-12-13-b、b-14-15-d。a、b 为两条坡脚线的交点，如图 11-28(c) 所示。

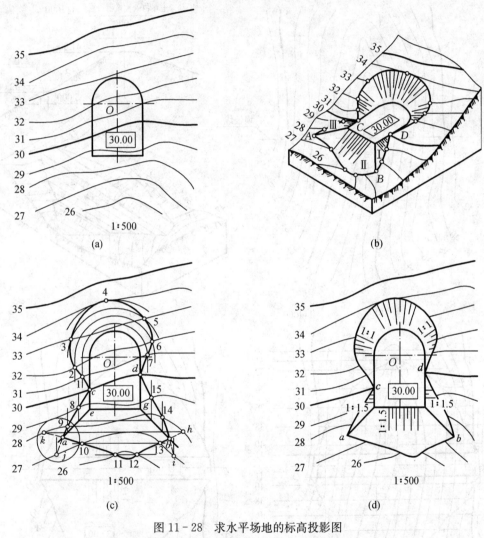

图 11-28 求水平场地的标高投影图
(a) 已知 (b) 直观图 (c) 作图 (d) 结果

(2) 求坡面交线。因相邻坡面坡度相等，故坡面交线应是 45°线，分别由 e、g 作 45°线即得。

注意：从图 11-28(b) 可以看出，Ⅱ面、Ⅲ面及地形面三个面交于一点 A，所以Ⅱ、Ⅲ两个面的坡脚线及这两个面的坡面交线也应交于点 A，如图 11-28(c) 中圆圈内所示，画图时先由一条坡脚线和坡面交线相交得 a 点，另一坡脚线则应画至此点结束；Ⅱ面、Ⅰ面及地形面三个面交于一点 B。

(3) 求开挖线。作出各坡面上高程为 31、32、33、…的等高线，求出坡面上等高线与地面上相同高程等高线的交点1、2、3、…、6、7，将它们光滑连接，$c-1-2-3-4-5-6-7-d$即为所求的开挖线。

（4）画出各坡面的示坡线。注意填、挖方示坡线有别，长短相间的细实线皆自高端引出。作图结果如图11-28(d) 所示。

例 11-10 在河道上筑一土坝，坝轴线位置及土坝最大横断面如图 11-29(a)、11-29(b) 所示，试求坝顶及上下游边坡与地面的交线。

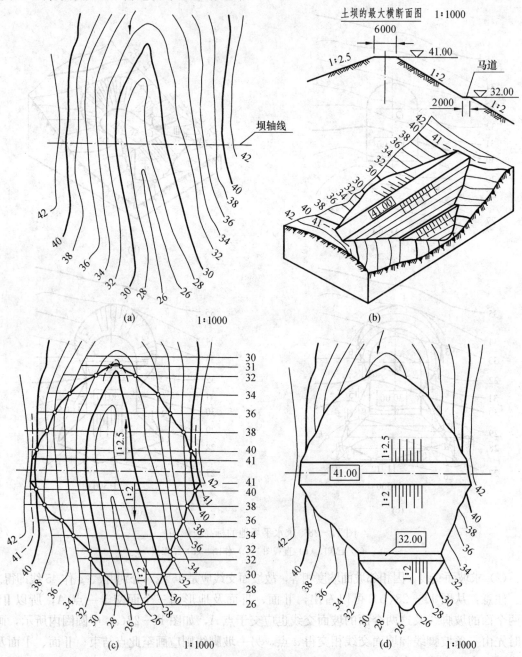

图 11-29　求土坝的标高投影图

(a) 已知　(b) 直观图　(c) 作图　(d) 结果

分析：土坝为填方工程。土坝的坝顶、马道及上下游边坡与地面都产生交线。由于地面是不规则曲面，所以交线都是不规则的曲线。坝顶、马道是水平面，它们与地面的交线是地面上同高程的等高线。上下游交线上的点，是土坝边坡与地面同高程等高线的交点。求出一系列同高程等高线的交点，把它们依次光滑连接起来，即得土坝各坡面与地面的交线即坡脚线。

作图：(1) 求坝顶、马道及它们与地面的交线。根据坝轴线的位置和坝顶宽度，在坝轴线两侧各量取 3 m，画出坝顶边线。坝顶高程为 41 m，用内插法在地面高程 40 m 和 42 m 两条等高线之间插入 41 m 的等高线（图中用虚线表示），将坝顶边线画到与地面高程为 41 m 的等高线相交处，坝顶左、右边线与地面的交线是高程为 41 m 的两段等高线。

下游马道的边线是从坝顶靠下游的边线沿坡度线量取 $L=l \times H=2 \times 9 \text{ m}=18 \text{ m}$，作坝轴线的平行线，即为马道的内边线，再量取马道的宽度 2 m，画出外边线。其左右两边与地面的交线是地面高程为 32 m 的等高线。

(2) 求下游边坡的坡脚线。根据地形图中的等高距，在土坝下游坡面上作一系列等高线，坡面与地面上同高程等高线的交点就是坡脚线上的点。土坝下游坡面坡度为 1：2，因此坡面上相邻等高线的水平距离为 2 m。

将所求共有点依次连接成光滑曲线，就得到下游坡面的坡脚线。

画下游坡脚线时应注意：河道为凹槽，坡脚线在河槽最低处应为曲线，即不应将等高线 26 m 上的两点连成直线，而应顺着交线的弯曲趋势连成曲线。

(3) 求上游坡面的坡脚线。上游坡面坡脚线的求法与下游坡面坡脚线的求法相同，只是上游坡面坡度为 1：2.5，所以坡面上相邻等高线的水平距离为 2.5 m，如图 11-29(c) 所示。

(4) 画出各坡面的示坡线，标注各坡面坡度及坝顶高程，完成作图，如图 11-29(d) 所示。

例 11-11　如图 11-30 (a) 所示，在地面上修一条斜坡道，已知路面及路面上各整数等高线的位置，填方边坡为 1：1.5、挖方边坡为 1：1，求各边坡与地面的交线。

分析：比较路面与地面的高程，可以看出道路南头比地面高，应是填方；北头比地面低，应是挖方。填挖方的分界线应在路面等高线 19 m 与 20 m 之间，准确位置需通过作图确定。

填方部分道路两侧边坡为同坡曲面，挖方部分道路两侧边坡为平面，它们与地面相交产生两条坡脚线和两条开挖线。因坡面间光滑连接，所以无坡面交线。

作图：(1) 求填、挖方分界线。在高程为 19 m 和 20 m 等高线之间，用内插法分别作出高程为 19.2 m、19.4 m 的地形面等高线和路面等高线，得到两个同高程等高线的交点 b、c，延长高程为 19 m 的路面等高线，与 19 m 的地形面等高线相交于 a，依次连接 a、c、b，得填、挖方的分界线。分界线与路面边界线的交点即为填、挖方的分界点，如图 11-30(c) 所示。

(2) 求坡脚线。因填方坡度为 1：1.5，则 $l=1.5$ m。分别以道路边界线上高程为 15、16、17、18 m 的点为圆心，l、2l、3l、4l 为半径画圆弧，作曲线与圆弧相切，得到同坡曲面上的一系列等高线。将道路边坡与地形面上同高程等高线的交点依次连接，即得坡脚线。

(3) 求开挖线。挖方边坡坡度为 1：1，则 $l=1$ m。以道路边界线上高程为 20 m 的点为圆心，1 m 为半径作圆弧，此圆弧可理解为素线坡度 1：1 的倒圆锥面上高程为 21 m 的等高线。自路面边界上高程为 21 m 的点作此圆弧的切线，就是挖方坡面上高程为 21 m 的等高

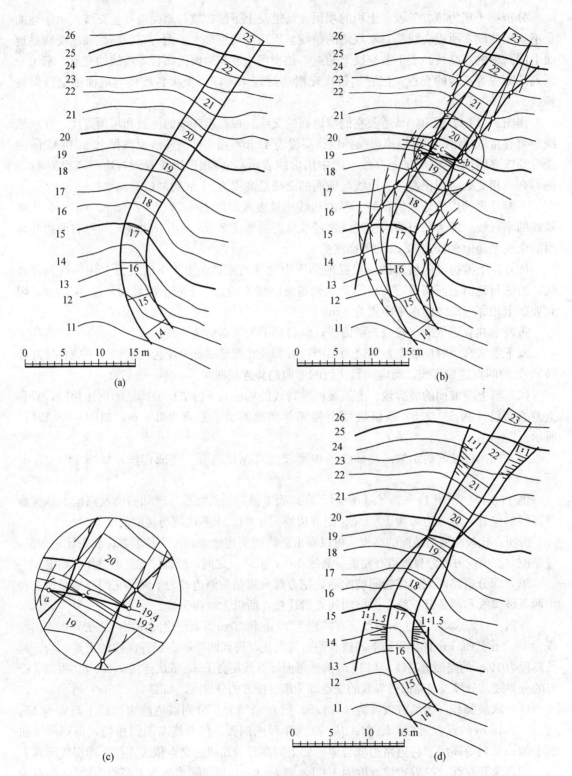

图 11 - 30　求斜坡道路的标高投影图

（a）已知　（b）作图　（c）求填、挖方分界线　（d）结果

线。再自路面边界上高程为 22 m、23 m 的点作切线的平行线，得到挖方坡面上相应高程的等高线。将道路边坡与地形面上同高程等高线的交点依次连接，即得开挖线，如图 11 - 30(b)所示。

（4）画出各坡面的示坡线，完成作图，如图 11 - 30(d) 所示。

二、用断面法求交线

当坡面与地形面等高线接近平行、用等高线法不易求出交点时，可采用断面法求交线。断面法是利用地形断面图求得交线上一系列的共有点，然后依次光滑连接各点得到交线的方法。具体作法是：用铅垂面作辅助面剖切地面和建筑物，剖切面的位置一般与建筑物的中心线垂直，地形断面轮廓与建筑物断面轮廓的交点就是交线上的点。

例 11 - 12　在地面上修筑道路，已知路面位置及道路填、挖方的标准断面，如图 11 - 31(a)所示，试求道路边坡与地面的交线。

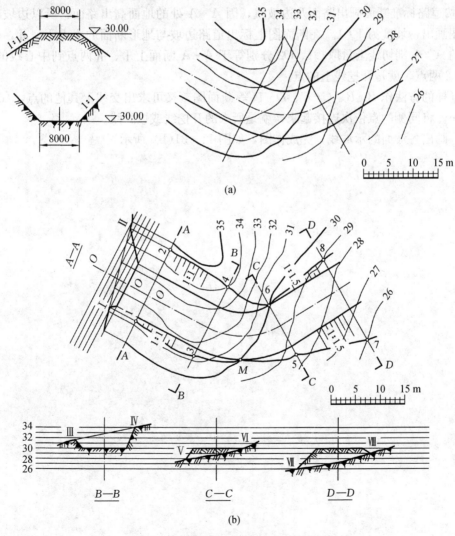

图 11 - 31　断面法求道路的标高投影图

(a) 已知　(b) 作图

分析：求道路边坡与地面的共有点，一般可采用水平辅助面的方法。但本例中有一段道路坡面的等高线与地面等高线接近平行，用等高线法不易求出交点，因此改用断面法求交线。

路面高程为 30 m，所以地面高程低于 30 m 的一侧要填方，高于 30 m 的一侧要挖方，地面高程 30 m 的等高线通过路面的一段是填挖方的分界线。道路两边的直线段边坡为平面，中间部分的弯道边坡为圆锥面，两者相切，无坡面交线。

作图：(1) 求填、挖方分界点。高程为 30 m 的地形等高线与路面两边界线的交点即为填、挖方的分界点，也是坡脚线和开挖线的分界点。

(2) 求坡脚线和开挖线。在道路中线上每隔一定距离作一与道路中线垂直的铅垂剖切面（图 11 - 31 中的 A-A、B-B 等），用这个铅垂面剖切地面与道路，地形断面轮廓与道路断面轮廓的交点就是开挖线或坡脚线上的点。现以 A-A 断面图为例说明作图方法。

用与地形图相同的比例作地形的 A-A 断面图，并在此图上定出道路中心线的位置 O-O。按道路标准断面画出路面及边坡线，因 A-A 处的地面高出路面，所以边坡应按挖方断面图画出，坡度为 1∶1。在断面图上标出道路边坡与地形断面的交点Ⅰ、Ⅱ，然后在地形图的 A-A 剖切线上量取 $O1$、$O2$ 分别等于 A-A 断面上Ⅰ、Ⅱ两点到中心线的距离，得出 1、2 两点，就是开挖线上的点。

用同样的方法作 B-B、C-C、D-D 等断面图，又可求出交线上其他的点，如 3、4、5、6、…。将同侧的点依次连接起来，就是所求的开挖线或坡脚线。

(3) 画出各坡面的示坡线，完成作图，如图 11 - 31(b) 所示。

第十二章 水利工程图

第一节 水利工程图的分类及绘制标准

为了控制和综合利用水利资源而修建的建筑物称为水工建筑物；由多个不同作用、不同类型的水工建筑物组成的相互配合的建筑群，称为水利枢纽。按建筑物的作用不同可分为：挡水建筑物（如拦河坝、水闸）、泄水建筑物（如溢洪道、泄洪隧洞）、输水建筑物（如渠道、渡槽）、发电建筑物（如水电站厂房）、通航建筑物（如船闸、升船机）等。

表达水利水电工程建筑物的图样称为水利工程图，简称水工图。其内容主要包括视图、尺寸、图例符号、技术说明以及标题栏等，它是反映设计思想、指导施工的重要技术资料。

一、水利工程图的分类

水利水电工程建设，一般分为规划、勘测、设计、施工、管理和技术总结等阶段，各阶段均需绘制相应的图样。水工图的基本类型包括工程位置图、枢纽总布置图、建筑物结构图、施工图和竣工图等。

1. 工程位置图

工程位置图主要表示水利枢纽所在的地理位置，与枢纽相关的河流、公路、铁路及主要建筑物等。

由于工程位置图表示的范围较大，所以采用的图形比例较小，一般为 1∶10000，甚至更小，建筑物一般采用示意图例表示，为了表示工程所处地理方位，图中还应画出指北针。图 12-1 所示为某大中型闸涵工程位置图。

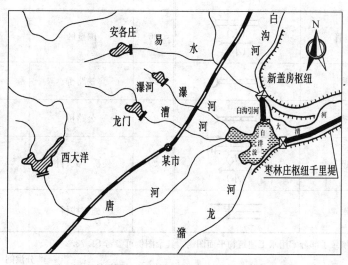

图 12-1 工程位置图

　　水工建筑物的平面图例主要用于工程位置图，也可用于枢纽总平面布置图中非主要建筑物。水工图中除采用房屋建筑制图标准中规定的平面图例外，还增加了一些图例，常用水工建筑物平面图例见表 12-1。

表 12-1　常用水工施工建筑物平面图例

序号	名称		图例	序号	名称		图例
1	水库	大型		16	护岸		
		小型		17	堤		
2	混凝土坝			18	防浪堤	直墙式	
3	土、石坝					斜坡式	
4	水闸			19	沟	明沟	
5	水电站	大比例尺				暗沟	
		小比例尺		20	渠		
6	变电站			21	运河		
7	泵站			22	水塔		
8	水文站			23	水池		
9	船闸			24	灌区		
10	溢洪道			25	分（蓄）洪区		
11	涵洞（管）		（大） （小）	26	围垦区		
12	隧洞			27	铁路桥		
13	渡槽			28	公路桥		
14	虹吸		（大） （小）	29	便桥　人行桥		
15	跌水			30	施工栈桥		

　　注：（1）本表仅摘录了部分常用水工建筑物平面图例，其余图例可参考 SL 73.2—95。

　　（2）本表中序号 4 和 7 为水闸和泵站的通用符号，当需区别类型时可标注文字，如 。

流域规划图、灌区规划图等也属于工程位置图。

2. 枢纽总布置图

枢纽总布置图主要表示整个水利枢纽的布置情况，一般应包括平面布置图、上下游立视图和剖视图，图形比例一般采用 1∶500～1∶2000（图 12-27 所示为某小型水库枢纽总平面布置图）。

枢纽总布置图应包括以下内容：

（1）水利枢纽所在地区的地形（如地形等高线）、河流名称及流向、测量坐标网、指北针及必要的图例等。

（2）各建筑物的平面形状及相互位置关系。

（3）各建筑物与地面的交线及填挖方边坡线等。

（4）各建筑物的主要尺寸和高程。

3. 建筑物结构图

建筑物结构图是表达水利枢纽中某一建筑物的形状、大小及材料等的工程图样，包括结构设计图、钢筋混凝土结构图等。结构图的比例较大，一般为 1∶10～1∶1000（图 12-28、图 12-30 所示分别为土坝和水闸的结构设计图）。

建筑物结构图一般包括以下内容：

（1）建筑物及各组成部分的形状、尺寸、材料等。

（2）工程地质情况及建筑物与地基的连接方式。

（3）相邻建筑物间的连接方式。

（4）建筑物的工作条件，如上、下游设计水位等。

（5）建筑物附属设备的位置。

4. 施工图

施工图是表示施工组织和施工方法的图样，主要包括施工布置图、开挖图、混凝土浇注图、导流图等。

5. 竣工图

竣工图是工程建成以后的实际图样（施工过程中，可能会根据实际情况修改原设计图）。

随着现代科技的迅猛发展，工程上会不断采用新型结构和新的施工方法，进而产生新的图样。

二、我国现行水利工程图制图标准

我国水工图绘制目前采用由中华人民共和国水利部批准的行业制图标准，现行标准是由水利水电规划设计总院主持，长江勘测规划设计研究有限责任公司为主编单位修订的《水利水电工程制图标准》SL 73—2013。该标准按专业分为下列五个分册：

第一分册《基础制图（SL 73.1—2013）》，包括总则、一般规定、图样画法、尺寸标注等。

第二分册《水工建筑物（SL 73.2—2013）》，包括土建图的一般规定、水工施工图、钢筋混凝土结构图、木结构图及其他有关图例图形符号；金属结构图的一般规定、型钢与焊缝标注、钢闸门图等。

第三分册《勘测图（SL 73.3—2013）》，包括一般规定、主要地质图件的编制内容、勘测图图例、工程地质主要图式等。

第四分册《水力机械图（SL 73.4—2013）》，包括水力机械图的画法规定、水力机械图的标注、水力机械图用图形符号，常用设备简图及图形符号应用等。

第五分册《电气图（SL 73.5—2013）》，包括电气图画法规定、图形符号、文字符号、项目代号、接线端子和导线的标记等。

另外，为了满足水土保持日益发展的需要，由水利部水土保持司为主编单位，编制出《水土保持图》SL 73.6—2001 作为 SL 73—95 的一部分，于 2001 年 3 月 1 日起实施。

第二节　水利工程图的表达方法

一、常用符号

1. 指北针符号

在工程位置图和枢纽平面布置图中，均需绘制指北针，以表达工程所处的地理方位。指北针符号可采用图 12-2 所示样式绘制，一般将其绘制在图样的左上角，必要时也可绘制在右上角。

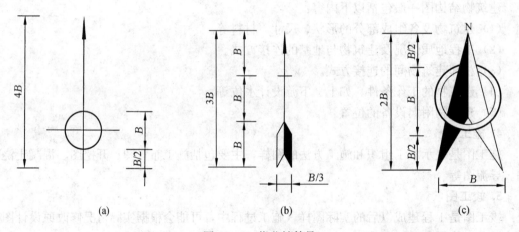

图 12-2　指北针符号
（a）指北针（简式）　（b）指北针（简式）　（c）指北针

2. 水流方向符号

水利水电工程图样中采用箭头符号表示水流方向，根据需要可采用图 12-3 所示样式绘制。

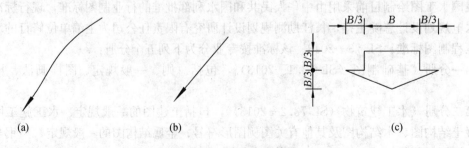

图 12-3　水流方向符号
（a）水流方向（简式）　（b）水流方向（简式）　（c）水流方向

3. 对称符号

图形的对称符号应采用图 12-4 所示样式用细实线绘制。对称线两端的平行线长度为6～8 mm，平行线间距为 2～3 mm。

4. 连接符号

图形的连接符号应以折断线表示需连接的部位，以折断线两端靠图形一侧的大写拉丁字母表示连接编号。两个被连接的图形必须用相同的字母编号，如图 12-5 所示。

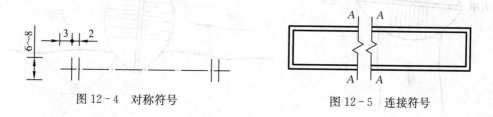

图 12-4　对称符号　　　　　　　　　图 12-5　连接符号

二、建筑材料图例

水利水电工程图样中，由于水工建筑物中的许多部分被土层覆盖，而且内部结构也比较复杂，所以较多地应用剖视图和断面图。凡需要表示材料的类别时，均应按标准的规定在剖面区域内绘制剖面符号表示建筑材料，如表 9-1 中所列的几种建筑材料图例。标准中未包括的必要时也可在图样中用图例的方式说明。

对于图样中宽度等于或小于 2.0 mm 的狭小面积的剖面，可以用涂黑代替建筑材料图例，如图 12-6 所示。

图 12-6　狭小剖面

三、常用视图配置及名称

绘制水利水电工程图样时，应首先考虑便于读图。根据建筑物或构件的结构特点，选用适当的表达方法，在完整、清晰地表达建筑物或构件各部分形状的前提下，力求制图简便。

绘制水利水电工程图样采用正投影法（建筑物或构件处于第一分角）。在六个基本视图中常用的是主视图、俯视图和左视图。俯视图也称为平面图，主视图、左视图、右视图和后视图统称为立视图或立面图。

为了读图方便，图样中各视图应尽量按投影关系配置，并标注其名称，视图名称一般标注在图形的上方，并在图名下面画一条粗横线，其长度应以图名所占长度为准。

水利水电工程中，对于河流，规定视向顺水流方向时，左边称为左岸，右边称为右岸。图样中一般使水流方向为自上而下或自左而右，如图 12-7 所示。当视图与水流方向有关时，视向顺水流方向，称为上游立面图或立视图；视向逆水流方向，称为下游立面图或立视图。

当剖切面平行于建筑物轴线或顺河流流向时，称为纵剖视（或纵断面）图；当剖切面垂直于建筑物轴线或河流流向时，称为横剖视（或横断面）图，如图 12-8，图 12-9 所示。

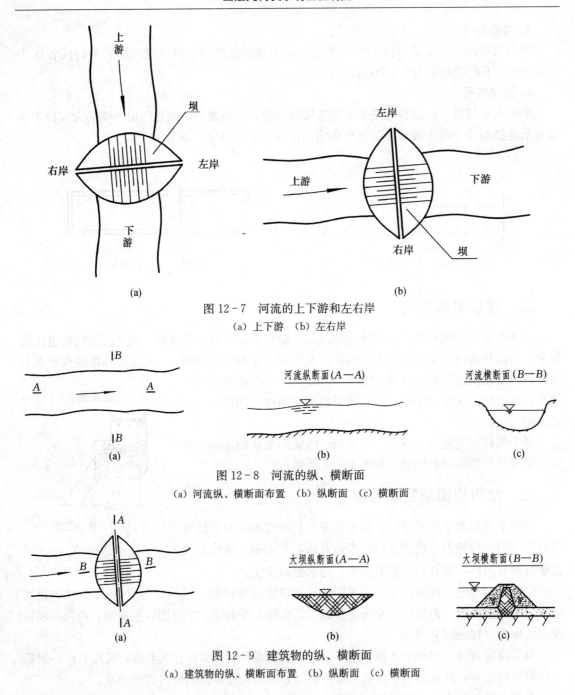

图 12-7　河流的上下游和左右岸

（a）上下游　（b）左右岸

图 12-8　河流的纵、横断面

（a）河流纵、横断面布置　（b）纵断面　（c）横断面

图 12-9　建筑物的纵、横断面

（a）建筑物的纵、横断面布置　（b）纵断面　（c）横断面

四、其他表达方法

1. 详图

因水工图采用图形比例较小，有些建筑物的局部结构表示不清，可将这部分结构用大于原图形的比例画出，称为详图。详图一般应标注，其标注形式为：在原图形上用细实线圆标出被放大部位，并标注字母；在详图上方用相同的字母标注其图名及所用比例。详图可画成视图、剖视图、断面图，与被放大部分的表达方式无关，如图 12-10 所示。

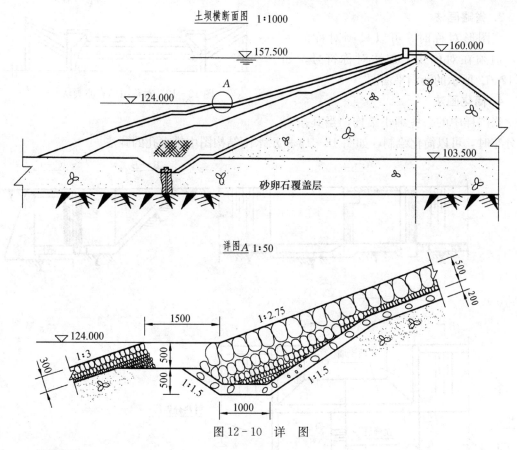

图 12-10　详　图

2. 展开画法

当构件、建筑物的轴线或中心线为曲线时，可将曲线展开成直线后，绘制成视图、剖视图和断面图，并在图名后面注写"展开"二字。图 12-11 所示的渠道布置图中的主视图采用的就是展开的剖视图。

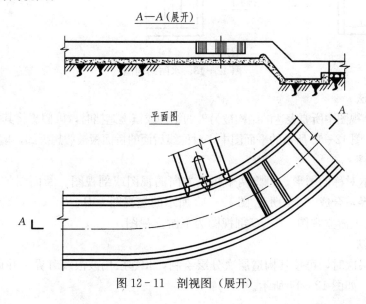

图 12-11　剖视图（展开）

3. 省略画法

当图形对称时，可以只画对称的一半，但须在对称线上加注对称符号，如图 12-12 所示的涵洞平面图。

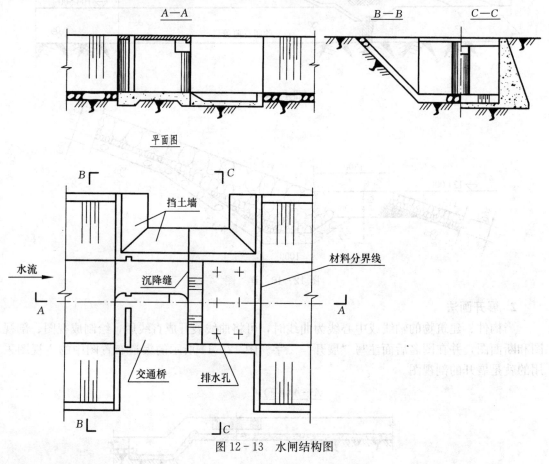

图 12-12　对称图形省略画法-

4. 简化画法

当图样中的一些细小结构，当其按规律分布时，可以简化绘制，如图 12-13 所示水闸结构图中排水孔的画法。

图 12-13　水闸结构图

5. 拆卸画法

当视图、剖视图中所要表达的结构被另外的结构或填土遮挡时，可假想将其拆掉或掀掉，然后再进行投影。图 12-13 所示的平面图中，对称线后面的桥面板被假想拆卸，填土被假想掀掉。

6. 合成视图

对称或基本对称的图形，可将两个相反方向的视图或剖视图、断面图各画对称的一半，并以对称线为界，合成一个图形。图 12-13 所示的左视图为 $B-B$、$C-C$ 合成视图，其中，$B-B$ 剖视图为上游立视图，$C-C$ 剖视图为下游立视图。

7. 分层画法

当结构有层次时，可按其构造层次分层绘制，相邻层用波浪线分界，并可用文字注写各层结构的名称，如图 12-14 所示。

8. 连接画法

较长的图形，允许将其分成两部分绘制，再用连接符号表示相连，并用大写拉丁字母编号，如图 12 - 15 所示。

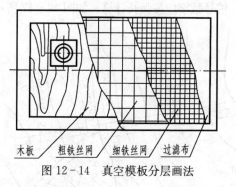

图 12 - 14　真空模板分层画法

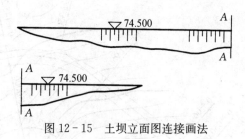

图 12 - 15　土坝立面图连接画法

9. 断开画法

较长的构件，当沿长度方向的形状不变或按一定规律变化时，可以断开绘制，如图 12 - 16 所示。

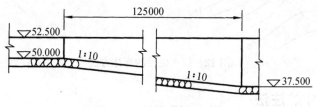

图 12 - 16　渠道断开画法

10. 缝线画法

建筑物中的各种缝线，如沉降缝、伸缩缝及材料分界线等，虽然缝线两边的表面处于同一平面内，但在绘图时仍用粗实线绘出，如图 12 - 13 所示。

第三节　水利工程图的尺寸标注

一、尺寸标注的注意事项

1. 尺寸单位

水利工程图中标注的尺寸单位，除标高、规划图（流域规划图以千米为尺寸单位）及总布置图的尺寸以米为单位外，其余尺寸均以毫米为单位，图中不必说明。若采用其他尺寸单位时，则必须在图纸中加以说明。

2. 重复尺寸

对于较复杂的水工建筑物，有些部分需采用不同的绘图比例，所需视图数量也较多，不易按投影关系布置，甚至需要画在不同图纸上，致使阅读时不易找到对应的投影关系，为方便阅读，有些尺寸可重复标注，但不宜过多。

二、沿轴线方向的尺寸注法

对于坝、隧洞、渠道等较长的水工建筑物，沿轴线方向的定位尺寸，可采用"桩号"的方法进行标注，标注形式为 $k \pm m$，k 为千米数，m 为米数。起点桩号注成 0 + 000，起点桩

号之前注成 $k-m$（如 0-200），起点桩号之后注成 $k+m$（如 0+020）。桩号数字一般垂直于轴线方向注写，且标注在同一侧。

当同一图中几种建筑物均采用"桩号"标注时，可在桩号数字前加注文字以示区别，如支 0+018.32；当平面轴线是曲线时，桩号沿径向设置，桩号数字应按弧长计算，如图 12-17 所示。

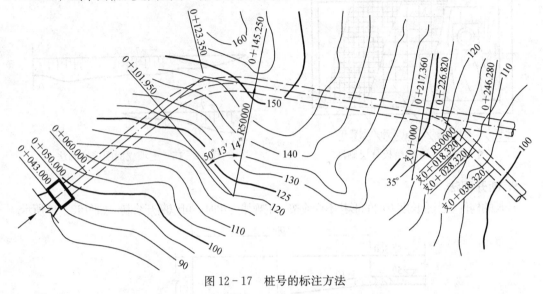

图 12-17　桩号的标注方法

三、高度尺寸的注法

水工建筑物的高度尺寸与水位、地面高程密切相关，其尺寸数值一般较大，多采用标高注法。水工图中的标高以黄海平面作为零标高基准面。

立面图和铅垂方向的剖视图、断面图中，标高符号一般采用如图 12-18（a）所示的符号（为 45°等腰三角形），用细实线画出，其中 h 采用标数字的高度数字高的 2/3。标高符号的尖端向下指（必要时可向上指），但尖端必须与被标注高度的轮廓线或引出线接触，如图 12-19 所示。标高数字一律注写在标高符号的右边。

平面图中的标高符号采用如图 12-18（b）所示形式，用细实线画出。当图形较小时，可将符号引出绘制，如图 12-19 所示。

水面标高（简称水位）的符号如图 12-18（c）所示，在水面线下方画三条细实线。特征水位标高符号可采用如图 12-18（d）所示的形式。

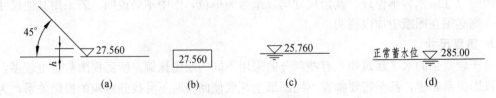

图 12-18　标高符号
（a）立视图的标高符号　（b）平面图的标高符号　（c）水面的标高符号　（d）特征水位的标高符号

四、坡度的注法

坡度指直线上任意两点的高差与其水平距离之比。坡度的大小，是指比值的大小，如坡度为 1∶10 的斜坡比坡度为 1∶100 的斜坡要陡。

平面的坡度用平面上的最大坡度线（即示坡线）的坡度表示。

坡度的标注形式一般为 $1∶l$，当坡度较缓时，可用百分数表示，同时在相应的图中画出箭头，表示下坡方向。坡度的标注方法如图 12 - 20 所示。

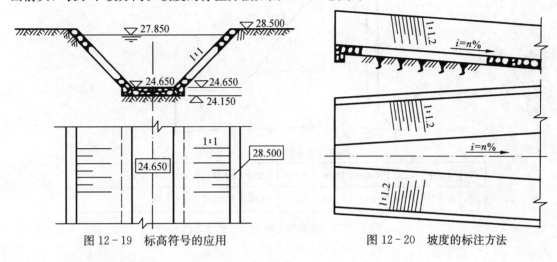

图 12 - 19　标高符号的应用　　　　　　图 12 - 20　坡度的标注方法

五、非圆曲线尺寸的注法

水工建筑物的过水表面常为曲面，其横断面一般为非圆曲线，标注非圆曲线的尺寸时，一般用非圆曲线上各点的坐标值表示。图 12 - 21 所示为用极坐标法标注的，图 12 - 22 所示为用直角坐标法标注的一般曲线，图 12 - 23 所示的溢流坝表面采用数字表达式结合坐标值标注。

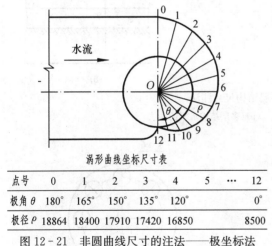

涡形曲线坐标尺寸表

点号	0	1	2	3	4	5	…	12
极角 θ	180°	165°	150°	135°	120°			0°
极径 ρ	18864	18400	17910	17420	16850			8500

图 12 - 21　非圆曲线尺寸的注法——极坐标法

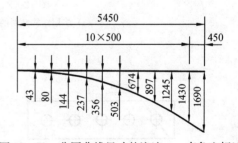

图 12 - 22　非圆曲线尺寸的注法——直角坐标法

六、简化注法

（1）多层结构的尺寸可采用引出线引出，引出线必须垂直通过被引的各层，文字说明和尺寸数字应按结构的层次注写，如图 12 - 24 所示。

（2）均匀分布的相同构件或构造，其尺寸可按图 12 - 25 所示的方法标注。

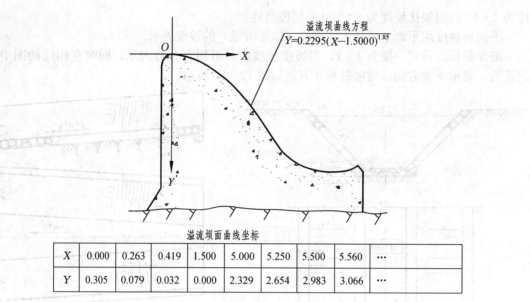

溢流坝曲线方程
$$Y=0.2295(X-1.5000)^{1.85}$$

溢流坝面曲线坐标

X	0.000	0.263	0.419	1.500	5.000	5.250	5.500	5.560	…
Y	0.305	0.079	0.032	0.000	2.329	2.654	2.983	3.066	…

图 12-23 溢流坝表面的尺寸标注方法

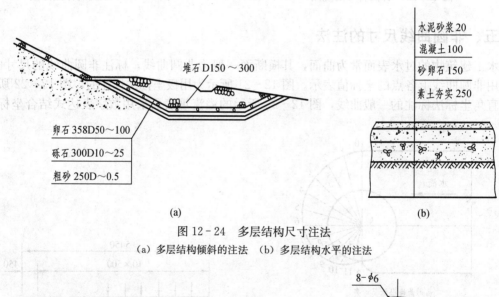

(a)   (b)

图 12-24 多层结构尺寸注法

(a) 多层结构倾斜的注法 (b) 多层结构水平的注法

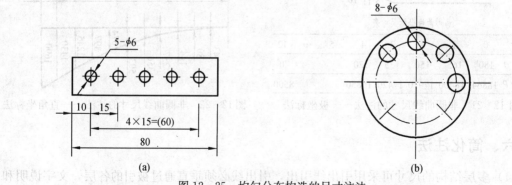

(a)   (b)

图 12-25 均匀分布构造的尺寸注法

(a) 相同构造尺寸注法 (b) 均布构造尺寸注法

（3）若构件中的若干结构均从同一基准出发，其尺寸可按图 12 - 26 所示坐标的形式列表标注。

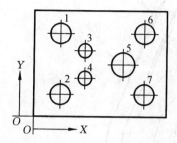

孔的编号	1	2	3	4	5	6	7
X	25	25	50	50	85	105	105
Y	80	20	65	35	50	80	20
ϕ	18	18	12	12	26	18	18

图 12 - 26　坐标法标注尺寸

第四节　水利工程图的阅读

水利水电工程图涉及的内容较多、范围较广、差别较大，大到工程枢纽的平面布置，小到建筑物的细部构造都需要表达清楚。水利工程技术人员都应具有熟练阅读各种水工图的能力。

一、阅读水利工程图的要求

通过阅读枢纽布置图，应了解枢纽所在地的地形、地理方位、河流流向以及各枢纽中各建筑物的位置和相互关系。

通过阅读建筑物结构图，应了解建筑物的名称、功能、工作条件、结构特点，建筑物各组成部分的结构形状、大小、作用、材料及相互位置关系等。

二、阅读水利工程图的方法与步骤

阅读水工图同阅读其他建筑物图样的方法一样，都应正确运用正投影规律，结合形体分析法和线面分析法进行读图。大致可按以下三步进行：

（1）概括了解。通过标题栏及相关说明，了解建筑物的名称、作用等；通过比例，还可想象出建筑物的实际大小；从建筑物的主要视图、剖视图、断面图中，大致了解该建筑物由哪几部分组成，其作用如何。

（2）深入阅读。一般是由总体到部分、由主要结构到其他结构，逐步深入。对建筑物来讲，应先了解它在整个水利枢纽中的位置，然后读懂建筑物的整体形状、各组成部分的形状、各部分间的连接情况及附属设备等；对于同一枢纽中的几个建筑物，应先读主要建筑物的结构图，再读其他建筑物的结构图。

通过深入阅读，明确各建筑物的构造、形状、大小、材料及与其他建筑物间的相互位置关系。

（3）归纳总结。通过归纳总结，对建筑物（或建筑物群）的形状、大小、结构特点、材料等有一个完整、清晰的认识。

三、读图举例

例 12 - 1　阅读如图 12 - 27 所示的水库枢纽布置图。

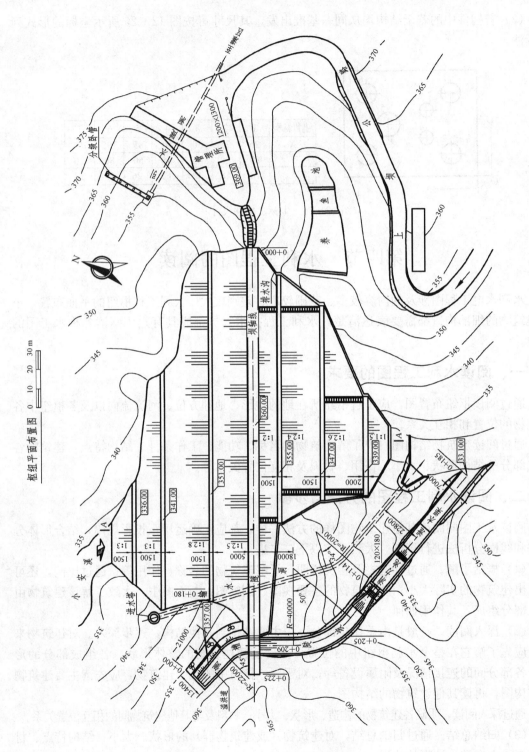

枢纽平面布置图

图 12-27 枢纽布置图

该枢纽结构较简单，仅采用了一个平面图表示。由等高线可知枢纽建在两山之间，结合指北针及水流符号，可知水流方向自西北向东南。位于河道中部的是该枢纽中的挡水建筑物——拦河土坝，坝顶部高程为 360 m；土坝上、下游不同高程的变坡处分别设有三个马道，下游 355 m 及 347 m 两高程马道及坝趾处均设有排水沟，在下游两马道之间、马道与坝顶之间的东西两侧各设有一台阶；由于大坝顶部不允许溢流，所以在大坝右端设有用于宣泄水流的泄水建筑物——溢洪道，该溢洪道堰体为侧槽式，堰顶高程为 357 m，水流经挑流入消力池后，再经泄水渠流回原河道；在大坝与溢洪道之间还设有一个配合溢洪道宣泄洪水的输水隧洞，其进水口的形式为塔式；用于灌溉的取水建筑物——引水隧洞设在大坝的左岸，洞截面为 1.2 m×1.3 m，进水口采用分级卧管引水；管理所设在大坝与引水隧洞之间高程为 369 m 的平台处，通过台阶与坝顶连接。

从枢纽布置图中，只能概括了解该小型水库的总体布局，要了解各建筑物的结构形状和尺寸大小等，还须阅读相关结构图。

例 12-2 阅读图 12-28 所示的土坝结构图（该图为例 12-1 中拦河坝的结构设计图）。

（1）概括了解。该土坝为拦河坝，是水库枢纽中的主体建筑物，用于拦截水流、抬高水位，以满足灌溉、发电等需要。为表达坝体的结构形状和尺寸大小，采用了一个横断面图和两个不同部位的结构详图。断面图表达了坝体各部分沿横断面的布置情况及整体形状；两详图分别表示了坝顶和下游排水棱体的构造和尺寸。

（2）深入阅读。由大坝横断面图可知，该坝为黏土心墙石碴坝，坝高 28 m，坝基为砂质页岩。结合坝顶详图可看出：心墙嵌入岩基 3 m，最大槽底宽度为 6 m，心墙最大底宽为 12 m、顶宽 3 m、边坡 1：0.164，心墙两侧为砂料过渡带、最大厚度 1 m，边坡为 1：0.2，坝体填筑土石碴料、粒径控制在小于 200 mm 之内。

坝顶宽度为 5 m，路面铺设厚 100～250 mm 的粗砂碎石，靠上游一侧设有 700 mm 厚的防浪墙，其高程为 361 m，材料为 75 号水泥砂浆砌条石；靠下游一侧设有断面尺寸为 400 mm×500 mm 的路缘石。

大坝上、下游边坡均设有不同的边坡坡度。为防坝基渗水，上游坝脚设有干砌块石护底和 75 号水泥砂浆砌条石护底，上游坝面的迎水护坡，底层为 200 mm 厚的砂砾石垫层，上层是 500 mm 厚的干砌块石。为了增强坝体的稳定性，下游坝脚处设有排水棱体，由详图可看出排水棱体为块石堆成，在棱体与坝体以及棱体与地基之间还设有三层级配的反滤层，在棱体的坝坡一面铺设厚 300～500 mm 的干砌块石；棱体底部设有抛石，以进一步保护下游坝脚不受尾水淘刷，同时增强坝体稳定性；排水棱体以上设有草皮护坡。

（3）归纳总结。经过对图纸的阅读和分析，可想象出大坝的空间形状。

例 12-3 阅读图 12-30 所示的渠道泄洪闸结构图。

在阅读图 12-30 之前，先了解一下水闸的一般分类和基本组成。

水闸是一种利用闸门挡水和泄水的低水头的水工建筑物，多建于河道、渠系及水库、湖泊岸边。按其所承担的任务可分为节制闸、进水闸、分洪闸、排水闸等。

水闸一般由闸室、上游连接段和下游连接段三部分组成，如图 12-29 所示。

闸室是水闸的主体和控制部分，主要包括闸门、闸墩、底板、交通桥、工作桥等；上游连接段主要包括两岸的翼墙、护坡及河床部分的铺盖，有时为保护河床免受冲刷加做防冲槽和护底，用以引导水流平顺地进入闸室，保护两岸及河床免遭冲刷；下游连接段主要包括护坦、海漫、防冲槽及两岸的翼墙和护坡等，用以消除过闸水流的剩余能量，引导出闸水流的均匀扩散，调整流速分布和减缓流速，防止水流出闸后对下游的冲刷。

下面按阅读水工图的一般步骤来识读图 12-30。

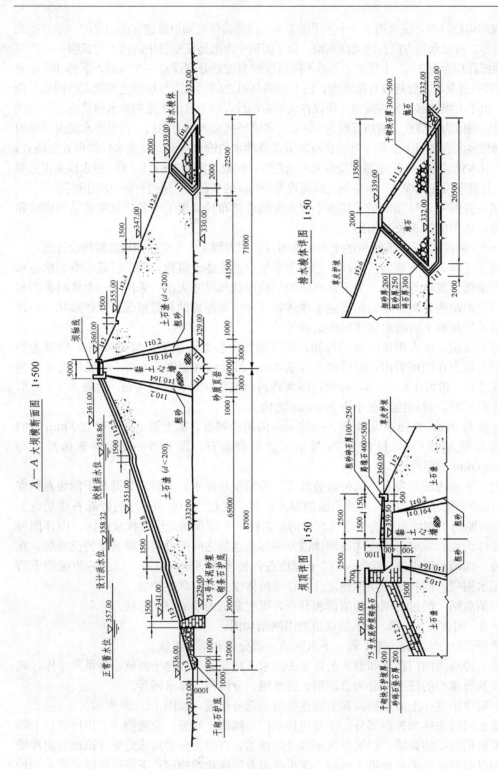

图 12 - 28　土坝结构图

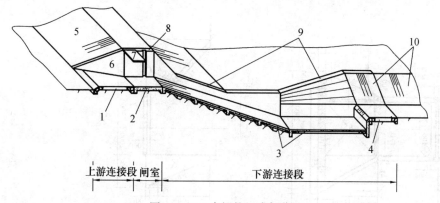

图 12-29　水闸的组成部分

1. 铺盖　2. 底板　3. 护坦（消力池）　4. 海漫　5. 上游护坡　6. 上游翼墙　7. 交通桥
8. 闸门槽　9. 下游翼墙　10. 下游护坡

（1）概括了解。图 12-30 所示水闸是一座建于岩基上的渠道泄洪闸，它起控制渠道内水位和宣泄洪水的作用。该闸由上游连接段、闸室和下游连接段等三部分组成。

该水闸的上游连接段主要包括上游翼墙、铺盖（上设防冲齿坎）和护坡等部分；闸室主要包括闸门、闸底板、闸墩（由于该闸为单孔泄洪闸，所以仅设有边墩），以及闸墩上方设置的交通桥、工作桥和闸门启闭机。下游连接段由下游翼墙、消力池、海漫（设有防冲齿坎）及下游护坡等部分组成。

该水闸采用了三个基本视图（平面图、纵剖视图、$A-A$ 剖视图），两个断面图（$B-B$、$C-C$）和一个详图。其中，平面图表达了水闸各组成部分的平面布置情况及沿长度和宽度方向的尺寸。纵剖视图为通过水闸纵向轴线剖切后所得的剖视图，表达水闸各组成部分沿高度和长度方向的结构形状、大小、材料、相互位置，以及建筑物与地面的连接情况等。$A-A$ 剖视图主要表示水闸上游连接段及闸室的立面布置情况和与两岸的连接情况。两个断面图分别表示所剖切处边墙及底板的截面形状和尺寸等。详图表达了陡坡段底板的细部构造。

（2）深入阅读。沿水闸纵向轴线方向，综合各视图，可看出：

上游连接段：铺盖为长 6.75 m、厚 0.5 m 的浆砌块石结构，端部设有高为 1.0 m、宽 0.4 m 的防冲齿坎及 1:1.5 的斜坡面，两侧翼墙采用浆砌块石结构的八字型翼墙。

闸室：闸室长 5.0 m、宽 4.0 m，为单孔闸。两边墩内侧设有闸门槽，闸墩上面设有交通桥、工作桥及闸门启闭系统；闸门为平板门，高为 4.0 m；混凝土底板厚为 0.5 m、长 5.0 m，前后均设有齿坎。

下游连接段：紧连闸室下游的是宽为 4.0 m 的消力池，其底板（称为护坦）由两段陡坡和一段水平板组成，两侧均为浆砌块石挡土墙。陡坡起始标高为 61.41 m，先以 1:3.1 的坡度下降至标高 55.91 m 后，再以 1:2 的坡度下降至标高 54.31 m，底板为厚 0.3 m 的浆砌块石，其上铺有 0.2 m 厚的混凝土护面，为了减小作用在护坦板上的扬压力，设置了 12 个直径为 30 mm 的排水孔，孔底部设有反滤层，以防止发生管涌、流土等渗流变形的破坏，与地基连接部分还设有齿坎；消力池池深 1.6 m、长 13 m，两侧边墙在 55.91 m 标高以上部分为扭面，消力池末端设有用来稳定水跃的混凝土齿墙，墙厚 0.4 m、高 2.5 m，顶部设有 1:1 的斜坡面；接着是标高为 55.91 m、长为 5.00 m 的海漫，其作用主要是消除余能，材料为浆砌块石，末端设有防冲齿坎，高 0.8 m。

（3）归纳总结。经过对图纸的阅读和分析，可想象出水闸的空间整体结构形状，如图 12-29 所示为该水闸的轴测图。

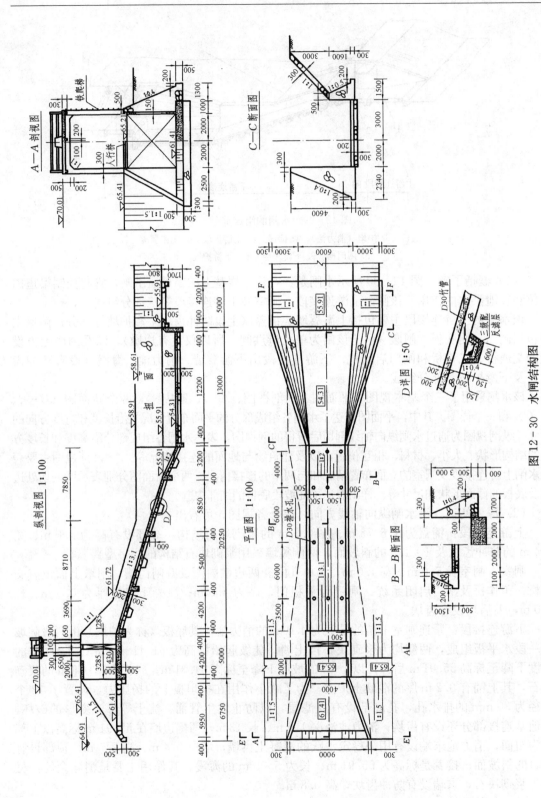

图 12-30 水闸结构图

第十三章 钢筋混凝土结构图 与钢结构图

第一节 钢筋混凝土结构图

混凝土是由水泥、砂、石子和水按一定比例搅拌在一起凝固后而形成的一种人造石材。它的抗压强度较高，抗拉强度却较低（一般只有抗压强度的 1/10～1/20），所以混凝土很容易因受拉、受弯而断裂。为了扩大混凝土的使用范围，提高混凝土的抗拉、抗弯能力，常在混凝土的受拉、受弯区域或有关部位配置一定数量的钢筋，使两种材料黏结成一个整体，共同承受外力。这种配有钢筋的混凝土称为钢筋混凝土。用钢筋混凝土制成的梁、板、柱等构件称为钢筋混凝土构件。用来表达钢筋混凝土结构的图样称为钢筋混凝土结构图，当钢筋混凝土结构图主要表达钢筋时，简称为钢筋图。

一、钢筋的基本知识

1. 钢筋的种类和符号

在钢筋混凝土结构设计规范中，对国产建筑用钢筋，按其产品等级种类不同分别给予不同的符号，便于标注及识别，如表 13-1 所示。

表 13-1　钢筋的种类和符号

序号	钢筋种类	符号
1	Ⅰ级钢筋（3 号钢）	Φ
	Ⅱ级钢筋（16 锰）	Φ
	Ⅲ级钢筋（25 锰硅）	Φ
	Ⅳ级钢筋（44 锰硅、45 锰钛、40 硅钒、45 锰硅钒）	Φ
2	Ⅴ级钢筋（热处理 44 锰硅及 45 锰硅钒）	Φ^t
3	冷拉Ⅰ级钢筋	Φ^l
	冷拉Ⅱ级钢筋	Φ^l
	冷拉Ⅲ级钢筋	Φ^l
	冷拉Ⅳ级钢筋	Φ^l

2. 钢筋的作用和分类

配置在钢筋混凝土结构中的钢筋，根据在构件中所起的作用不同，可分为下列几种：

（1）受力钢筋。主要用来承受拉力，有时也承担压力和剪力，用于钢筋混凝土梁、板、柱构件中。在梁、板中受力钢筋还分为直筋和弯起钢筋两种。

（2）架立钢筋。主要用来固定受力钢筋和箍筋的位置，一般用于钢筋混凝土梁中。

（3）分布钢筋。这种钢筋多用在板中，与受力钢筋垂直布置，将所受外力均匀地传给受力钢筋，并固定受力钢筋的正确位置，使受力钢筋与分布钢筋组成一个共同受力的钢筋网。

（4）箍筋。这种钢筋多用在梁、柱中，主要用来固定受力钢筋的位置、承受部分拉力和剪力，使钢筋形成坚固的骨架。

（5）其他钢筋。如吊钩、锚筋以及施工中常用的支撑等。

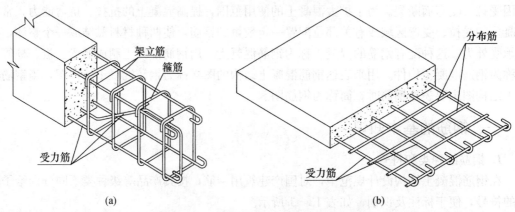

图 13-1　钢筋混凝土梁板配筋示意图

（a）钢筋混凝土梁　（b）钢筋混凝土板

3. 钢筋的弯钩

为了增强钢筋与混凝土之间的锚固能力，规范还规定将光面钢筋的端部做成弯钩，如图 13-2 所示。弯钩的形式和尺寸有多种，可查有关规定和规范。如果采用螺纹钢筋，从理论上来说，由于他们与混凝土之间已有足够的黏结力，故两端一般不需要弯钩。

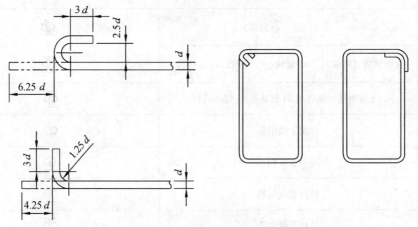

图 13-2　钢筋弯钩的形式和尺寸

4. 钢筋的保护层

在钢筋混凝土构件中，为了防止钢筋锈蚀，并保证钢筋与混凝土紧密黏结在一起，钢筋边缘到混凝土表面应留有一定厚度的混凝土，称其为钢筋的保护层。视不同的结构而异，可根据《水工筋混凝土结构设计规范》确定保护层的最小厚度，见表 13-2。

表 13-2　混凝土保护层最小厚度（mm）

项次	构件类别	环境条件类别			
		一	二	三	四
1	板、墙	20	25	30	45
2	梁、柱、墩	25	35	45	55
3	截面厚度≥3 m 的底板与墩墙		40	50	60

二、钢筋图的表示法

钢筋图一般包括钢筋布置图、钢筋成型图、钢筋表等内容。

1. 钢筋图的图示特点

钢筋图主要是表达构件内部钢筋的布置情况，以便下料、绑扎钢筋骨架。所选用的视图、断面图必须具有代表性，充分而清楚地表达钢筋的布置。绘制钢筋图时，为了突出钢筋的表达，标准规定：假设混凝土为透明体，用细实线表示构件的外形轮廓，用粗实线表示钢筋所在，钢筋的剖面用小黑点表示，如图 13-3 所示的 T 形梁。

2. 钢筋的编号和尺寸标注

在钢筋图中为了区分不同类型、不同尺寸的钢筋，要对钢筋进行编号。当钢筋的形式、规格、长度完全相同时，无论根数多少只用一个编号。若有任何一项不同，则应分别编号。编号字体规定用阿拉伯数字写在小圆圈内，编号小圆圈和引出线均为细实线，引出线应指到相应的钢筋上，如图 13-4 所示。钢筋编号顺序应有规律，一般为自下而上，自左至右，先主筋后分布筋。

钢筋图中钢筋的尺寸标注形式如图 13-4 所示。图中小圆圈的直径为 6 mm，小圆圈内填写编号数字，n 为钢筋的根数，ϕ 为钢筋直径及种类的符号，d 为钢筋直径的数值，@为钢筋间距的代号，s 为钢筋间距的数值。

3. 钢筋成型图

在钢筋图中，为了能充分表明钢筋的形状以便于配料和施工，还须画出每种钢筋加工成型图，如图 13-5 所示的 T 形梁的钢筋成型图。图中要标明钢筋的符号、直径、根数、弯曲尺寸和断料长度等。有时为了节省图幅，可把钢筋成型图画成示意图放在钢筋表内。

4. 钢筋表

在钢筋图中，一般还附有钢筋表，内容包括钢筋的编号、规格、形式、每根长度、根数、总长等，如图 13-3 所示。

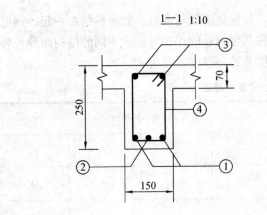

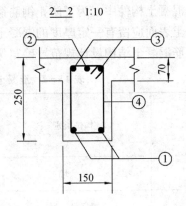

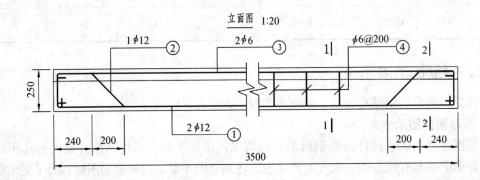

钢筋表

钢筋编号	钢筋规格	形　式	单根长(mm)	根　数	总长度(m)	备　注
①	φ12		3600	2	7.200	
②	φ12		4164	1	4.164	
③	φ6		3525	2	7.050	
④	φ6		700	16	11.200	

图 13-3　T 形梁钢筋图

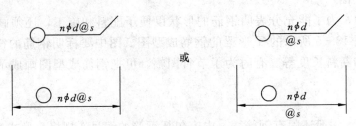

图 13-4　钢筋的尺寸标注形式

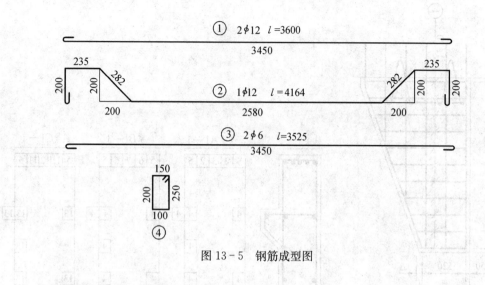

图 13－5　钢筋成型图

三、钢筋图的简化画法

（1）对于规格、形式、长度、间距都相同的钢筋，可以只画出第一根和最末一根，用标注的方法表明其根数、规格和间距，如图 13－6 所示。

（2）两组钢筋，其规格、长度不同，但间距相同，且为相互间隔排列时，可分别只画出每组的第一根和最末一根的全长，再画出相邻的一根短粗线表示间距，并用标注的方法表明其根数、规格和间距，如图 13－7 所示。

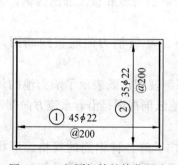

图 13－6　相同钢筋的简化画法

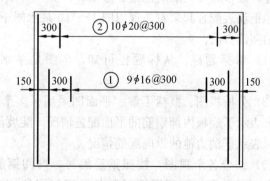

图 13－7　简化画法

（3）钢筋的形式和规格相同，而其长度呈有规律的变化，为一等差数 a 时，这组钢筋可以只编一个号，如图 13－8 中的①号钢筋，可并在钢筋表"形式"栏内加注："$\Delta = a$"。"Δ"即相邻钢筋的长度增量，表示变化规律。

（4）当若干构件的断面形状、大小和钢筋布置方法均相同，仅钢筋的编号不同时，可采用图 13－9 所示的简化画法，并在钢筋表中注明各不同编号的钢筋形式、规格和长度。

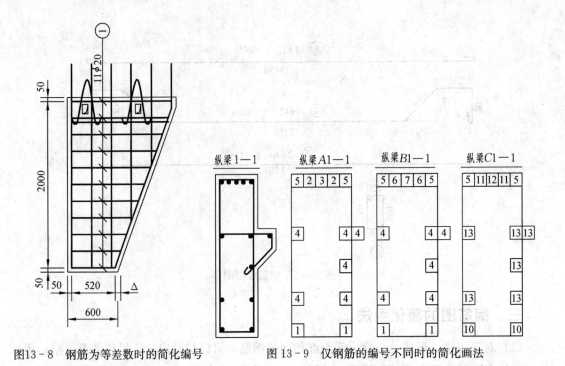

图13-8 钢筋为等差数时的简化编号　　图13-9 仅钢筋的编号不同时的简化画法

四、配筋图的阅读

识读配筋图的目的是为了弄清结构内部钢筋的布置情况，以便进行钢筋的断料、加工和绑扎成型。看图时须注意图上的标题栏、有关说明，先弄清楚结构的外形，然后按钢筋的编号次序，逐根看懂钢筋的位置、形状、种类、直径、数量和长度。要把视图、断面图、钢筋编号和钢筋表配合起来看。现以图13-10某水闸下游陡坡消力池底板配筋图为例，说明配筋图的阅读方法。

（1）看标题栏。从标题栏可知，本图是某水闸下游陡坡消力池底板配筋图，比例1：100。

（2）分析视图、概括了解。平面图采用了多个局部剖视图，既表示了消力池的外形尺寸，又表示了底板内部钢筋的平面配置情况。陡坡消力池纵剖视图是沿着水流方向剖开的剖视图，表示了消力池的纵向配筋情况。

（3）结合各个视图，按照钢筋编号，参阅钢筋表，了解各种钢筋的规格、形状和数量，分析各种钢筋的配置情况和各种钢筋间的相对位置，看懂整个钢筋骨架的构造。在图13-10中，从钢筋表中可知，消力池底板钢筋共有11种，由形式一栏可看出各种钢筋的形状。由平面图结合纵剖视图可知，①号受力钢筋有36根，每个消力墩垂直排列4根，位于墩的迎水面；③号钢筋，主要起固定、架立各受力筋的作用，每墩配置4根，因构造上的需要，每根长度都不一样，相邻钢筋各相差一个等差值（见钢筋表），故采用配筋图的简化画法表示，36根钢筋只编一个号。

依照上述分析方法，将各种类型钢筋的配置情况和相对位置搞清楚后，即可看懂整个钢筋骨架的构造。

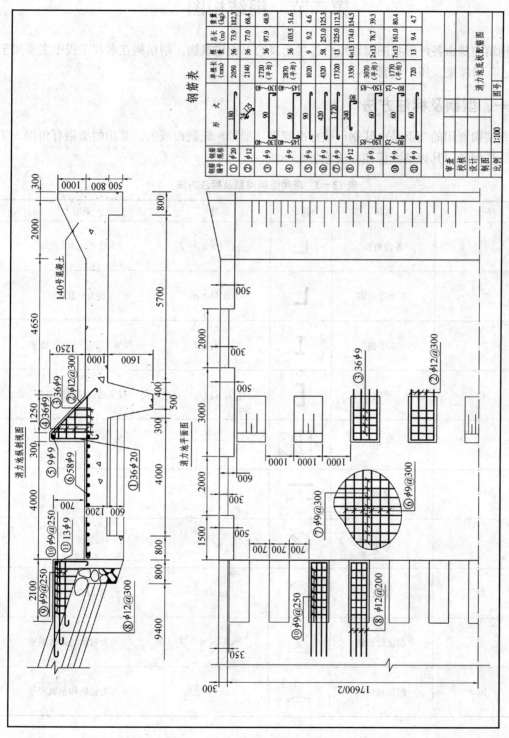

钢筋表

钢筋编号	钢筋规格	形式	单根长（mm）	根数	总长（m）	重量（kg）
①	φ20	180	2050	36	73.9	182.3
②	φ12	24 75	2140	36	77.0	68.4
③	φ9	130～40 90	2720（平均）	36	97.9	48.9
④	φ9	145～40 90	2870（平均）	36	103.5	51.6
⑤	φ9	90	1020	9	9.2	4.6
⑥	φ9	420	4320	58	251.0	125.3
⑦	φ9	1720	17320	13	225.0	112.3
⑧	φ12	240 80	3350	4×13	174.0	154.5
⑨	φ9	150～85 60	3070（平均）	2×13	78.7	39.3
⑩	φ9	80～25 60	1770（平均）	7×13	161.0	80.4
⑪	φ9	60	720	13	9.4	4.7

消力池底板配筋图

图号

审查
校核
设计
制图
比例 1:100

图 13-10 某水闸下游陡坡消力池底板配筋图

第二节　钢结构图

钢结构是由各种形状的型钢组合连接而成的工程建筑物。钢结构在水利工程中主要用于闸门、厂房屋架、压力钢管等。

一、型钢及标注方法

钢结构所用的型钢是由轧钢厂按标准规格（型号）轧制而成的。常用的型钢有角钢、工字钢、槽钢等。其规格及标注方法见表 13-3。

表 13-3　常用型钢类别及标注方法

序号	名称	截面	标注	说明
1	等边角钢	∟	∟ $b×d$	b 为肢宽，d 为肢厚
2	不等边角钢	∟	∟ $B×b×d$	B 为长肢宽
3	工字钢	I	IN，QIN	轻型工字钢时加注 Q 字
4	槽钢	[	[N，Q [N	轻型槽钢时加注 Q 字
5	方钢		□b	
6	扁钢		—$b×t$	
7	圆钢		ϕd	
8	钢管		$\phi d×t$	t 为管壁厚
9	起重机钢轨		QU××	×× 为起重机钢轨型号
10	轻轨和钢轨		××kg/m 钢轨	×× 为轻轨和钢轨型号

二、钢结构的连接

在钢结构施工中，型钢的连接方式有焊接、螺栓连接和铆钉连接等。其中焊接和螺栓连接应用比较广泛。

1. 焊接和焊缝代号

焊接是钢结构中的主要连接方式，它的优点是不削弱杆件截面、构造简单、节约钢材、施工方便。

在焊接钢结构图中，必须用焊缝符号注明焊缝位置、形式和尺寸，焊缝符号一般由基本符号和指引线组成，必要时还可加注辅助符号、补充符号和焊缝尺寸符号，如图 13－11 所示。基本符号是表示焊缝断面的基本形式，辅助符号表示焊缝表面形状特征的符号（对不需要确切地说明焊缝表面形状特征者，不必标注辅助符号），补充符号是用来补充说明焊缝的某些特征而采用的符号。指引线一般由带箭头的细实线

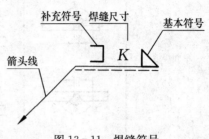

图 13－11　焊缝符号

（简称箭头线）和两条基准线（相互平行的一条细实线和一条细虚线）组成。指引线的箭头指向焊缝，表示焊缝的位置。两条基准线一般和图样中标题栏的长边平行。若焊缝在接头的箭头侧，则基本符号应标注在基准线的实线侧；当标注双面焊缝及对称焊缝时，基准线的细虚线应省略不画。常用焊缝的基本符号和补充符号见表 13－4。

表 13－4　常用焊缝的基本符号和补充符号

焊缝名称	示意图	基本符号	符号名称	示意图	补充符号	标注方法
V 形焊缝		$\bigvee$	三面焊缝符号		⊏	
单边 V 形焊缝		$\bigvee$	周围焊缝符号		○	
I 形焊缝		‖	带垫板符号		▭	
角焊缝		◺	现场焊缝符号		▸	
点焊缝		○	相同焊缝符号			

2. 焊缝的标注

焊缝的标注方法见表 13－5。

表 13-5　焊缝的标注方法

焊缝名称	示意图	标注方法	焊缝名称	示意图	标注方法
单面焊缝			双面焊缝		
三个以上焊件的焊缝					
熔透角焊缝					
局部焊缝					

注：①焊缝尺寸符号：α——坡口角度，b——根部间隙，p——钝边，H——坡口深度，K——焊角高度，l——焊缝长度。

②焊缝横断面上的尺寸（如 p、H、K 等）标在基本符号的左侧；焊缝长度方向的尺寸（如 l 等）标在基本符号的右侧；坡口角度、根部间隙尺寸（α、b）标在基本符号的上侧或下侧；在基本符号右侧如无任何标注，且又无任何说明时，表示焊缝是连续的。

当有数种相同焊缝时，可将焊缝分类编号标注，分类编号采用 A、B、C 等，并写在横线尾部符号内，如图 13-12 所示。

当焊缝分布不规则时，在标注焊缝代号的同时，宜在焊缝处加粗线（表示可见焊缝）或栅格（表示不可见焊缝），如图 13-13 所示。

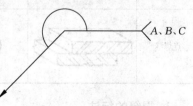

图 13-12　相同焊缝图

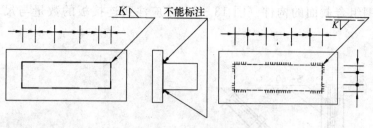

图 13 - 13　不规则焊缝

3. 螺栓连接

螺栓连接主要用于钢结构的安装和拼接部分的连接以及可拆装的结构中。螺栓由螺杆、螺母和垫圈组成。其图例表示具体见规范。

三、钢结构的尺寸标注

钢结构构件在进行尺寸标注时，按国标规定应遵守以下规定。

（1）切割的板材，应标明各线段的长度和位置，如图 13 - 14 所示。

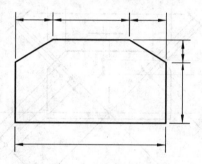

图 13 - 14　切割板材的尺寸标注

（2）节点尺寸。应注明节点板的尺寸和各杆件螺栓孔中心，以及杆件端部至几何中心线交点的距离，如图 13 - 15 所示。

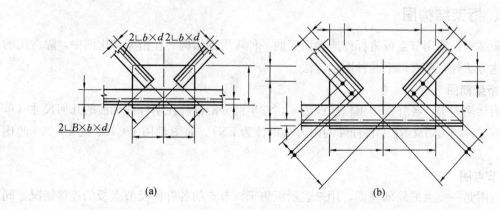

图 13 - 15　节点的尺寸标注

（a）节点尺寸及不等边角钢的标注方法　（b）节点尺寸的标注方法

（3）如构件为不等边角钢，必须注出角钢一肢的尺寸，如图 13 - 15 所示。

（4）双型钢组合截面的构件（图 13 - 16），应注明连接板的数量与尺寸，其形式如图 13 -17 所示。

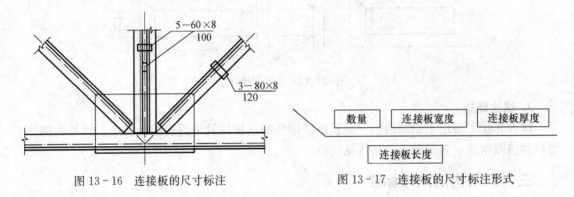

图 13 - 16　连接板的尺寸标注　　　　图 13 - 17　连接板的尺寸标注形式

（5）非焊接的节点板，应注明节点板尺寸和螺栓孔中心与几何中心线交点的距离，如图 13 - 18 所示。

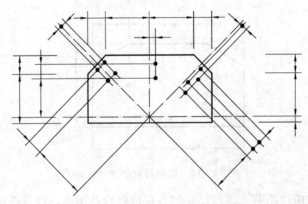

图 13 - 18　非焊接节点板的尺寸标注

四、桁架结构图

桁架结构是利用节点板将杆件连接而成的一种常用钢结构。在桁架结构图中，除常用的视图表达方法外，还有以下两种图示方法。

1. 桁架简图

在桁架简图中，各杆件用单粗实线表示，左半部分沿杆件注明杆件轴线的几何尺寸（单位为 mm），右半部分标注了各杆件的内力（单位为 kN）。简图常用 1：100 或 1：200 的比例画出。

2. 节点图

节点图是一放大的局部视图，用来表示汇集于该节点的各杆件及节点板的连接情况，同时也详细标注了节点的编号、规格、大小和节点板的形状。节点图一般用 1：10 或 1：5 等较大的比例画出。

五、钢结构图的阅读

阅读钢结构图，首先应阅读图名及说明，以便尽可能地了解该结构的功能；其次通过分析各视图之间的关系，大致了解该结构的组成；再次根据编号及标注，清楚每个杆件的规格、大小和数量；最后通过阅读详图，弄清楚各杆件间的连接关系，从而形成一个整体的概念。总之，读懂一张钢结构图，除应具备一定的读图知识外，关键在于要清楚各种符号的意义及标注规则，重点在于弄懂杆件之间的连接关系。现以图 13-19 某桁架结构图（部分）为例，说明钢结构图的阅读方法。

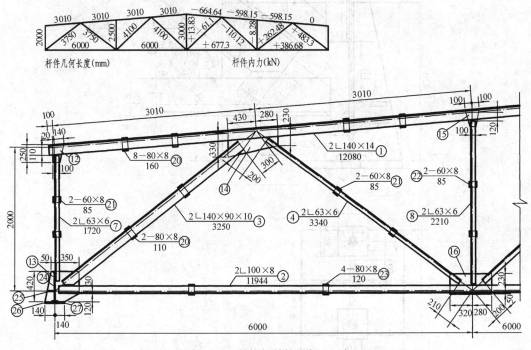

图 13-19　某桁架结构示例（局部）

（1）根据图 13-19 知道这是由杆件和节点板组成的钢结构。

（2）该桁架结构图由简图、立面图（局部）、一个支座节点详图、多个节点详图（已省略）等组成。其中用单线图表示了该桁架的结构形式；立面图用较大的比例画出，本例只画出了左端一小部分。由简图和立面图可知，该桁架跨度为 24 m、高度为 3 m，通过两端下部 2 个支座节点固定在混凝土柱上。

（3）根据编号，结合材料表（已省略），了解各杆件的规格、大小和数量。如①号杆件为上弦杆，是由两根等肢角钢（2∟140×14）组成的 T 型截面；②号杆件为下弦杆，是由两根等肢角钢（2∟100×8）组成的倒 T 型截面；③、④、⑦、⑧号杆件为腹杆，其中③是由两根不等肢角钢（2∟140×90×10）组成的 T 型截面；其余为两根等肢角钢（2∟63×6）；⑫～⑯号分别为节点板；㉖、㉗号为垂直支撑连接件。还可从立面图知，由两角钢组成的杆件，每隔一定距离中间夹一连接板，编号为⑳～㉓，以保证的整体刚性。

　　（4）进一步阅读节点图，了解各部分的连接情况。图 13-20 的支座节点详图，是下弦杆与两腹杆的连接点，下弦杆为②号杆件，腹杆为③和⑦号杆件。节点板⑬是一块厚为 14 的 420×490 的矩形钢板。支座节点的构造除节点板外，还有平板式支座底板㉖和加劲肋㉔、㉕，用以分布支座处的压力和提高节点板的侧向刚度。除桁架与混凝土柱间用螺栓连接外，其他杆件均为焊接连接，由焊缝代号知，角钢与节点板间用是用焊缝分别为 8 和 6 的双面角焊缝连接的。

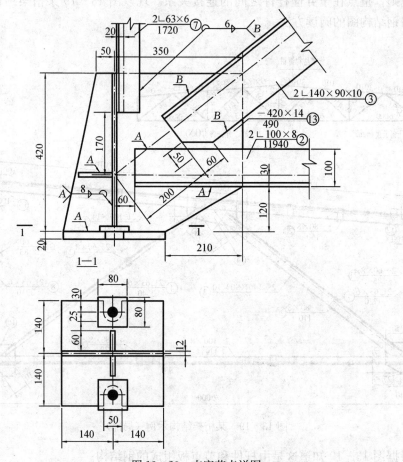

图 13-20　支座节点详图

　　另外，在节点图中，详细地标注了各杆件的端面与节点中心的距离。

第十四章 房屋建筑图

第一节 概　　述

将一幢房屋的内、外形状和大小以及各部分的结构、构造、装修、设备等内容，按照国家标准的规定，用正投影方法详细准确地表达出来的图，称为"房屋建筑图"。它是用以指导工程施工的图样，所以又称为"房屋施工图"。本章简要介绍建筑图的相关国家标准和阅读建筑图的基本方法。

一、房屋的分类

房屋建筑根据用途可以大致分为生产用建筑和非生产用建筑两类。生产用建筑又分为工业建筑、农业建筑，工业建筑包括厂房、仓库等，农业建筑例如温室、养殖场和粮仓等。非生产用建筑分为居住建筑和公共建筑，其中居住建筑包括住宅和公寓，公共建筑包括办公写字楼、影剧院、医院、体育馆、学校等。

二、房屋的组成

不论何种建筑物总有某些结构是相似的，如基础、墙、楼板、地面、屋顶、楼梯、门窗以及一些附属构配件和设施（如台阶、雨篷、阳台、雨水管、各种饰面和装修等）。这些结构在不同的建筑物上的外形各不相同，但作用是一样的。如内外墙起承重、围护（抵抗风雨、日晒、保暖、隔热）和分隔作用；屋面、楼板、梁、墙、基础等直接或间接地支承风、雪、人、物和房屋本身重量等荷载；屋面、雨篷和外墙等防止风、沙、雨、雪和阳光的侵蚀或干扰；门、走廊、楼梯、台阶等起着沟通房屋内外或上下交通的作用；门窗起水平通风、采光的作用；天沟、雨水管、散水、明沟等起着排水的作用；勒脚、防潮层等起着保护墙身的作用。

图 14-1 所示是一栋三层学生宿舍楼各组成部分的名称和位置。楼房的第一层称为底层（或称一层或首层），往上数，称二层、三层、……、顶层（本例的三层即为顶层）。

三、房屋建筑图的分类

房屋的建造一般需经设计和施工两个阶段，而房屋的设计一般分为初步设计和施工图设计。对一些技术上复杂而又缺乏设计经验的工程，初步设计之后还要经过技术设计再进行施工图设计。

初步设计阶段提出方案，画出初步设计图，详细说明该建筑的平面布置、立面处理、结构选型等内容。它主要是用来研究设计方案、进行审批的图样，内容比较简略。

施工图设计是为了修改和完善初步设计，以符合施工的需要。施工图是直接用来指导施工建造的图样，要求表达详尽，尺寸齐全。

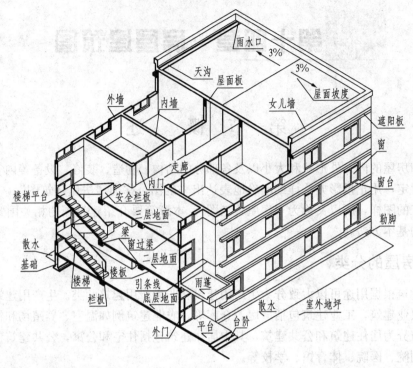

图 14－1　房屋的基本组成

1. 初步设计图

（1）初步设计图的内容包括总平面布置图，建筑平面图、立面图、剖面图。

（2）初步设计图的表现方法：绘图原理及方法与施工图一样，只是图样的数量和深度（包括表达的内容及尺寸）有较大的区别；同时，初步设计图图面布置可以灵活些，图样的表现方法可以多样些；例如可画上阴影、透视、配景，或用色彩渲染等，以加强图面效果，表示建筑物竣工后的外貌，以便比较和审查。必要时还可做出小比例的模型来表达。

2. 施工图

施工图为施工安装、编制施工图预算、安排材料和设备及非标准构配件的制作提供完整的、正确的图纸依据。一套完整的施工图一般分为：

（1）首页图包括图纸目录及工程的总说明（即首页图）。工程总说明一般应包括施工图的设计依据、设计标准、施工要求等。对于简单的工程，可分别在各专业图纸上写成文字说明。

（2）建筑施工图（简称建施）主要表示建筑物的内部布置、外部形状及装修、施工要求等。基本图纸有总平面图、平面图、立面图、剖视图和构造详图（如墙身详图、楼梯详图）。

（3）结构施工图（简称结施）主要表示建筑物承重结构的布置、构件的类型、大小及内部构造的作法等。基本图纸有基础平面图、楼层结构平面图、屋面结构平面图及构件详图（如基础、板、梁）等。

（4）设备施工图（简称设施）主要表示给水、排水、采暖、通风、电气等管线的布置、构造、安装要求等。基本图纸有各种管线的布置平面图、系统图、构造和安装详图。

第二节　房屋建筑图相关的国家标准

为了保证房屋建筑图的画法、内容及格式等能够统一，保证符合设计、施工要求，在绘制房屋建筑图时，应遵循《房屋建筑制图统一标准》（GB/T 50001—2010）、《建筑制图标准》（GB/T 50104—2010）、《总图制图标准》（GB/T 50103—2010）、《建筑结构制图标准》（GB/T 50105—2010）等的规定。

一、视图名称及配置

建筑制图主要是采用多面正投影法，轴测投影和透视投影作为辅助方法。表示房屋建筑时，通常使用平面图、立面图、剖面图三种视图。另外，还有总平面图和详图。通常，在 H 面上作平面图，在 V 面上作正、背立面图和在 W 面上作剖面图或侧立面图。在图幅大小允许的情况下，可将平面图、立面图、剖面图三个图样按投影关系画在同一张图纸上，以便于阅读；如果图幅过小可分别单独画出。

二、比例

房屋建筑图一般采用较小的绘图比例。房屋建筑图的每个视图所用的比例，需注写在视图的下面。建筑物或构筑物平面图、立面图、剖面图常用的比例有：1∶50，1∶100，1∶200；建筑物或构筑物的局部放大图常用的比例有 1∶10，1∶20，1∶25，1∶30，1∶50；配件及构造详图常用的比例有：1∶1，1∶2，1∶5，1∶10，1∶20，1∶50 等。

三、图线

房屋建筑图常用的线型有实线、虚线、点画线、折断线和波浪线，见表 14-1。粗线的宽度代号为 b，它应根据图的复杂程度及比例大小，从下面线宽系列中选取：0.13，0.18，0.25，0.35，0.5，0.7，1.0，1.4(mm)。

表 14-1　图线的线型、线宽及用途

名　称	线　宽	一　般　用　途
粗实线	b	平面图、剖面图中被剖切的主要建筑构造（包括构配件）轮廓线；建筑立面图或室内立面图的外轮廓线；建筑构配件详图中的外轮廓线；平、立、剖面的剖切符号；螺栓、钢筋线等
中粗实线	$0.7b$	平、立、剖面图中建筑物构配件的轮廓线；平、剖面图中被剖切的次要建筑构造（包括构配件）的轮廓线；建筑构造详图及建筑构配件详图中的一般轮廓线
中粗实线	$0.5b$	小于 $0.7b$ 的图形线、尺寸线、尺寸界线、索引符号、标高符号、详图材料做法引出线、粉刷线、保温层线、地面、墙面的高差分界线等
细实线	$0.25b$	图例填充线、家具线、纹样线等
粗虚线	b	不可见的钢筋线、螺栓线
中粗虚线	$0.7b$	建筑构造详图及建筑构配件不可见的轮廓线；平面图中的梁式起重机（吊车）轮廓线；拟建、扩建建筑物轮廓线

（续）

名　称	线　宽	一　般　用　途
中虚线	0.5b	投影线、小于 0.5b 的不可见轮廓线
细虚线	0.25b	图例填充线、家具线等
粗单点画线	b	起重机（吊车）轨道线
细单点长画线	0.25b	中心线、对称线、定位轴线等
粗双点长画线	b	预应力钢筋线
细双点长画线	0.25b	原有结构轮廓线
折断线	0.25b	部分省略表示时的断开界线
波浪线	0.25b	部分省略表示时的断开界线、曲线形构间断开界限、构造层次的断开界限

四、常用符号

施工图中，为读图方便，国标还规定了许多标注符号。

1. 定位轴线

在施工图中通常将房屋的基础、墙、柱、墩和屋架等承重构件的轴线画出，并进行编号，以便于施工时定位放样和查阅图纸。这些轴线称为定位轴线。

国标规定，定位轴线采用细单点长画线表示。轴线编号的圆圈用细实线绘制，直径一般为 8～10 mm。在圆圈内写上编号。在平面图上，横向的编号应采用阿拉伯数字，从左向右依次编写。竖向的编号，应用大写拉丁字母自下而上顺次编写。字母中的 I、O 及 Z 三个字母不得用做轴线编号。在较简单或对称的房屋中，平面图的轴线编号一般标注在图形的下方及左侧。较复杂或不对称的房屋，图形上方和右侧也可标注。

对于一些与主要承重构件相联系的次要构件，它的定位轴线一般作为附加轴线，编号可用分数表示。分母表示前一轴线的编号，分子表示附加轴线的编号，用阿拉伯数字顺序编写，如图 14-2(a) 所示。

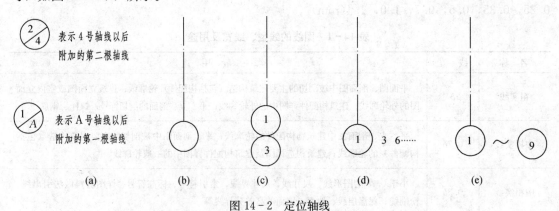

图 14-2　定位轴线

(a) 附加轴线　(b) 通用详图的轴线号　(c) 详图用于两个轴线时
(d) 详图用于 3 个或 3 个以上的轴线时　(e) 详图用于 3 个以上连续编号的轴线时

如一个详图适用于几个轴线时，应同时将各有关轴线的编号注明，如图 14-2(d)、(e) 所示。定位轴线也可采用分区编号，其注写形式可参照《房屋建筑制图统一标准》

（GB/T 50001—2010）有关规定。

2. 标高符号

标高符号应以等腰直角三角形表示，按图 14-3(a)、(b) 所示形式用细实线画出。标高数字可标注在长横线之上或之下，如图 14-3 所示。标高符号的尖端，可以向上也可以向下，但均应指到被标注高度平面。总平面图上的标高符号，宜用涂黑的三角形表示，具体画法如图 14-3(a) 所示。同一张图样上的标高符号应大小相等，并尽量对齐。

标高数字以米为单位，注写到小数点以后第三位，在总平面图中可注写到小数点后第二位，在数字后面不注写单位。零点标高应注写成±0.000，低于零点的负数标高前应加注"−"号，高于零点的正数标高前不注"＋"，如图 14-3 所示。当图样的同一位置需表示几个不同的标高时，标高数字可按图 14-3(e) 所示的形式注写。

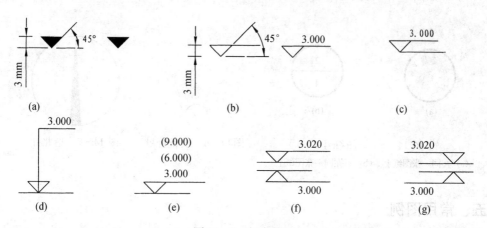

图 14-3 标高符号

(a) 总平面图标高符号 (b) 标高符号 (c) 立面图、剖视图各部位的标高符号
(d) 标注空间不足时 (e) 多层标注时 (f) 右边标注 (g) 左边标注

3. 索引符号及详图符号

图样中的某一局部或构件需另见详图时，常用索引符号注明画出详图的位置、详图的编号以及详图所在的图纸编号。

索引符号用一引出线指出要画详图的地方，在线的另一端画一细实线圆，其直径为10 mm。引出线应对准圆心，圆内过圆心画一水平线，上半圆中用阿拉伯数字注明该详图的编号，下半圆中用阿拉伯数字注明该详图所在图纸的编号，如图 14-4(a) 所示。如详图与被索引的图样同在一张图纸内，则在下半圆中间画一水平细实线，如图 14-4(b) 所示。索引出的详图，如采用标准图，应在索引符号水平直径的延长线上加注该标准图册的编号，如图 14-4(c) 所示。

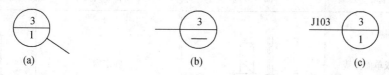

图 14-4 索引符号

(a) 详图与索引图在不同图纸上 (b) 详图与索引图在同一张图纸上 (c) 采用标准图

详图符号表示详图的位置和编号，用一粗实线圆绘制，直径为 14 mm。详图与被索引的图样同在一张图纸内时，应在符号内用阿拉伯数字注明详图编号，如图 14-5(a) 所示。如不在同一张图纸内，可用细实线在符号内画一水平直径，在上半圆中注明详图编号，在下半圆中注明被索引图纸的编号，如图 14-5(b) 所示。

零件、钢筋、杆件、设备等的编号应用阿拉伯数字按顺序编写，并应以直径为 4~6 mm 的细实线圆绘制，如图 14-6 所示。

4. 指北针

指北针的外圆用细实线绘制，圆的直径宜为 24 mm。指针尖为正北方向，指针尾部宽度宜为 3 mm。需用较大直径绘指北针时，指针尾部宽度宜为直径的 1/8。指针头部应注"北"或"N"字，如图 14-7 所示。

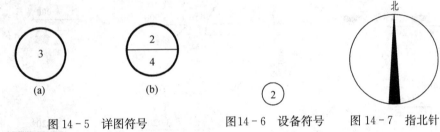

图 14-5　详图符号　　　　图 14-6　设备符号　　图 14-7　指北针

(a) 在同一张图纸上　(b) 不在同一张图纸上

五、常用图例

施工图中含有大量的图例。由于房屋的构、配件和材料种类较多，为作图简便起见，国标规定了一系列的图形符号来代表建筑构配件、卫生设备、建筑材料等，这种图形符号称为图例。

1. 平面图中常用构配件图例

国标所规定的各种常用门窗图例，见表 14-2（包括门窗的立面和剖面图例）。门的代号是 M，窗的代号是 C。在代号后面写上编号，如 M1、M2、…和 C1、C2、…。同一编号表示同一类型的门窗，它们的构造和尺寸都一样（在平面图上表示不出的门窗编号，应在立面图上标注）。从所写的编号可知门窗共有多少种。一般情况下，在首页图或在与平面图同页图纸上，附有一门窗表，表中列出了门窗的编号、名称、尺寸、数量及其所选标准图集的编号等内容。

表 14-2　门窗图例

名　称	图　例	名　称	图　例
单扇门（平开或单面弹簧）		固定窗	

（续）

名　称	图　例	名　称	图　例
双扇门（平开或单面弹簧）	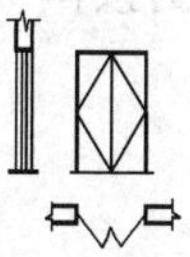	单层外开平开窗	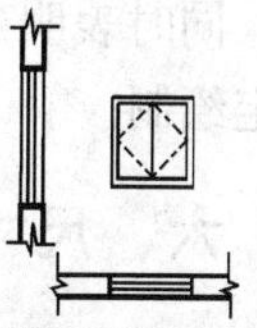
竖向卷帘门	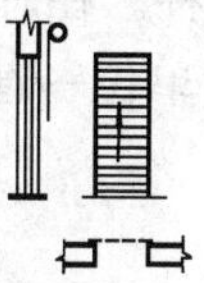	双层内外开平开窗	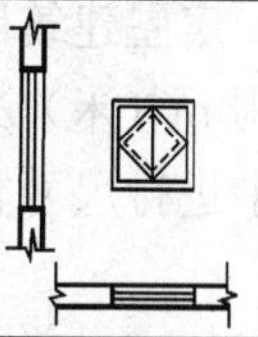
单扇双面弹簧门	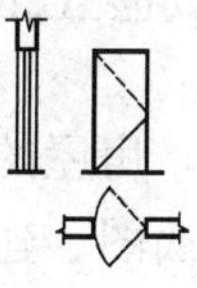	单层推拉窗	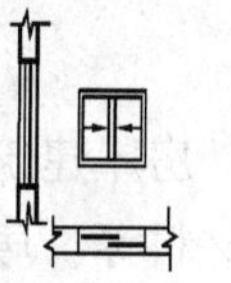
双扇双面弹簧门	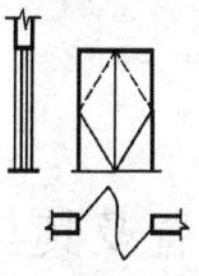	上推窗	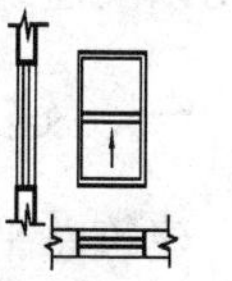

2. 总平面图中常用图例

总平面图中常用图例见表 14-3。在较复杂的总平面图中，若用到一些国标没有规定的图例，必须在图中另加说明。

表 14-3　总平面图中常用图例

名　称	图　例	说　明
新建的建筑物		用粗实线表示，可以不画出入口 需要时，可在右上角以点数或数字表示层数 高层宜用数字表示层数
原有的建筑物	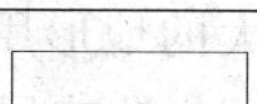	在设计图中拟利用者，均应编号说明 用细实线表示
计划扩建的预留地或建筑物		用中虚线表示
拟拆除的建筑物	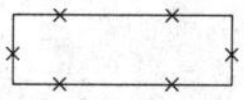	用细实线表示
围墙及大门	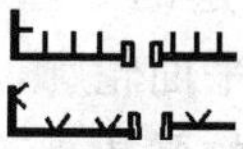	上图表示砖石、混凝土或金属材料围墙；下图表示镀锌铁丝网、篱笆等围墙；如仅表示围墙时不画大门
坐标	X105.00 Y425.00 A131.51 B278.25	上图表示测量坐标，下图表示施工坐标
挡土墙		被挡的土在"突出"的一侧

3. 常用建筑材料图例

为区分形体的空腔和实体，剖面图的断面（剖切平面与物体接触部分）应画出材料图例，同时表明建筑物是用什么材料建成的。材料图例按国家标准《房屋建筑制图统一标准》规定绘制。

六、尺寸

房屋建筑图中，使用的度量单位有毫米和米两种。在总平面图、立面图或剖面图中的标高用 m（米）来标注，并附加标高符号。其他尺寸单位一律采用 mm（毫米）。在房屋建筑图中进行尺寸标注时应执行相关的国家标准。

第三节　建筑施工图

房屋建筑设计的内容包括：建筑群的总体布置，房屋的整体形状、内部布置、构造和所用材料等。房屋建筑图的表示方法一般有建筑总平面图、建筑立面图、建筑平面图、建筑剖面图以及建筑详图。

一、建筑总平面图

建筑总平面图是表示拟建房屋所在地的总体布置及其与原有建筑物、道路的位置关系，以及拟建房屋的位置和朝向、绿化布置、地形地貌、标高等。建筑总平面图不仅是施工放样的重要依据，也是房屋及其他设施施工的定位、土方施工以及绘制水、暖、电等管线总平面图和施工总平面图的依据。总平面图所表示的范围较大，所以绘制时采用较小的比例，如 1：2000、1：1000、1：500 等。总平面图的绘制比例较小，一些物体需用图例符号来表示。

从总平面图上，可以了解到以下内容：①图名和比例。②国标所规定的图例。对国标中缺乏或不常用的图例，必须补充绘制，并注明相应的名称。③各建筑物和构筑物的平面形状、名称和层数，以及周围的地形地物和绿化的布置情况。④新建房屋的具体位置，一般是通过原有房屋或道路来定位，标注出以米为单位的定位尺寸。对于较大的工程，往往标注出测量坐标网或施工坐标网，用坐标来定位。测量坐标网代号为 "X" "Y"，施工坐标网代号为 "A" "B"。起伏较大的地形用等高线来表示。新建房屋的层数通过其图例右上角的数字或点数来表示。⑤指北针或风玫瑰图，表明方位朝向和当地风向频率。风玫瑰图即风向频率玫瑰图，它是根据该地区多年平均统计的各个方位上风向次数的百分率，将端点到中心的距离按比例绘制而成的，其中粗实线范围表示全年风向频率，细虚线范围表示夏季风向频率。

从图 14-8 的标题栏可以了解到，这是拟建的一幢学生宿舍的总平面图，绘图比例为 1：500。图中用粗实线画的是拟建房屋的底层平面轮廓，其位置用已有的办公楼为基准，标注定位尺寸来定位，图中的小黑点数表示房屋的层数是三层，其室内外地坪用标高来表示。

总平面图中标高的数值均为绝对标高。房屋底层室内地面的标高（本例）是根据拟建房屋所在位置地面等高线的标高，并估算到填挖土方基本平衡而决定。如果图上没有等高线，可根据原有房屋或道路的标高来确定。

拟建房屋周围的情况是用细实线画的已有房屋和道路。楼的西面是已有的道路，该

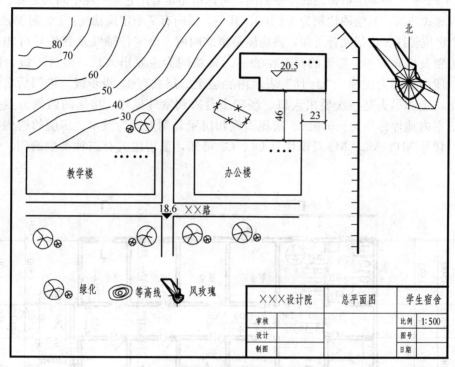

图 14 - 8　总平面图

道路西面为坡状的绿化带，楼的东面是围墙，该房屋和办公楼之间有一待拆除的建筑物，其南边为办公楼，西南为教学楼，教学楼和办公楼南面的道路名称为××路，其南面为绿化带。

通过风向频率玫瑰图可以知道建筑物、构筑物等的朝向是坐北朝南；还可以看出该地区的常年风向频率为西北风，夏季主要风向频率为东南风。拟建房屋周围的地形起伏较大，从西北向东南地势逐渐降低，所以在图中还画出了地形等高线。

二、建筑平面图

建筑平面图是假想用水平的剖切平面在窗台上方把整幢房屋剖开，移去上面部分，将剩下部分向水平面投影后得到的正投影图。它反映了建筑物的平面形状、水平方向各部分（如出入口、走廊、楼梯、房间、阳台等）的布置、门窗类型及位置、墙（或柱）的位置以及其他建筑构配件的位置和大小等。

一般情况下，多层房屋均应画出各层平面图，并注明相应图名。但当有些楼层的平面布置完全相同，或仅有局部不同时，则只需要画出一个共同的平面图（也称标准层平面图）。对于局部不同之处，只需另绘局部平面图。底层平面图和屋顶平面图必须另外画出。建筑平面图上应表达剖切到的和投影方向可见的建筑构造、构配件以及必要的尺寸和标高。

建筑平面图内容包括：①图名和比例。②水平和垂直方向的定位轴线及其编号。③门窗的布置和类型。④各房间的开间、进深、布局、名称，墙或柱的断面形状及尺寸。开间是指房屋在水平方向上轴线间的距离，进深是指房屋竖直方向上轴线间的距离。⑤楼梯的位置、形状、走向和级数。⑥详图索引符号，剖面图的剖切位置、方向及编号，指北针。

图 14-9 所示是学生宿舍的底层平面图，可以清楚地看出它是一幢中间为走廊、两边为房间的内廊式建筑，其绘图比例为 1：100。其中，横向有 7 个定位轴线，1 个附加轴线，竖向有 5 个定位轴线。由指北针可知，该房屋是坐北朝南。由定位轴线及其编号可知各承重构件的位置及房间大小。房屋的西南在②～③轴线间为主要出入口，经过三级台阶进入双扇门，屋内北侧为楼梯，"上 18"表示由底层至二层共有 18 级步级。进门后右侧中间为内走廊，走廊尽头是一次要出入口，经三步台阶到室外地坪。房屋的西侧为卫生间和盥洗室，室内地坪标高为－0.020。房屋南侧和房屋北侧地面为散水。房屋的西侧有雨水管。由门代号 M1、M2、M3 及窗代号 C1、C2 可知，该房屋共有三种类型的门、两种类型的窗。

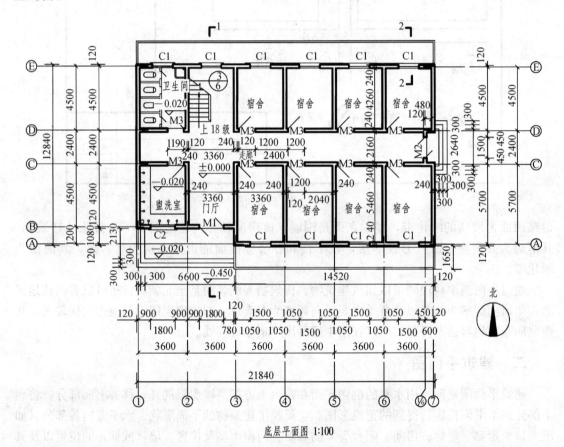

底层平面图 1:100

图 14-9　建筑平面图

平面图中共标注了三道外部尺寸。最外一道为总体尺寸，由此可知房屋在水平和竖直方向的尺寸分别为 21840 mm 和 12840 mm。中间一道尺寸为定位轴线间的距离，即各承重墙（或柱）之间的距离，由此可知房屋的开间为 3600 mm，南侧进深为 5700 mm，北侧进深为 4500 mm。最里面的一道尺寸为各细部尺寸，包括：房间内的净空大小 3360 mm，内门宽 1200 mm，内门两侧与定位轴线间的间距 120 mm 和 2040 mm，以及墙厚 240 mm 等。另外，还有室外台阶尺寸、室内外地坪标高等。

平面图中②～③轴线间还画出了剖面图的剖切位置及名称 1-1，以及楼梯详图索引符号，由此可知在图纸号为 6 的图纸上代号为 3 的详图即为该处楼梯的详图。

三、建筑立面图

建筑立面图是在平行于建筑物各方向外墙面的投影面上所作的正投影图，简称立面图。建筑立面图用来表示房屋的外部形状、主要部位高程及外墙面装饰要求等的图样。

房屋有多个立面，通常把房屋的主要出入口或反映房屋外貌主要特征的立面图称为正立面图，从而确定背立面图和左、右侧立面图。有时也可按房屋的朝向来确定立面图的名称，例如南立面图、北立面图、东立面图和西立面图。有定位轴线的建筑物，则按立面图两端的轴线编号来确定立面图的名称，如①～⑦立面图，如图 14 - 10 所示。如果房屋的东西立面布置完全对称，则可合用而取名东（西）立面图。

立面图上不平行于投影面的结构，如圆弧形、曲线形等，可将该部分展开到与投影面平行，再用正投影方法绘制出立面图，并在图名后加注"展开"字样。立面图上的门窗等细节，由于绘图比例较小，所以用图例表示。

从立面图上可以了解到以下内容：①图名、比例，通常采用和平面图相同的比例。②立面图两端的定位轴线及编号。③房屋在室外地坪线以上的全部组成部分，门窗的形状、位置、开启方向，台阶、雨篷、屋顶、檐口、雨水管等的形状和位置。④用图例或文字说明外墙面、勒脚、墙面引条线等的装饰材料、颜色及做法。⑤外墙各主要部位的标高，一般只注写相对标高。包括室外地坪、台阶、窗台、雨篷、檐口及屋顶的高程，以及部分局部尺寸。

由图 14 - 9 所示的底层平面图可知，图 14 - 10 所示的是南立面图，其绘图比例与平面图相同，为 1：100。其主要出入口在房屋的左侧，入口处为双扇门，门的上方设有雨篷，雨篷下有三级台阶，右侧也有三级台阶，该处为次要出入口。室外地坪标高为 -0.450 m，屋顶的标高为 10.800 m，另外立面图中还标注出窗的上下口处标高，由此可知窗洞高度为 1.800 m。由图中标注的文字可知，房屋外墙面的装修材料、颜色及相应的做法。

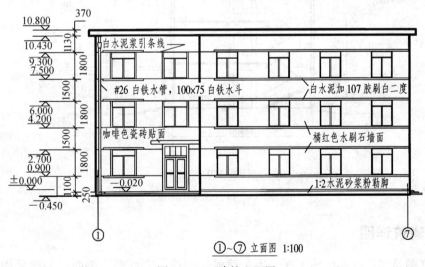

①～⑦ 立面图 1:100

图 14 - 10　建筑立面图

四、建筑剖面图

建筑剖面图一般是指建筑物的垂直剖面图，即假想用一个铅垂平面（一般为横向）从屋顶到基础将房屋剖开，移去铅垂面与观察者之间的部分后，将剩下的部分投影到与铅垂面平行投影面上，由此得到的正投影图称为建筑剖面图，简称剖面图。建筑剖面图表示房屋内部垂直方向的高度、楼层分层、各部位之间的联系及高度、材料、做法等情况，如屋顶形式、屋顶坡度、檐口形式、楼板搁置方式、楼梯的形式以及其简要的结构、构造等。

剖面图的剖切位置，应选择在内部主要结构和构造比较复杂或有变化以及有代表性的部位。这样就能反映出该房屋在竖直方向的全貌、基本结构形式和构造方式。一般剖切平面位置都应通过门、窗洞借此来表示门窗洞的高度和在竖直方向的位置及构造，以便施工。如果用一个剖切平面不能满足要求时，则允许将剖切平面转折后来绘制剖面图。如图 14-9 所示，底层平面图中剖切线 1—1 就是通过门窗洞进行剖切的。剖面图中的材料图例、装修层等表示方法与平面图一致。

建筑剖面图的内容有：①图名、比例。一般与平面图一致，但是也可以采用较大比例，以便将图形表达得更清楚。②墙、柱及其定位轴线。③室内外地坪、各层楼面、屋顶、内外墙、门窗、梁、楼梯及楼梯平台、雨篷等。地面以下的基础一般不画。④剖面图上也要标注标高。一般包括室外地坪至屋顶的总高度、各层层高、门窗洞高度、楼梯平台等处的标高。

图 14-11 所示为图 14-9 中 1—1 处剖切后向右投影所得到的剖面图，其绘图比例为1：100。该结构为砖混结构，两层楼面，水平方向为钢筋混凝土构件板和梁承重，垂直方向为砖墙承重。室外有雨篷和台阶，屋后有散水，房屋门窗洞处有过梁，楼梯在北侧，房屋的东面有门窗，屋面坡度为 3％。由标高可知层高和门窗洞高度，楼梯平台处还标注了标高。

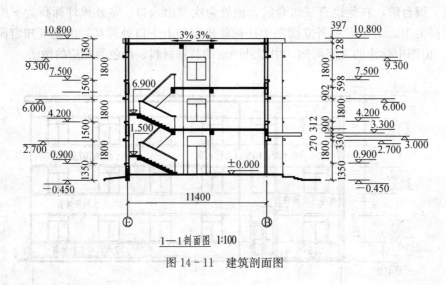

1—1 剖面图 1:100

图 14-11　建筑剖面图

五、建筑详图

建筑详图是建筑细部的施工图。因为建筑平面图、立面图、剖面图一般采用较小的比例，因而某些建筑构配件（如门、窗、楼梯、檐口等）的详细构造和尺寸都无法表达清楚。根据施工需要，必须另外绘制比例较大的图样，才能表达清楚，这种图样称为建筑详图（包括建筑构配件详图和剖面节点详图）。因此，建筑详图是建筑平面图、立面图、剖面图的补充。其特点是比例大，尺寸齐全，文字说明较全面详细，如图 14-12 所示。

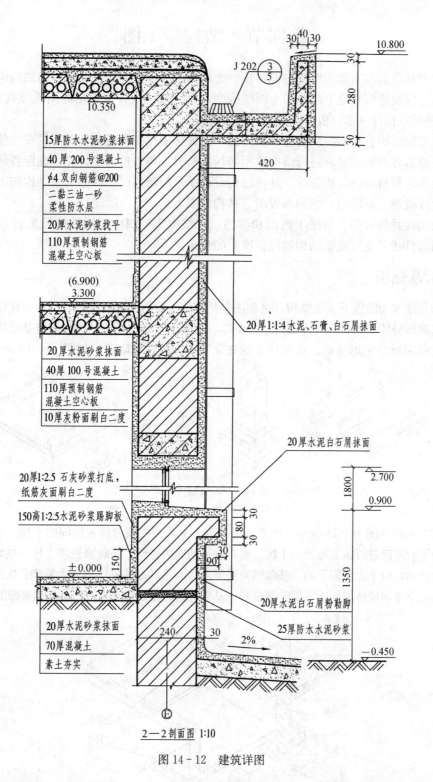

图 14-12　建筑详图

建筑详图所画的节点部位，除应在有关的建筑平面图、立面图、剖面图中绘注出索引符号外，还需在所画建筑详图上绘制详图符号和详图名称，以便查阅。

第四节　结构施工图

房屋中起承重和支撑作用的构件，按一定的构造和连接方式组成房屋的结构体系，称为房屋结构。房屋结构由地下结构和上部结构两部分组成。结构通常由竖向承重构件（墙体、柱）、水平承重构件（梁、板）和屋架等构件组成。

为使房屋结构有足够的坚固性和耐久性，保证房屋在各种荷载作用下的安全使用，房屋结构根据建筑各方面的要求进行结构选型和构件布置，再通过力学计算，确定各承重构件的形状、大小、材料及内部构造等，并将结构设计结果绘制成图，即为房屋结构施工图。它包括结构设计说明、基础图、结构布置图、结构详图等。

结构构件种类较多，为便于画图和读图，在结构施工图中用构件代号来表示构件的名称。常用构件代号见《建筑结构制图标准》的规定。

一、基础图

基础是建筑物的地下承重结构。基础图包括基础平面图和基础详图，是表示建筑物室内地面以下基础部分的平面布置和详细构造的图样，是施工放线、开挖基槽和砌筑基础的依据。

常见的基础有条形基础、承重柱下的独立基础、板式基础等，如图 14-13 所示。

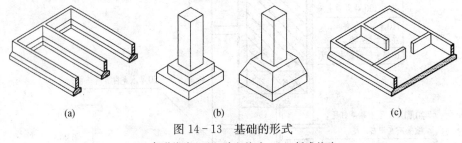

(a) (b) (c)

图 14-13　基础的形式

(a) 条形基础　(b) 独立基础　(c) 板式基础

基础的组成如图 14-14 所示。地基是指基础下面天然的或者经过加固的土壤。基槽（或基坑）是为了对基础进行施工而挖的土坑。槽底就是基础的底面。基础墙是埋入地下的墙。垫层是混凝土做成的，位于大放脚下面。基础墙与垫层之间的阶梯形的砌体称为大放脚。防潮层是基础墙上防止地下水对墙体侵蚀的一层防潮材料。基础埋置深度是指室内地面至基础底面的深度。

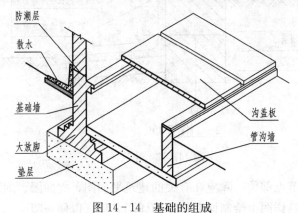

图 14-14　基础的组成

1. 基础平面图

基础平面图是假想用一水平剖切面在相对标高±0.000处将房屋剖切开，将剖切面以上的部分移去后所作的水平投影图。为便于读图和施工，基础平面图表示基坑未回填土时的情况。基础平面图主要表示基础墙、柱、留洞及构件布置等平面位置关系，如图14-15所示。

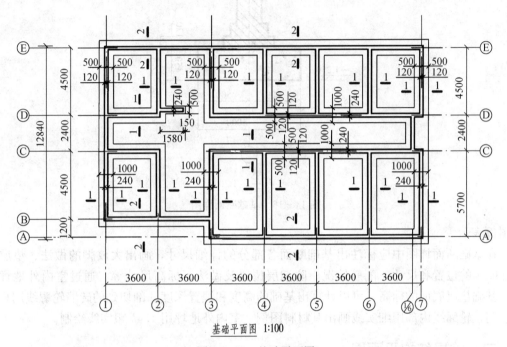

基础平面图 1:100

图14-15　基础平面图

基础平面图的内容包括：①图名和比例。②定位轴线及其编号、轴线间的尺寸。应与建筑平面图一致。③基础的平面布置。基础平面图应反映基础墙、柱、基础底面的形状、大小及基础与轴线的位置（尺寸）关系。对于条形基础，基础底面尺寸是指基础底面宽度；对于独立基础，基础底面尺寸是指基础底面的长和宽。④管沟的宽度及分布位置、管沟墙及沟盖板的布置。⑤基础梁的布置与代号。不同形式的基础梁代号为JL1、JL2、……。⑥基础的编号、基础断面的剖切位置和编号。⑦施工说明。用文字说明地基承载力及材料强度等级等。

2. 基础断面详图

基础断面详图主要表示基础各组成部分（垫层、基础、基础墙、大放脚、基础梁、防潮层）的断面形状、尺寸、材料和基础的埋置深度等，应尽可能与基础平面图画在一张图纸上，以便对照施工。对于截面形式不同的每一种基础，都有其相应的基础详图。基础断面详图的常用比例为1：20，如图14-16所示。

基础断面详图应画出与基础平面图相对应的定位轴线及其编号（如果是通用断面图，则轴线圆圈内不予编号），以及基础断面的形状、大小、材料和配筋。基础和基础圈梁的轮廓线画细实线，基础砖墙的轮廓线画中实线，但在与混凝土构件交接处，仍按钢筋混凝土构件画细实线，钢筋画粗实线。基础墙断面上应画上砖的材料图例，钢筋混凝土基础为了清楚地表示钢筋，不再用材料图例表示，垫层的材料已用文字标明，也可不用材

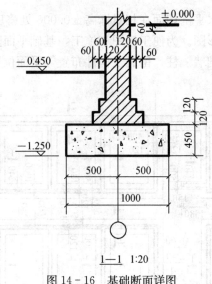

图 14 - 16　基础断面详图

料图例表示。

在基础断面详图中应标注出基础断面各部分的详细尺寸，画出大放脚的做法、垫层厚度、圈梁的位置和尺寸、配筋情况、防潮层位置及做法、标高尺寸等。通过室内外地坪标高、基础垫层底面的标高，可以计算出基础的高度和埋置深度。剖切到的砖墙轮廓线用粗实线绘制，轮廓线内部用细实线画出其材料图例，室内外地坪用 $1.4b$ 粗实线绘制。

二、楼层结构平面图

楼层结构平面图是假想用一水平面沿楼面将建筑物剖开后的水平投影图。它主要用来表示每层的墙、梁、板、柱等承重构件在平面图中的位置，或现浇楼板的构造与配筋，以及它们之间的结构关系。它是安装各层楼面的承重构件、制作圈梁和局部现浇板的施工依据。一般情况下，对于结构布置相同的楼层，可以只画一个标准层的楼层结构平面图；对于结构不同的楼层，就应画出各自楼层的结构平面图。由于屋顶要布置与排水、隔热等相适应的结构，因此屋顶的结构布置与一般楼层结构平面图不同，要单独另画成屋顶结构平面图。

楼层结构平面图中，可见的墙、柱、梁的轮廓线用中粗实线绘制，不可见的墙、柱、梁的轮廓线用中粗虚线绘制，剖切到的钢筋混凝土柱用涂黑表示，板的轮廓线用细实线表示。图中的构件如果能用单线表示清楚时，也可用单线表示。梁、屋架、支撑等可用粗点画线表示其中心位置。楼梯间或电梯间因另有详图，可在平面图上用两条交叉的对角线表示。

楼层结构平面图的内容包括：①图名和比例。楼层结构平面图的常用比例为 1∶50、1∶100、1∶200。②定位轴线及其编号。楼层结构平面图中的定位轴线及其编号应与建筑平面图保持一致。③墙、柱、梁等构件的位置和编号，门窗洞口的布置。预制板的跨度方向、数量、代号、型号或编号。④现浇板的钢筋配置。⑤圈梁或门窗洞过梁的编号。⑥轴线间尺寸和构件的定位尺寸，各种梁、板的底面结构标高。⑦有关剖切符号或详图索引符号。⑧施工说明，附注注明选用预制构件的图集编号、各种材料标号、板厚等。

第五节　房屋建筑图的阅读

　　阅读施工图的目的是了解房屋的使用性质、构造、组成、平面布置、房间大小、水平和垂直方向的交通情况，以及所使用的材料和施工方法等。

　　一套房屋施工图纸从几张到上百张不等，阅读图纸时，首先要先看图纸目录，按目录顺序从建筑施工图、结构施工图到设备施工图，粗看一遍，对拟建房屋有个大概了解，然后按照平、立、剖、详图的顺序阅读建筑施工图，进而阅读结构施工图和设备施工图，先整体后局部（详图），将相关的图样反复对照，才能逐步读懂整套房屋建筑图。

　　同一幢房屋的建筑图和结构图是互相联系和配合的，其定位轴线编号、轴线间尺寸、各种构配件的形状和位置以及相关尺寸必须统一无误。具体的读图方法参见本章的有关内容。

第十五章 机 械 图

在水利工程的设计、施工与管理工作中，经常会遇到机械设备的造型、设计、安装及维修等问题，因此需要具备一定的阅读和绘制机械图的能力。

一台机器是由若干零、部件组成的，零件是机器上不可拆分的最小单元，部件是由一组协同工作的零件所组成的，如图15-1所示的碟阀。表示整台机器或某个部件的图样称为装配图，如图15-2(a)所示为碟阀装配图。表示单个零件的图样称为零件图，如图15-2(b)～(d)所示为碟阀的部分零件图。机械图是表达机器及其零、部件的图样，主要包括零件图和装配图。在设计过程中一般需先画出装配图，然后根据装配图画出零件图。在生产过程中一般先根据零件图加工出零件，再根据装配图把零件装配成部件或机器。

机械图与水工图、房屋建筑图所表达的对象不同，制作的方法也不同，所以在表达方法、表达内容等方面有所不同，画机械图时应按国家制图标准《机械制图》的规定进行。

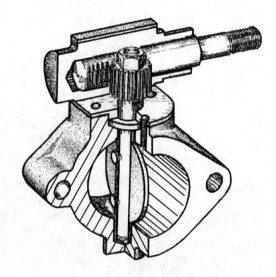

图15-1　碟阀的轴测图

第一节　零　件　图

一、零件的分类及零件图的内容

1. 零件的分类

根据零件在机器或部件上起的作用不同，一般将零件分为三大类：

（1）连接零件。它们主要起零件间的连接作用，如螺栓、螺母。

（2）传动零件。它们在部件上起传递运动的作用，如齿轮、蜗轮、蜗杆、皮带轮等。它们一般都有起传动作用的结构要素，如轮齿、齿槽等。

（3）一般零件。这类零件的结构形状、尺寸大小都是按照它在机器中的作用，以及加工要求来决定的。如碟阀的阀体、阀盖、阀杆等。

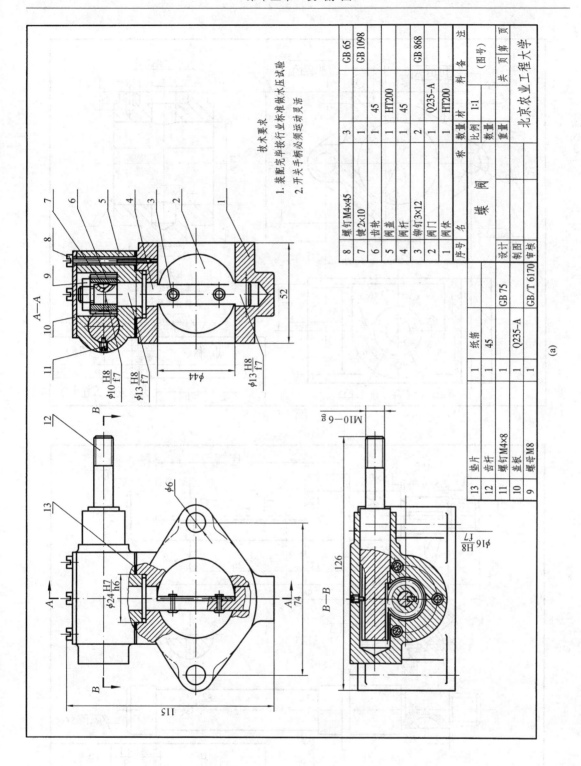

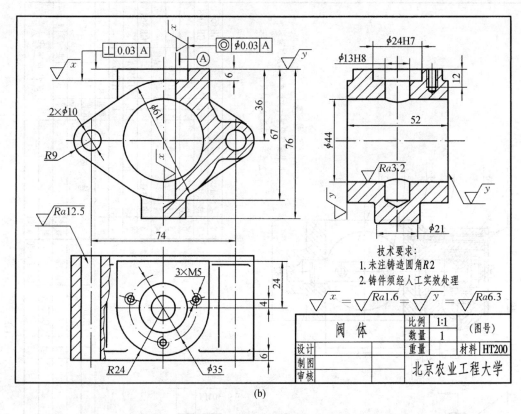

(b)

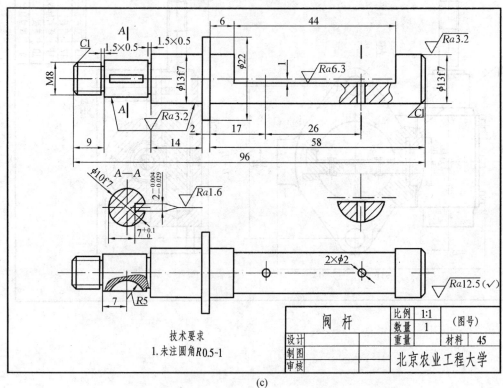

(c)

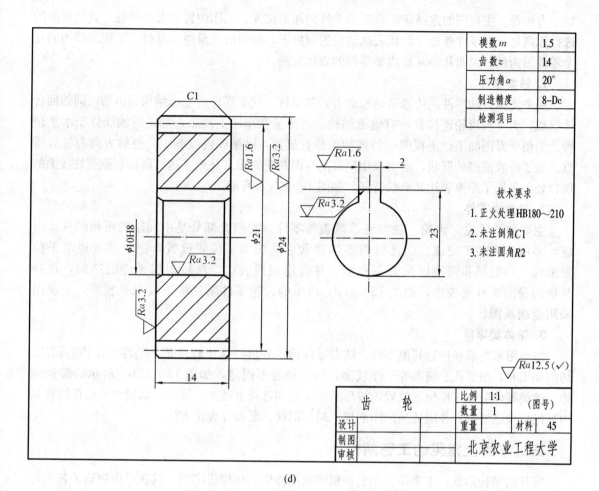

模 数 m	1.5
齿 数 z	14
压力角 α	20°
制造精度	8–Dc
检测项目	

技术要求

1. 正火处理 HB180～210

2. 未注倒角 C1

3. 未注圆角 R2

齿　轮		比例	1:1	（图号）
		数量	1	
设计		重量		材料	45
制图		北京农业工程大学			
审核					

(d)

图 15－2　碟阀的装配图和零件图

（a）碟阀装配图　（b）阀体零件图　（c）阀杆零件图　（d）齿轮零件图

2. 零件图的内容

一般零件和传动零件，生产上都要求画出零件图，它是制造和检验零件的主要依据，因此零件图应包括以下几项内容：

（1）一组视图。根据国家标准和规定，用一组图形完整、清晰地表达出零件内、外结构形状，包括视图、剖视图、断面图等。

（2）完整的尺寸。正确、完整、清晰、合理地标注出制造零件时所需的全部尺寸，用于确定零件各部分的形状大小及各部分相对位置，是制造和检验零件的依据。

（3）技术要求。说明零件在加工、检验或装配时应达到的技术指标，如零件的表面粗糙度、尺寸公差、形状和位置公差、热处理、表面处理等。

（4）标题栏。在图的右下角，说明零件的名称、材料、数量、绘图比例，单位名称，设计、制图、审核人员的姓名、时间等，如图 15－2 所示。

二、零件图的视图选择

在表达零件之前，要对零件进行形体分析，了解零件在机器或部件中的位置、作用以及加工方法等。主视图的选择应综合考虑零件的加工位置、工作位置和形状特征；其他视图的选择原则是：在零件各部分形状表达清楚的前提下，视图的数量越少越好。下面以碟阀的几个零件图为例，说明几种常见典型零件的表达方法。

1. 轴类零件

用来支撑传动零件，传递运动和动力，如阀杆。这类零件的主体结构是由数段同轴回转体组成，为了与齿轮连接常带有键槽结构。主要是在车床上加工，加工时轴线处于水平位置。为便于看图加工，主视图一般按加工位置放置，键槽朝前或朝上，投射方向与轴线垂直。为了反映键槽的形状，通常采用局部剖视图和断面图来补充表达。阀杆右侧圆柱段上的切口处，采用了断面表达其形状特征，如图 15-2(c) 所示。

2. 轮盘类零件

主要包括手轮、齿轮、法兰盘、端盖等零件。它们大部分是由同轴的短粗圆柱体组成，多由车床加工完成。因此这类零件通常也是按加工位置放置，把轴线放成水平位置来画。一般把非圆视图作为主视图，并常用剖视表达。然后根据零件的结构，选择其他的视图来补充表达，如图 15-2(d) 所示的齿轮零件图，将轴线水平放置，主视图采用全剖视图。

3. 箱体类零件

主要用来支承和包容其他零件。这类零件内、外形结构比较复杂，毛坯多由铸造而成。切削加工时，加工孔、端面等工序较多，加工位置不固定，如图 15-2(b) 所示的碟阀阀体。这类零件应按工作位置放置，按形状特征原则选择主视图。然后，以较少量的视图将其内外结构表达清楚，并应适当运用剖视、局部剖视、断面等表达方法。

三、零件上常见的工艺结构

零件的结构形状，主要是根据它在机器或部件中的作用决定的，其次是由制造工艺决定的。大部分零件都是通过铸造和机械加工制成，制造工艺对零件的结构也有一定的要求，以免造成废品或使制造工艺复杂化。

1. 零件的铸造工艺结构

(1) 起模斜度。大部分零件毛坯采用铸造的方法得到。为便于将模型从砂型中取出，需将其表面沿起模方向做出适当的斜度，相应零件的内外壁沿起模方向都有一定的斜度，称为起模斜度。通常起模斜度较小时在零件图上可不画出，若起模斜度较大则应画出，如图 15-3 所示。

(2) 铸造圆角。在铸造零件毛坯时，为防止浇注时砂型在尖角处落砂，铸件冷却时在尖角处产生裂纹或缩孔，对铸件各表面的转角处都做成圆角，称为铸造圆角。若相交两表面中有一个表面经过切削加工后，铸造圆角就会被切去，变为尖角，如图 15-3 所示。

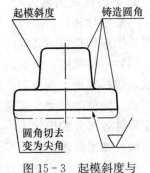

图 15-3　起模斜度与铸造圆角

(3) 铸件壁厚。铸件壁厚不均匀时，冷却的速度不一样，容易形成缩孔或产生裂缝，如图 15-4(a) 所示。所以设计铸件时壁厚应尽量均匀，如图 15-4(b) 所示。不同壁厚的连接要逐渐过渡，如图 15-4(c) 所示。

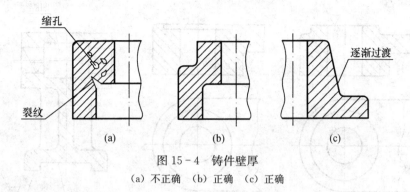

图 15-4　铸件壁厚
(a) 不正确　(b) 正确　(c) 正确

2. 零件上圆角过渡的画法

由于铸造圆角或锻造圆角的影响，零件表面的交线（相贯线）变得不够明显，但为了区分不同表面仍要画出其交线，通常称为过渡线，过渡线用细实线画出。过渡线的画法与相贯线相同，由于有圆角，因此交线的两端不与轮廓线接触，只画到理论交点处，如图 15-5 所示。

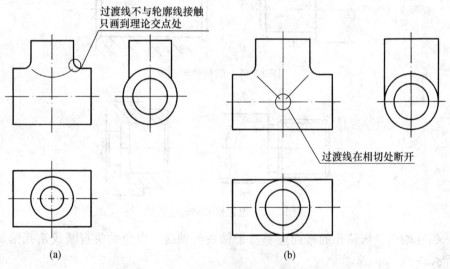

图 15-5　零件上圆角过渡的画法
(a) 两曲面体相交　(b) 两曲面体相切

3. 零件的机械加工工艺结构

（1）减少加工面。零件与零件的接触面都要进行机械加工，为了降低机械加工量及便于装配，应尽可能减少加工面积，常见办法是在零件表面做出凸台、凹坑、凹槽等，如图 15-6 所示。

（2）倒角和倒圆。为了便于装配，去除锐边和毛刺，常将轴和孔端部的尖角加工成一个小圆锥面，叫做倒角；在轴间处为了避免应力集中而产生裂纹，一般应加工成圆角，叫做倒圆，如图 15-7 所示。

（3）退刀槽与砂轮越程槽。切削加工中，为了不致使刀具损坏、便于退刀或满足装配结构的需要，常在被加工零件上加工出退刀槽或砂轮越程槽，如图 15-8 所示。

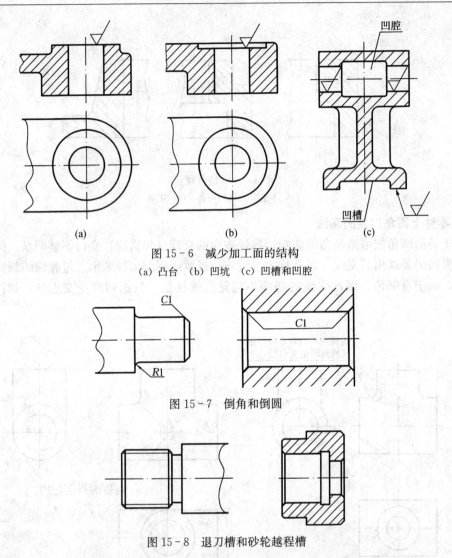

图 15 - 6 减少加工面的结构

（a）凸台 （b）凹坑 （c）凹槽和凹腔

图 15 - 7 倒角和倒圆

图 15 - 8 退刀槽和砂轮越程槽

（4）钻孔端面。被钻孔的端面应垂直于钻头的轴线，以免钻头折断或钻孔偏斜，如图15 - 9所示。

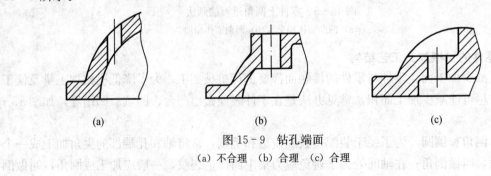

图 15 - 9 钻孔端面

（a）不合理 （b）合理 （c）合理

四、零件的尺寸标注

尺寸是零件图的重要内容，零件尺寸标注的基本要求是：正确、完整、清晰、合理。

关于正确、完整、清晰在组合体部分已进行了详细的讨论，这里主要就合理性给出一些原则。

1. 正确选择尺寸基准

合理地标注尺寸关键在于选择尺寸基准。所谓基准就是零件上用来确定其他点、线、面位置的某些点、线、面。根据应用场合的不同，基准可分为设计基准和工艺基准。设计基准是用于确定零件在部件中工作位置时所依据的点、线或面。工艺基准是零件在加工、测量时用于定位的点、线或面。

零件在长、宽、高三个方向上至少各有一个设计基准，根据加工、测量上的需要有时还要设置一些辅助的工艺基准。选取基准时，应尽可能将设计基准与工艺基准统一起来。通常采用零件上的轴线、中心线、对称面和加工过的底面、端面等作为基准。

2. 避免出现封闭的尺寸链

如图 15 - 2(c) 所示，在轴向方向上，如果再标注 $\phi10$ 轴段的长度就构成了封闭的尺寸链，则各轴段的加工误差之和与轴的总长加工误差之间会产生矛盾，或者给加工带来困难。不注出这段尺寸，就是不限定这段尺寸的误差，以便保证其他段的精度。所以，当几个尺寸构成封闭的尺寸链时，应当在尺寸链中，选择一个最次要的尺寸空出不注。这样，其他尺寸的加工误差就可以根据实际需要制定，并且所有尺寸的加工误差，全都积累在这个不要求检验的尺寸上。

3. 标注尺寸应便于测量

图 15 - 10 所示为套筒轴向尺寸的标注，按图 15 - 10(a) 标注尺寸 14、11 便于测量，按图 15 - 10(b) 标注尺寸 29，则不便于测量。

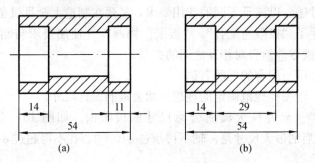

图 15 - 10　标注尺寸应便于测量
(a) 合理　(b) 不合理

4. 常见工艺结构的尺寸注法

(1) 倒角和倒圆。倒角的角度一般为 45°，图中"C"是 45°的倒角符号，"1"是倒角的宽度。倒角和倒圆的标注形式如图 15 - 11 所示。倒角和倒圆尺寸应查阅有关标准确定。

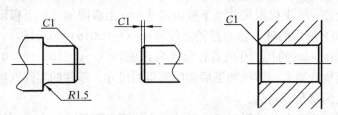

图 15 - 11　倒角和倒圆的尺寸注法

（2）退刀槽。退刀槽一般按"槽宽×直径"或"槽宽×槽深"注出，如图 15-12 所示。

（3）铸造圆角。由于铸造工艺的需要，在铸件上有许多圆角，其尺寸不必在图上一一注出，只需在技术要求中注明，如"未注铸造圆角 $R2\sim R3$"。

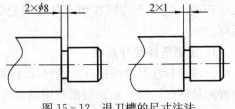

图 15-12　退刀槽的尺寸注法

其他各种结构的尺寸标注，可查阅相关的标准或机械零件设计手册。

五、零件图上的技术要求

零件图除了表达零件的形状和大小外，还必须说明制造零件时，应达到的一些要求。主要包括零件的极限与配合、几何公差、表面质量、零件的材料、热处理和表面处理等要求。这些要求分别用规定的代（符）号标注在图形上，或用文字写在图纸的空白处。以下就有关技术要求及其注写方法作简要介绍。

1. 极限与配合

极限与配合产生的原因和必要性是因为现代化的大生产（特别是机械制造行业）要求机器零件具有良好的互换性，以便在装配过程中具有良好的通用性，使各零件在装配时不经选择和修配，就能达到预期的配合性能，从而有利于广泛地组织协作，进行高效率的专业化生产。为使零件具有互换性，就必须保证零件的尺寸、几何形状和相互位置以及表面特征等技术要求的一致性。然而这些技术要求的一致性又不可能达到绝对的一致，就尺寸而言也只能要求零件有一个合理的加工范围，对于相互配合的零件，这个范围既要保证相互配合的尺寸之间形成一定的尺寸链，以满足不同的使用要求，又要在制造上满足设备的加工能力，经济上合理。于是就产生了"极限与配合"，"极限"协调零件使用要求与制造经济性之间的矛盾，"配合"则是反映零件组合对相互之间的关系。

下面介绍有关极限与配合的一些名词：

（1）公称尺寸。由图样规范确定的理想形状要素的设计尺寸。

（2）上极限偏差。允许往大偏离公称尺寸的极限值。如图 15-13（b）中的 0 和 +0.007，它表明加工后的最大尺寸是：轴不得超过 $\phi40+0$，孔不得超过 $\phi40+0.007$，这一尺寸称为上极限尺寸。

（3）下极限偏差。允许往小偏离公称尺寸的极限值。如图 15-13（b）中的 -0.016 和 -0.018，它表明加工后的最小尺寸是：轴不得小于 $\phi40-0.016$，孔不得小于 $\phi40-0.018$，这一尺寸称为下极限尺寸。

（4）尺寸公差。允许的尺寸变动量，简称公差。是指上极限尺寸减下极限尺寸之差的绝对值，或上极限偏差减下极限偏差之差。

尺寸公差＝｜上极限尺寸－下极限尺寸｜＝上极限偏差－下极限偏差

如图 15-14（b）所示的轴，轴的直径公差为 $0-(-0.016)=0.016$，

如图 15-14（b）所示的孔，孔的直径公差为 $0.007-(-0.018)=0.025$。

（5）实际（组成）要素。零件加工后实际测得的尺寸。零件的实际（组成）要素只要在上、下极限尺寸之间就是合格品。

（6）公差带图。为了形象地说明公称尺寸、上或下极限尺寸、上或下极限偏差之间的关

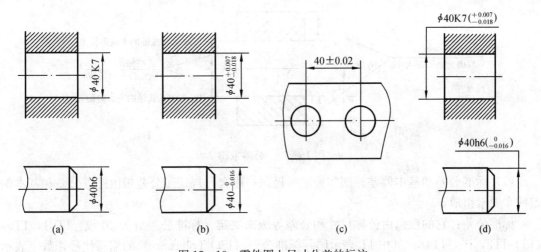

图 15－13　零件图上尺寸公差的标注

（a）标注公差带代号　（b）标注上和下极限偏差数值

（c）上和下极限偏差相同时的注法　（d）标注公差带代号和极限偏差数值

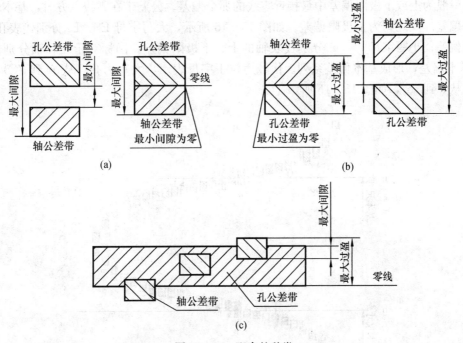

图 15－14　配合的种类

（a）间隙配合　（b）过盈配合　（c）过渡配合

系，用公差带图来示意它们之间的关系。如图 15－15 所示，其中零线是确定偏差的基准直线，即零偏差线通常表示公称尺寸，由代表上和下极限偏差的两条直线所限定的区域称为公差带，表示尺寸公差的大小。由此可知：尺寸公差的大小由公差带和公差带相对于零线的位置确定，即零件尺寸的精度决定于公差带的宽度和公差带偏离零线的程度。将公差带的宽度和公差带相对于零线的位置标准化就形成了标准公差和基本偏差。

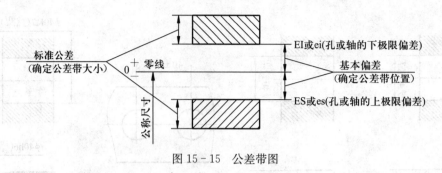

图 15-15 公差带图

（7）标准公差和基本偏差。国家标准《极限与配合》规定了公差带由标准公差和基本偏差两个要素组成。

标准公差：它的数值由公称尺寸和公差等级来决定。标准公差分为 20 级：IT01，IT0，IT1，IT2，…，IT18。其中 IT 表示国际标准公差（ISO Tolerance）的缩写代号，数字表示公差等级代号。IT01 级为最高，以下依次渐低。标准公差的具体数值见有关标准。对同一公称尺寸公差等级越低，其标准公差数值越大，尺寸精确程度越低。

基本偏差：在标准的极限与配合中，确定公差带相对于零线位置的上极限偏差或下极限偏差，一般为上或下极限偏差中最接近零线的那个偏差。公差带在零线上方时，基本偏差为下极限偏差。反之则为上极限偏差。如图 15-15 所示，大写字母 ES、EI 分别代表孔的上、下极限偏差；小写字母 es、ei 分别代表轴的上、下极限偏差。国标对于孔和轴分别规定了 28 个基本偏差，形成基本偏差系列。代号用拉丁字母表示，大写为孔（从 A 到 ZC），小写为轴（从 a 到 zc），如图 15-16 所示。

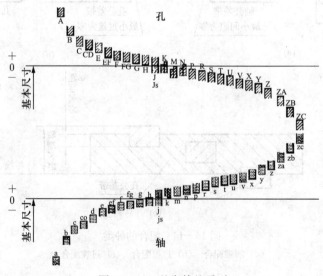

图 15-16 基本偏差系列

公差带代号：用基本偏差代号的字母和标准公差等级代号中的数字表示。公差带代号表明了公差的大小和公差带相对于零线的位置，确定了尺寸的精确程度。如 $\phi40h6$（轴），由国家标准《极限与配合》可查出 $\phi40h6$（轴）的上偏差为 0，下偏差为 -0.016。

（8）配合。在装配中，将基本尺寸相同的相互结合的孔和轴公差带之间的关系，称为配合。国家标准中将配合分为三类。间隙配合是孔与轴装配时有间隙（包括最小间隙为零）的配合，如图 15 - 14(a)；过盈配合是孔与轴装配时有过盈（包括最小过盈为零）的配合，如图 15 - 14(b)；过渡配合是孔与轴装配时可能具有间隙也可能具有过盈的配合，如图 15 - 14(c)。

（9）基准制。在制造配合的零件时，使其中一种零件作为基准件，它的基本偏差一定，通过改变另一种非基准件的基本偏差来获得各种不同配合性质的制度称为基准制。国家标准规定了基孔制和基轴制两种配合制度。

基孔制：孔的基本偏差一定，与不同基本偏差的轴的公差带形成各种配合的一种制度，基孔制的孔称为基准孔，基本偏差代号 H，下极限偏差为零，如图 15 - 17 所示。

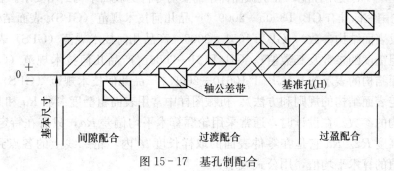

图 15 - 17　基孔制配合

基轴制：轴的基本偏差一定，与不同基本偏差的孔的公差带形成各种配合的一种制度，基轴制的轴称为基准轴，基本偏差代号 h，上极限偏差为零，如图 15 - 18 所示。

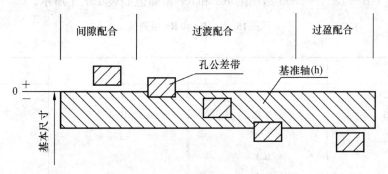

图 15 - 18　基轴制配合

因轴的加工较孔容易，通常情况下应优先选用基孔制配合。

（10）极限与配合在图样上的标注。

零件图中尺寸公差的标注：可以标注上和下极限偏差数值，以小一号字写在基本尺寸后面，上极限偏差在上方，下极限偏差在下方，如图 15 - 13(b) 所示；上、下极限偏差相同时，注法如图 15 - 13(c) 所示；批量生产的零件通常注公差带代号，如图 15 - 13(a) 所示；也可将代号和偏差同时注出，如图 15 - 13(d) 所示。

装配图中尺寸公差的标注：一般标注配合代号，即用孔、轴公差带代号组合起来，以分式的形式注出，分子为孔的公差带代号，分母为轴的公差带代号。其标注格式为：公称尺寸＋配合代号。例如：$\phi 40H7/g6$，$\phi 40K7/h6$，如图 15 - 19 所示。

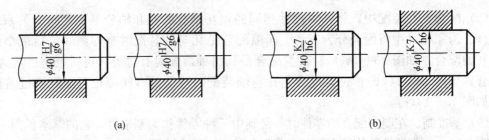

图 15 - 19　装配图上极限与配合的标注

(a) 基孔制　(b) 基轴制

2. 表面结构的表示法

为了保证零件的使用性能，在机械图样中需要对零件的表面结构给出要求。表面结构及其评定等方面的国家标准有 GB/T3505—2009《产品几何技术规范（GPS）表面结构　轮廓法　术语、定义及表面结构参数》；GB/T1031—2009《产品几何技术规范（GPS）表面结构　轮廓法　表面粗糙度的参数及其数值》；GB/T131—2006《产品几何技术规范（GPS）技术产品文件中表面结构的表示法》；GB/T 10610—2009《产品几何技术规范（GPS）表面结构　轮廓法　评定表面结构的规则和方法》。机械图样中常用表面粗糙度参数 Ra 和 Rz 作为评定零件表面结构的参数。在设计时，通常采用轮廓算术平均偏差 Ra，只有在特定要求时才采用轮廓最大高度 Rz。Ra 它是在零件表面的取样长度 lr 内，轮廓线上的各点到基准线 OX 的距离绝对值的算术平均值，用公式表示为：

$$Ra = \frac{1}{lr}\int_{0}^{lr} |Z(x)|\,\mathrm{d}x$$

国家标准 GB/T1031—2009 给出的 Ra 和 Rz 系列值如表 15 - 1 所示。

表 15 - 1　Ra 和 Rz 系列值

单位：μm

Ra	Rz	Ra	Rz
0.012		6.3	6.3
0.025	0.025	12.5	12.5
0.05	0.05	25	25
0.1	0.1	50	50
0.2	0.2	100	100
0.4	0.4		200
0.8	0.8		400
1.6	1.6		800
3.2	3.2		1600

表面结构直接影响零件的耐磨性、耐腐蚀性、密封性以及零件间的配合性质，因此必须根据零件的功能要求合理选用表面结构参数。对表面结构的要求是在图样上标注其表面结构代号。表面结构代号由表面结构的图形符号、参数代号、极限值及其他有关说明组成，如图 15 - 20 所示。它是指被加工表面完工后的要求，一般情况下只注出表面结构图形符号及 Ra 值。表面结构图形符号的画法如图 15 - 21 所示，符号中的各项尺寸按标准规定选用。

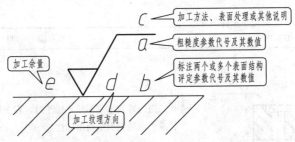

图 15-20 表面结构完整图形代号的组成

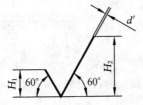

图 15-21 表面结构图形符号

表面结构代（符）号的含义见表 15-2。根据国家标准 GB/T 131—2006 规定，表面结构要求在图样上的标注实例如表 15-3 所示。

表 15-2 表面结构代（符）号的意义

图形符号	含义及说明	代号	含义及说明
√	基本图形符号，未指定工艺方法的表面，仅适用于简化代号标注	√Ra3.2	完整图形符号。未指定工艺方法的表面，粗糙度 Ra 的上限值为 $3.2\mu m$
√	扩展图形符号，表示用去除材料的方法获得的表面。如车、铣、钻、磨、剪切、抛光、电火花加工、气割、腐蚀等。仅当其含义是"被加工表面"时，可单独使用	车 √Ra3.2	完整图形符号。用去除材料方法获得的表面，粗糙度 Ra 的上限值为 $3.2\mu m$，加工方法为车削
√	扩展图形符号，表示用不去除材料的方法获得的表面。如铸、锻、冲压变形、热轧、冷轧等。或者是用于保持原供应状况的表面（包括保持上道工序形成的表面）	√Ra12.5	完整图形符号。用不去除材料方法获得的表面，粗糙度 Ra 的上限值为 $12.5\mu m$

表 15-3 表面结构代号在图样上的标注

标 注 示 例	说 明
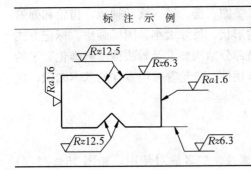	（1）表面结构代号一般注在可见轮廓线、尺寸界限、引出线或它们的延长线上，用细实线注出； （2）符号的尖端应从材料外指向并接触被标注的表面； （3）在同一张图上，每一表面一般只标注一次代号，并尽可能靠近有关的尺寸线； （4）表面结构的注写和读取方向与尺寸的注写和读取方向一致，表面结构代号只能水平朝上或垂直朝左

（续）

标 注 示 例	说　　　明
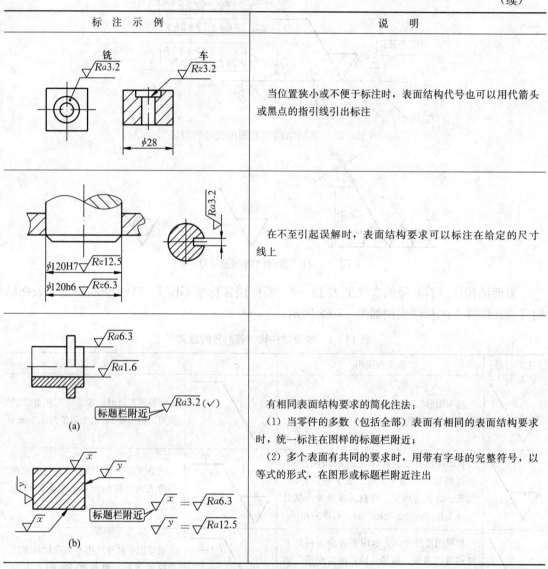	当位置狭小或不便于标注时，表面结构代号也可以用代箭头或黑点的指引线引出标注
	在不至引起误解时，表面结构要求可以标注在给定的尺寸线上
	有相同表面结构要求的简化注法： （1）当零件的多数（包括全部）表面有相同的表面结构要求时，统一标注在图样的标题栏附近； （2）多个表面有共同的要求时，用带有字母的完整符号，以等式的形式，在图形或标题栏附近注出

第二节　标准件与常用件

在机械设备中除一般零件外，还有螺栓、螺母、垫圈、键、销、滚动轴承、齿轮和弹簧等标准件和常用件。所谓标准件是国家标准对其结构形状、尺寸大小、图样画法、标记方式和技术要求做出了明确规定的零件或部件，常用件是部分结构要素及画法被"标准化"了的零件，也含有广泛被使用的意思。本节只介绍螺纹连接件、齿轮等常用零件的基本知识、规定画法和标注方法。

一、螺纹

螺纹是零件上常见的一种结构，分外螺纹和内螺纹，二者成对使用，如图 15 - 22（a）

所示。螺母、螺栓上分别制有内、外螺纹。由于使用面广，螺纹的结构和尺寸都已全部或部分地标准化。

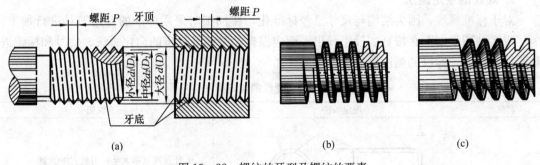

图 15-22　螺纹的牙型及螺纹的要素

(a) 三角形螺纹　(b) 梯形螺纹　(c) 锯齿形螺纹

1. 螺纹的要素

(1) 牙型。用剖切平面沿螺纹的轴线进行剖切，所得的螺纹截面轮廓形状。螺纹有三种牙型：三角形、梯形和锯齿形，如图 15-22 所示。

(2) 直径。有大径（外螺纹 d、内螺纹 D）、小径（d_1、D_1）和中径。如图 15-22(a) 所示，大径是与外螺纹牙顶或内螺纹牙底相重合的假想圆柱面的直径；小径是与外螺纹牙底或内螺纹牙顶相重合的假想圆柱面的直径；中径（d_2、D_2）的位置如图 15-22(a) 所示，即在牙型上沟槽和凸起宽度相等处假想圆柱面的直径。公称直径是代表螺纹尺寸的直径，指螺纹大径的基本尺寸。

(3) 线数（n）。螺纹有单线与多线之分。沿一条螺旋线所形成的螺纹称单线螺纹。沿两条或两条以上在轴向等距分布的螺旋线上所形成的螺纹称多线螺纹，图 15-23 所示为双线螺纹。

(4) 导程和螺距。在同一条螺旋线上的相邻两牙在中径线上对应两点间的轴向距离称为导程（S），相邻两牙在中径线上对应两点间的轴向距离称为螺距（P），如图 15-23 所示。

$$单线螺纹　S=P$$

$$多线螺纹　S=nP$$

(5) 旋向。螺纹的旋向有左、右之分，当螺纹沿轴向旋进为顺时针方向时，称为右旋螺纹，反之为左旋螺纹，如图 15-24 所示。

图 15-23　线数、导程和螺距

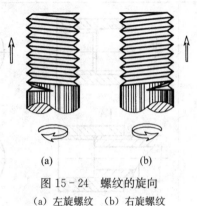

图 15-24　螺纹的旋向

(a) 左旋螺纹　(b) 右旋螺纹

只有这五个要素都相同时，内、外螺纹才能配合起来使用。为了便于设计和加工，国家标准对螺纹的牙型、大径和螺距都做了规定，凡是这三项都符合标准的，称为标准螺纹。

2. 螺纹的规定画法

对于标准螺纹，因为结构与尺寸已经标准化，在加工时采用标准的专用刀具进行加工，为了提高画图效率不必按真实投影画出，而应根据国家标准规定的简化画法、代号和标记进行绘图和标注。螺纹的画法见表 15 - 4。

表 15 - 4　螺纹的规定画法

名称	规定画法	画法说明
外螺纹	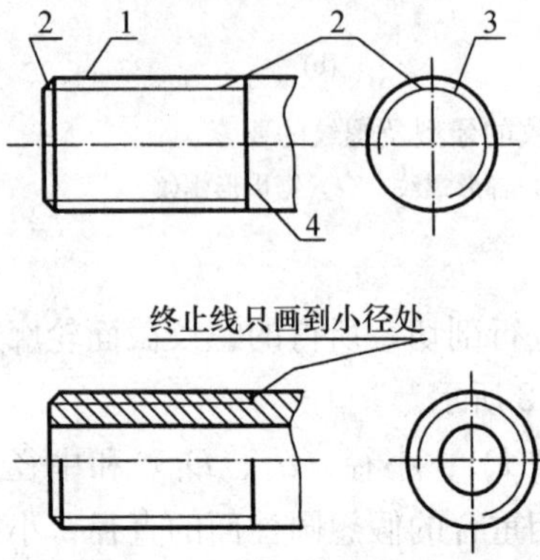 终止线只画到小径处	1. 牙顶线（指大径）用粗实线绘制 2. 牙底线（指小径）用细实线绘制。并应画进螺杆的倒角或倒圆部分 3. 在垂直于螺纹轴线的投影面的视图中，表示牙底的细实线圆只画出约 3/4 圈，此时倒角圆投影不画 4. 螺纹终止线用粗实线绘制
内螺纹	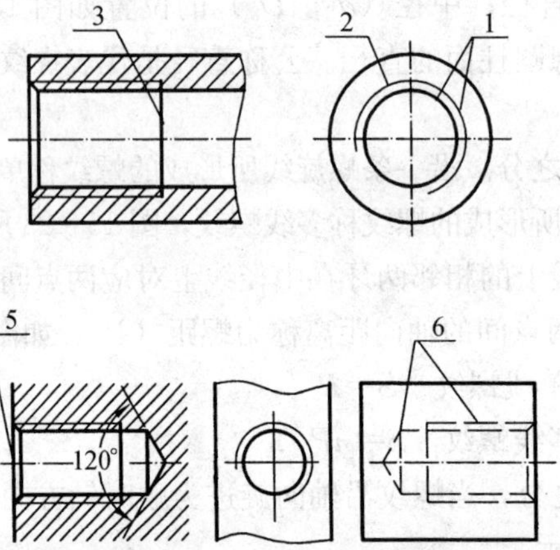	1. 剖视图中，牙顶线（小径）用粗实线，牙底（大径）线用细实线绘制。剖面线画到粗实线上 2. 在投影为圆的视图中，表示牙底的细实线圆只画出约 3/4 圈，此时倒角圆投影不画 3. 螺纹终止线用粗实线绘制 4. 螺纹孔的锥尖角为 120°，无须标注 5. 不通孔的钻孔深度要比螺纹长度长，一般应将钻孔深度与螺纹部分的深度分别画出 6. 不可见螺纹的所有图线用虚线表示
内外螺纹连接	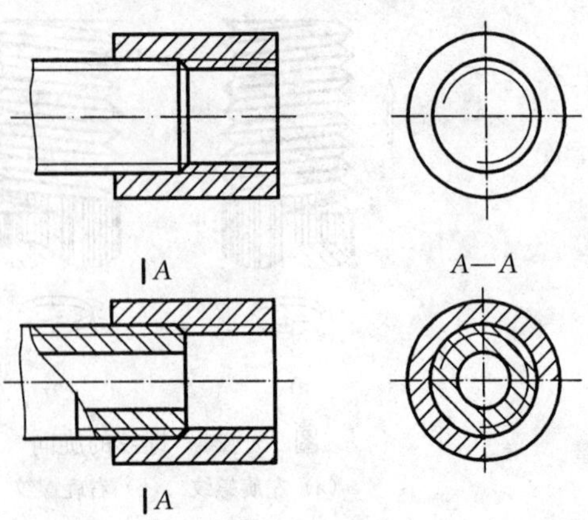	1. 剖视图中，内外螺纹连接的部分按外螺纹画出 2. 未旋合部分按各自的规定画法画出

3. 常用螺纹的种类和标注

螺纹按用途可分为连接螺纹和传动螺纹。普通螺纹（公制）是最常用的连接螺纹，有粗牙和细牙两种。在大径相同的条件下，细牙普通螺纹的螺距与螺纹高度都比粗牙小。管螺纹（英制）主要用于管子的连接；梯形螺纹和锯齿螺纹（公制）是常用的传动螺纹。

由于螺纹规定画法不能表达螺纹的要素和类型，因此绘制螺纹图样时，必须标注相应标准中规定的代号。标准螺纹的种类、牙型及标注示例见表 15-5。

表 15-5 常用标准螺纹的种类、牙型及标注示例

螺纹种类		特征代号	牙 型	标注示例	图 例	说 明
连接螺纹	普通螺纹 粗牙	M	60°	M 16 -5g 6g 牙型代号 公称直径 中径公差带代号 顶径公差带代号	M16-5g6g	当中径、顶径公差带代号相同时，只注写一个代号；外螺纹公差带代号为小写字母
	普通螺纹 细牙			M8×1-6H 螺距 中径、顶径公差带代号	M8×1-6H 120°	细牙螺纹用于细小精密或薄壁零件上；内螺纹公差带代号为大写字母
管螺纹	非螺纹密封	G	55°	G 1 A 牙型代号 尺寸代号 公差等级	G1A G1	用于水管、油管、煤气等薄壁零件上；尺寸代号是指管子的孔径，单位为英寸。公差等级，外管螺纹分为A、B 两级，内管螺纹则不注
传动螺纹	梯形螺纹	Tr	30°	Tr 36×6 (P3)-7H 牙型代号 公称直径 导程 螺距 公差带代号	Tr36×6(P3)-7H	传动动力，如用于车床丝杆

二、螺纹连接件及其连接画法

1. 螺纹连接件

螺纹连接件就是运用内、外螺纹的旋合，起到连接和紧固作用的一些零件。种类很多，主要有螺栓、螺柱、螺钉、螺母、垫圈等，如图 15 - 25 所示。因为它们都是标准件，所以无须画出它们的零件图，使用单位可按需要的品种、规格进行选购。只要在设计图上，用规定的标记注明所需类型、规格、大小即可。其规定标记的一般格式为：名称、标准编号、规格和机械性能。螺纹连接件的简化画法和标注见表 15 - 6。

图 15 - 25　常用的螺纹连接件

表 15 - 6　螺纹连接件画法和标注

名称	标记	画法和标注	说明
六角头螺栓	螺栓 GB/T 5782 M10×50	M10　50	M10 和 50 是两个主要尺寸。根据这两个尺寸，从 GB/T 5782—2000 中就可查出其余尺寸。螺纹长度 l 则根据设计要求选定
双头螺柱	螺柱 GB/T 898 M10×45	A型 b_m　45　M10 B型 b_m　45　M10	M10 和 45 是主要尺寸。根据这两个尺寸，从 GB/T 898—1988 可查出其余尺寸。b_m 为旋入端，该端长度根据机体材料确定
开槽长圆柱端紧定螺钉	螺钉 GB/T 75 M12×35	35　M12	
I 型六角螺母	螺母 GB/T 6170 M12	M12	

（续）

名称	标记	画法和标注	说明
弹簧垫圈	垫圈 GB/T 93 20	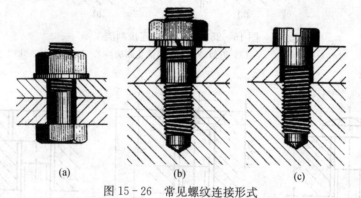	20 指螺纹的公称直径。垫圈孔径 d 在 20.2 与 21.04 之间，比 20 大

2. 常见连接形式及画法

常见的连接形式有螺栓连接，双头螺柱连接，螺钉连接三种，如图 15－26 所示。应用的场合由被连接件的厚度和受力大小决定。

图 15－26 常见螺纹连接形式

（a）螺栓连接 （b）双头螺柱连接 （c）螺钉连接

各种连接形式均采用简化的画法画出，即根据公称直径尺寸，采用比例画法画出，如图 15－27、图 15－28、图 15－29 所示。

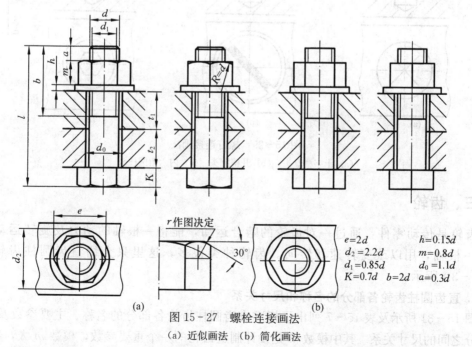

$e=2d$ $h=0.15d$
$d_2=2.2d$ $m=0.8d$
$d_1=0.85d$ $d_0=1.1d$
$K=0.7d$ $b=2d$ $a=0.3d$

图 15－27 螺栓连接画法

（a）近似画法 （b）简化画法

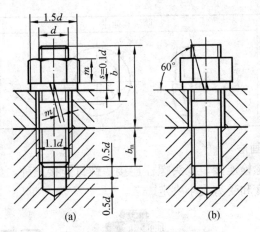

图 15-28　双头螺柱连接画法

（a）近似画法　（b）简化画法

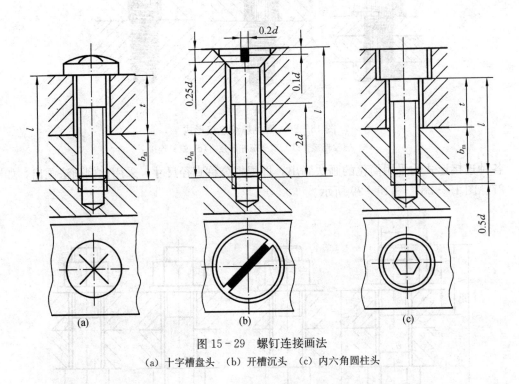

图 15-29　螺钉连接画法

（a）十字槽盘头　（b）开槽沉头　（c）内六角圆柱头

三、齿轮

齿轮是传动零件，通过一对齿轮的啮合运动，能将一根轴的动力及旋转运动传递给另一根轴，用以改变转速和转向。齿轮种类很多，这里只介绍直齿圆柱齿轮，如图 15-30 所示。

1. 直齿圆柱齿轮各部分的名称和尺寸关系

图 15-31 所示及表 15-7 列出了标准直齿圆柱齿轮各部分的名称、主要参数及符号、各部分之间的尺寸关系。其中模数 m 是设计制造齿轮的一个重要参数，模数 m 大，表示齿

轮的承载能力大。制造齿轮时，刀具的选择是以模数为准的。为了便于设计和制造，模数的数值已标准化，其值按 GB 1357—1987 选用。设计时，一般先确定齿数和模数，再计算确定其他部分尺寸。一对互相啮合的齿轮，其模数 m、压力角 α 必须相等。

图 15 - 30　直齿圆柱齿轮

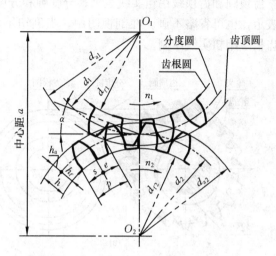

图 15 - 31　直齿圆柱齿轮各部分的名称

表 15 - 7　齿轮各部分的名称和主要参数

名称	符号	说　明	计算公式
齿顶圆直径	d_a	通过齿轮顶部的圆周直径	$d_a = m(z+2)$
齿根圆直径	d_f	通过齿轮根部的圆周直径	$d_f = m(z-2.5)$
分度圆直径	d	对标准齿轮来说为齿厚等于槽宽处的圆周直径	$d = mz$
齿高	h	齿顶高 h_a 与齿根高 h_f 之和	$H = h_a + h_f = 2.25m$
齿顶高	h_a	分度圆至齿顶圆的径向距离	$h_a = m$
齿根高	h_f	分度圆至齿根圆的径向距离	$h_a = 1.25m$
齿距	p	分度圆上相邻两齿间对应点的弧长（槽宽 s+齿厚 e）	$p = \pi m$
齿数	z		
模数	m	$\pi d = zp$，$d = p/\pi z$，令 $p/\pi = m$，则 $d = mz$	
中心距			$a = m(z_1 + z_2)/2$
分度圆齿厚			$S = \pi m/2$
压力角	α	两齿轮啮合时，轮齿在分度圆上啮合点处的受力方向和该点瞬时运动方向之间的夹角	标准齿轮的压力角为 20°

2. 单个圆柱齿轮的画法

齿轮从结构上分为轮毂、轮盘和轮齿三部分。因为轮齿已标准化，加工时是用专用齿轮刀具加工，所以对轮齿不必画出它的真实投影，而采用规定的简化画法来画，如图 15-32 所示。齿顶圆和齿顶线用粗实线表示；分度圆和分度线用点画线表示，齿根圆和齿根线用细实线表示，也可省略不画。在剖视图中，当剖切平面通过齿轮的轴线时，轮齿一律不剖处理，齿根线用粗实线绘制。

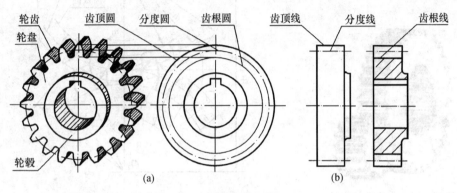

图 15-32　单个圆柱齿轮的画法
(a) 外形画法　(b) 剖视画法

3. 圆柱齿轮的啮合画法

一对模数、压力角相同且符合标准的圆柱齿轮，处于正确的安装位置时，两齿轮的分度圆应相切，此时的分度圆又叫节圆，如图 15-33 所示。啮合区的画法规定如下：在投影为圆的视图中，两节圆相切；啮合区的齿顶圆用粗实线绘制，或省略不画。在非圆的外形视图中，啮合区的齿顶线不画；节线画成粗实线。当剖切平面通过两啮合齿轮的轴线时，两齿轮的节线重合，用点画线绘制；其中一个齿轮的轮齿用粗实线绘制；另一个齿轮的轮齿被遮挡的部分用虚线绘制，也可以省略不画。一个齿轮的轮齿与另一齿轮的齿根之间应有 0.25 m 的间隙。当剖切平面通过两啮合齿轮的轴线时，轮齿一律按不剖绘制。

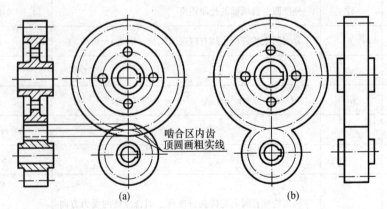

图 15-33　圆柱齿轮的啮合画法
(a) 剖视画法　(b) 外形画法

第三节　装　配　图

一、装配图的作用和内容

装配图是表达装配体（机器或部件）的图样，它表示出该机器（或部件）的构造、工作原理、零件之间的连接与装配关系，以及生产该装配体的技术要求、检验要求等。装配图不仅是设计、绘制零件图的依据，也是指导进行机器或部件装配、调整、检验和维修的重要技术文件。因此，一张装配图应当具有下列内容：一组视图、必要的尺寸、技术要求、编号和明细栏、标题栏等，如图 15-2(a) 所示。

二、装配图的表达方法

表达机器零件的各种方法，在装配图中同样适用，但由于装配图的表达目的与零件图不同，因此，装配图的视图选择原则与零件图也不同，并针对装配图的图形特点做出一些画法上的规定。

1. 装配图视图选择的特点

装配图用于表达装配体的结构特征、工作原理及零件间的相对位置和装配关系。因此，装配图的主视图选择，一般应符合装配体的工作位置，并要求尽量多地反映装配体的工作原理和零件间的装配关系。由于组成装配体的各零件往往相互交叉、遮盖，可导致投影重叠，因此装配图一般都要画成剖视图，以使某一层次或某一装配关系表达清楚。

2. 装配图的规定画法

（1）相邻两零件的接触面或配合面，只用一条轮廓线表示；相邻两零件的不接触表面即使间隙很小也必须画出两条线（可夸大画出）。

（2）同一零件的剖面线在各视图中应保持间隔一致、方向相同；相邻两个或两个以上零件的剖面线倾斜方向应相反或间隔不同。

（3）当剖切平面通过实心杆件、螺纹连接件和标准部件的基本轴线剖切时，这些零、部件都按不剖绘制；但当剖切平面垂直于上述零件的基本轴线时，仍应画出剖面线，如图 15-2(a) 所示。

3. 装配图常用的特殊画法

（1）拆卸画法。当某些零件在装配图的某一视图上遮住了需要表达的装配关系或其他零件时，可以假想把这些零件拆卸后画出，也可假想沿这些零件的结合面将其剖开，画出剩余部分的剖视图，但结合面上不画剖面线。如图 15-34 蜗轮减速器的俯视图，它是沿着盖板与箱体的结合面作的局部剖视图。对于拆去零件的视图，可在视图上方注以"拆去×××"字样。

（2）假想画法。在装配图中，为了表示运动零件的极限位置或表示本部件与相邻零、部件的装配关系，可用双点画线画出运动零件的另一极限位置或相邻零件的部分轮廓线，如图 15-35 所示。

（3）简化画法。对于装配图中的螺栓连接等若干相同零件组，可以仅详细地画出一处或几处，其余只需用点画线表示其中心的位置；对零件的部分工艺结构，如小圆角、倒角、退力槽等可省略不画。

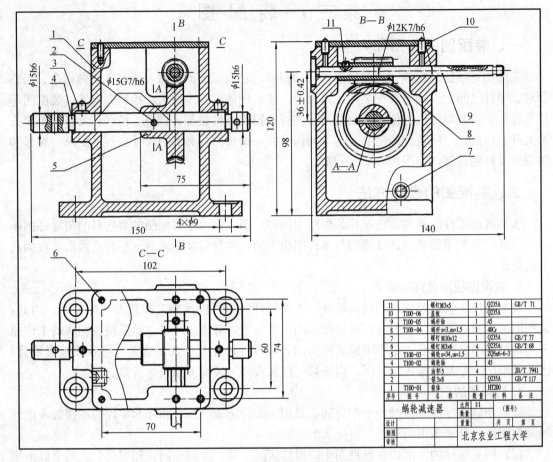

11		螺钉M3x5	1	Q235A	GB/T 71
10	T100-06	盖板	1	Q235A	
9	T100-05	蜗杆轴	1	45	
8	T100-04	蜗杆z=3,m=1.5	1	40Cr	
7		螺钉 M10x12	1	Q235A	GB/T 77
6		螺钉M3x6	4	Q235A	GB/T 68
5	T100-03	蜗轮 z=34,m=1.5	1	ZQSn6-6-3	
4	T100-02	蜗轮轴	1	45	
3		油杯5	4		JB/T 7941
2		销 3x8	1	Q235A	GB/T 117
1	T100-01	箱体	1	HT200	
序号	图 号	名 称	数量	材料	备 注

蜗轮减速器 | 比例 1:1 | (图号)

重量 | 共 页 | 第 页

设计 / 制图 / 审核

北京农业工程大学

图 15-34　蜗轮减速器的装配图

三、装配图上的尺寸

装配图是用于表达产品的工作原理、指导产品的装配和安装的图样，所以在装配图上只需标注和这些方面有关的尺寸，不需注出零件的所有尺寸。通常应标注下列几类尺寸：

（1）规格（或性能）尺寸。表明装配体的性能和规格的尺寸。如图 15-2 碟阀中的流体通路直径尺寸 $\phi44$。

（2）装配尺寸。表明装配体上相关零件之间装配关系的尺寸。如图 15-34 中的 $\phi15G7/h6$、$\phi12K7/h7$、$\phi15h6$ 等。

（3）安装尺寸。表明将装配体安装在工作位置处所需要的尺寸。如图 15-34 中的 60、102、圆孔 $4\times\phi9$。

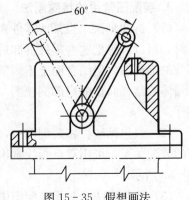

图 15-35　假想画法

（4）总体尺寸。装配体的总长、总宽、总高尺寸。它是包装、安装占用体积、面积的设计所需之尺寸。如图15-34中蜗轮减速器的总长 150、总宽 140、总高 120。

(5) 其他重要尺寸。是为满足设计要求所需要的尺寸或某些关键零件的重要结构尺寸等。如图 15-34 中蜗轮与蜗杆的中心距 36±0.42，蜗杆轴到箱体底面的距离 98。

四、装配图上的序号、明细栏和技术要求

为了便于看图及组织生产，对组成装配体的所有零、部件（包括标准件）必须进行统一编号，并在标题栏上方编制相应的零、部件明细栏，如图 15-2(a) 所示。

(1) 序号编排方法。图上所有不同的零件都应单独编一个序号，一般只注一次，相同的零、部件只编一个序号。

(2) 序号的形式。引线用细实线，自零件的可见轮廓线内引出，并在末端画一圆点。在指引线的水平线上注写序号，序号字高比图内尺寸数字大一号。指引线相互不能相交，并尽量避免与剖面线平行，连接件组可用公共指引线。

(3) 序号的排列。序号应按水平成垂直方向依次排列整齐，顺序可采用顺时针或逆时针方向排列。

(4) 明细栏的内容。应注明零件的序号、名称、数量、材料等内容。明细栏一般绘制在标题栏的上方，应按编号自下而上填写，对标准件还应写明其规格，标准编号可填写在备注栏中。

(5) 装配图上的技术要求。是指对装配或检验工作的要求。

五、装配图的阅读

在设计、制造、使用、维修机器设备等技术活动中，都会遇到看装配图的问题。通过看装配图应了解：①装配体的名称、用途和工作原理；②各零件的相对位置关系及装配关系和拆装顺序；③主要零件的结构形状及在该装配体中的作用。下面以碟阀装配图（图 15-2）为例，说明阅读装配图的一般方法和步骤。

1. 概括了解

(1) 初步了解装配体的功能和组成。从标题栏和有关说明书中了解装配体的名称和大致用途。例如碟阀（图 15-2），由机械工程常识可知，是管道上用来截断气流或液流的闸门装置；通过序号和明细栏了解包含零件的名称、所在位置及主要作用。该阀门共有 13 种零件，其中非标准件 8 种，标准件 5 种，查明细栏可知标准件的类型和规格。

(2) 表达分析。根据图样上的视图、剖视图、断面等的配置和标注，找出投射方向、剖切位置、搞清各图形之间的投影关系以及它们的表达意图。如碟阀共用主视图、俯视图、左视图三个视图表达，主视图采用局部剖视图，主要为了表达装配体的外形、阀杆与阀门、阀杆与阀体的装配情况；俯视图采用了全剖视图，剖切位置在齿杆轴线处，主要为了表达齿杆与齿轮的装配关系、传动关系、主要零件的外形和装配情况；左视图采用了全剖视图，剖切位置在阀杆的轴线处，主要为了表达阀杆系统的装配情况、主要零件的内、外部结构形状。

2. 分析工作原理及传动路线

一般从图纸上直接分析，当对象较复杂时，需参考说明书。分析时，可从反映该装配体装配关系的视图着手，沿着运动零件的装配干线，分析各零件的运动情况，弄清工作原理。如碟阀有两条主要装配干线（图 15-2），一条是阀杆系统（阀杆、齿轮、键、阀门、螺母

等），主要由左视图反映；一条是齿杆系统（齿杆、齿轮、螺钉）主要由俯视图反映。工作原理：当外力推动齿杆 12 左右移动时，与齿杆啮合的齿轮 7 就带动阀杆 4 转动，使固定在阀杆上的阀门 2 随之转动，以开启和关闭流体通路，图示为开启位置，若齿杆向右移动时即关闭。齿杆靠螺钉 11 导向，使它只能轴向移动不能转动，以保证齿轮与齿杆正常啮合。

3. 分析零件间的装配关系，深入了解装配体的结构和零件的主要结构形状和作用

（1）正确地分离零件。根据装配图的表达方法和利用零件的序号来区分。

（2）分析零件间装配关系。主要从运动关系、配合关系，零件间的连接和固定方式，零件的定位和调整，零件的装拆顺序几方面着手分析。如碟阀：①配合关系：从图上标出的配合尺寸来反映，如 $\phi16H8/f7$ 一基孔制、间隙配合。②连接和固定方式：齿轮 6 与阀杆 4 借助键 7 来连接，并用螺母 9 防止轴向移动，阀体 1 与阀盖 5、盖板 10 的连接是采用三个螺钉（序号 8）来固定等。③定位和调整：阀盖与阀体靠突起的圆凸台与凹坑配合，以保证两零件上的阀杆孔同心；阀杆 4 用台肩下、上表面与阀体、阀盖的端面接触定位。为了不使台肩被压得太紧而妨碍阀杆转动，用垫片 13 来调节间隙。④装拆顺序：先松开螺钉 11，将齿杆 12 由右端抽出；然后松开螺钉 8，打开盖板 10，再取下螺母 9，将阀盖 5 与齿轮 6 由阀杆上脱出；最后敲掉铆钉 3，取下阀门 2，最后将阀杆由阀体上部抽出。

（3）分析各零件的结构形状及其作用，看懂零件形状。在搞清了各视图表达的内容后，对照明细栏中的序号，按先简单后复杂的顺序，逐一了解各零件的结构形状。对于比较熟悉的连接件、常用件以及一些较简单的零件，可先将它们看懂，从图中逐一"分离"出去，最后剩下个别较复杂的零件（例如阀体）再集中力量去分析、看懂。例如，阀体的前后两端面为带圆角的菱形，中间为圆筒形；上部、下部均有凸台。上面的凸台，根据结构常识可由俯视图识读，下面的凸台为圆柱形。

4. 综合归纳

最后还应对装配体的工作原理、装配关系、拆装顺序、安装方法及装配图的视图表达特点和尺寸的意义等作综合的总体分析归纳，从而对所读的装配体获得一个清晰完整的概念，如图 15-1 所示。

第十六章　计算机绘图基础

计算机绘图具有速度快、精度高、便于编辑修改的优点，它已经成为工程设计和技术交流中不可缺少的技术工具，是工程技术人员必须掌握的基本技能之一。AutoCAD 是目前在国内广泛应用的绘图软件之一。

本章将重点介绍 AutoCAD 2011 绘图软件的基本操作。

第一节　AutoCAD 2011 绘图软件简介

AutoCAD 是美国 Autodesk 公司在 20 世纪 80 年代开发的计算机辅助设计软件，是一个功能强大的交互式通用图形软件包。它具有体系结构开放、操作方便、易于掌握、应用广泛等特点，深受各行各业尤其是建筑和工业设计技术人员的欢迎。该软件不仅具有完善的二维功能，三维造型功能亦很强大，并支持 Internet 功能。与 AutoCAD 以往的版本相比，AutoCAD 2011 在产品基础上，进一步完善和加强了图形绘图功能和图形编辑功能，增强了图案填充、栅格、参数化图形选型等功能，对三维网格和实体建模进行了改进，大大加强了曲面建模功能及材质库方面的处理功能。

第二节　AutoCAD 2011 的基本操作

一、AutoCAD 2011 的用户界面

AutoCAD 2011 提供了四种"工作空间"，如图 16－1 所示。其中"二维草图与注释"用户界面如图 16－2 所示。"AutoCAD 经典"用户界面主要是针对熟悉 AutoCAD 旧版本的用户所设置的。

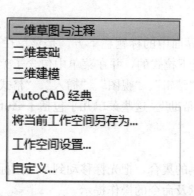

图 16－1　AutoCAD 2011 的工作空间

单击"工具"→"工作空间"命令，选择"二维草图与注释"选项，系统弹出的如图

16－2 所示的界面，其中包括标题栏、绘图区域、十字光标、菜单栏、工具栏、坐标系图标、命令行窗口、状态栏和布局标签等。

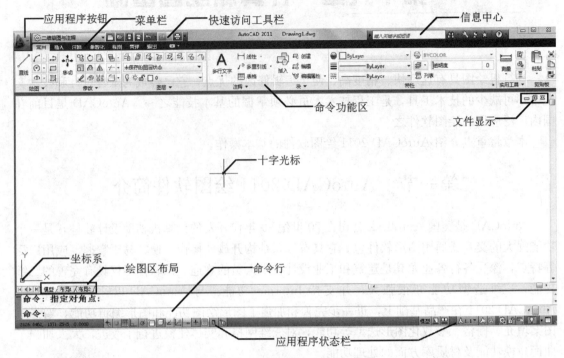

图 16－2　AutoCAD 2011 用户界面

1. 绘图区

绘图区是指在命令功能区下方的大片空白区域，它是用户使用 AutoCAD 2011 绘制图形的区域，用户完成一幅设计图形的主要工作都是在绘图区域中完成的。其左下角是坐标系图标及原点。通常情况下，绘图区所显示的并不是图纸范围的全部内容，而是根据用户定义窗口，显示窗口区域的图形。

在绘图区域中的十字光标，显示光标所在点处的当前坐标。十字线的方向与当前用户坐标系的 X 轴、Y 轴方向平行。

2. 菜单栏

在 AutoCAD 2011 操作界面中的标题栏下方，是菜单栏。同其他 Windows 程序一样，AutoCAD 2011 的菜单栏也是下拉式的，并在菜单中包含子菜单。AutoCAD 2011 的菜单栏中包括 12 个菜单："文件"、"编辑"、"视图"、"插入"、"格式"、"工具"、"绘图"、"标注"、"修改"、"参数"、"窗口"、"帮助"。这些菜单几乎包括了 AutoCAD 2011 的所有绘图和编辑命令。

3. 工具栏

工具栏是一组图标型工具的集合，把光标移动到某个图标上，稍停片刻便在该图标的下方显示相应的工具名称、提示及命令的操作提示。

4. 命令行窗口

AutoCAD 2011 的命令行窗口见图 16－3。

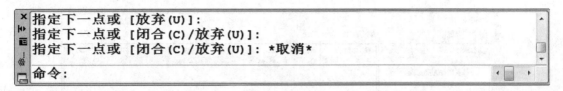

图 16 - 3　AutoCAD 2011 的命令行窗口

5. 状态栏

状态栏位于用户界面的最底部，左端显示绘图区域中光标定位点的 x、y、z 坐标，在其右侧依次有"推断约束"、"捕捉模式"、"栅格模式"、"正交模式"、"极轴追踪"、"对象捕捉"、"三维对象捕捉"、"对象捕捉追踪"、"允许/禁止动态 UCS"、"动态输入"、"显示 / 隐藏线宽"、"显示 / 隐藏透明度"、"快捷特征"、"选择循环" 14 个功能开关按钮，如图 16 - 2 所示，左键单击这些开关按钮，就可以实现这些功能的打开与关闭。

二、设置绘图环境

使用 AutoCAD 2011 进行图样绘制前，用户应该首先对绘图环境进行必要的设置。绘图环境的正确设置是工程图样绘制的前提和基础。绘图环境设置主要包括以下内容：设置图层、设置绘图界限、设置绘图单位、设置绘图区域颜色和设置光标。

1. 设置图层

在 AutoCAD 2011 中，图层可以对图形对象进行组织和管理。根据绘图需要，用户可以建立若干图层，通过设置图层特性，如图层名、颜色、线型、线宽等，将具有相同特性的图形对象置于同一层中，不同特性的图形对象置于不同层中，实现图形的分层管理，便于图形的使用和修改。

图层可以理解为透明图纸，利用图层可以将一个复杂的图样分解成若干性质相同的图形单元，这些图形单元分别置于不同层中，通过层的叠加组合成一个完整的工程图样。

（1）新建图层。在 AutoCAD 2011 中，用户可以利用"图层特性管理器"对话框对图层进行设置和管理。如新建、命名、删除、控制等。

打开"图层特性管理器"对话框的操作如下：

·命令行：layer 或 la（键盘输入）。

·工具栏：单击选择图层工具栏中的图层工具图标 ⬙ 。

·下拉菜单："格式" → "图层…"。

打开"图层特性管理器"对话框，如图 16 - 4 所示，在该对话框中单击"新建图层"按钮 ⬙ ，将会生成一个名为"图层 ＊"（＊表示数字）的新图层，用户可以根据绘图需要命名该图层。单击该图层名，然后输入图层名称并按 Enter 键即可。注意 0 层是系统默认层，为系统自动创建，不能进行重命名操作。

（2）设置当前层。当前层是指用户当前的绘图层，用户只能在当前层中进行绘图，所绘图形对象具有当前层所设置的特性。

如果要设置当前层，可以在"图形特性管理器"对话框中的图层列表中选择要进行绘图的图层，然后单击"置为当前"按钮 ✔ ，即可将所选图层置为当前绘图层。

图 16-4 "图层特性管理器"对话框

（3）设置图层特性。利用"图层特性管理器"可以方便地改变图层状态特性，图层的状态特性包括：打开/关闭、冻结/解冻、锁定/解锁等。

打开/关闭：灯泡 💡 表示开关，亮为开，黑为关。如果层处于关的状态，该层的对象不显示且不能打印。

冻结/解冻：太阳 ☀ 表示解冻，雪花图形冻结。处于冻结状态的对象，不显示也不能打印，而且在刷新时不参加图形的重新生成，可以提高运算速度。

锁定/解锁：锁 🔓 处于开表示解锁，否则为锁定。如果处于锁定状态，用户能看到该层上的实体，不能对其进行编辑和修改，但还可以显示和输出。

（4）设置图层颜色。绘图时，可以通过对图层颜色的设置来区分不同图形对象的属性。

（5）设置线型和线宽。工程图样中不同类型的图形对象需采用不同的图线，因此需要设置图层的线型和线宽。

2. 设置绘图界限

AutoCAD 系统中绘图区域可以无限大小，为了确定用户实际绘图区域（图纸）的大小，用户需要设置绘图界限。

实际作图时，图形界限可以用由"limits"命令进行设置，命令执行方式有以下两种：

·命令行：limits（键盘输入）。

·下拉菜单："格式"→"图形界限"。

三、AutoCAD 2011 的坐标系统和数据输入方式

利用 AutoCAD 绘图时，需要精确定位绘制的图形对象，因此必须建立一个坐标参照系统，在该参照系统下，采用正确的数据输入方式进行图形绘制。

AutoCAD 系统采用两种坐标系统，世界坐标系（WCS）和用户坐标系（UCS），在两种坐标系下都可以通过数据输入的方式精确绘图。常用的数据输入方式包括：数据输入、坐标输入、距离输入和角度输入。

1. 坐标系统

（1）世界坐标系。世界坐标系（WCS）是 AutoCAD 系统的默认坐标系，当新建一个图形文件时，AutoCAD 自动定位于绘图区左下角位置的坐标系统即为 WCS，包括 X 轴、Y

轴和 Z 轴。二维绘图时只显示 X 轴和 Y 轴。

WCS 坐标系为系统固有的，位置不能变更。图标位于绘图区左下角，其形式如图 16-5 所示，在 WCS 坐标轴原点处有一个"□"符号，X 轴和 Y 轴的方向为坐标正方向。

（2）用户坐标系。为了方便、快捷、灵活地绘制图样，使用时可以在 WCS 中建立任意一种坐标系，这种坐标系称为用户坐标系（UCS）。UCS 的原点以及 X 轴、Y 轴和 Z 轴的位置和方向可以根据用户的要求进行移动和旋转，甚至可以根据图形对象的位置来确定，但三个坐标轴始终保持相互垂直。其图形形式如图 16-6 所示，注意 UCS 图标中没有"□"符号。

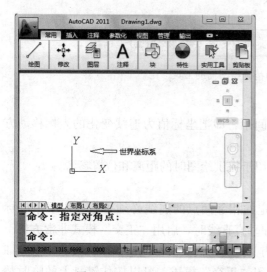

图 16-5　WCS 坐标系

图 16-6　UCS 坐标系

2. 坐标的输入

在绘图过程中要对某个对象精确定位时，必须以某个坐标系作为参照，方可精确拾取对象关键点的位置。学习中必须养成精确绘图的习惯，熟练掌握 AutoCAD 的坐标系及坐标输入方法。

（1）直角坐标和极坐标。在 AutoCAD 中，坐标系分为直角坐标系和极坐标系。

直角坐标系又称为笛卡儿坐标系，即以原点（0，0，0）为基点，输入某点的坐标值（X，Y，Z）表示点在坐标系（WCS 或 UCS）中的位置，平面绘图中一般不需要输入 Z 值。例如，当命令窗口中输入点的坐标提示时输入"10，20"，则表示该点的坐标相对于当前坐标原点的坐标值为（10，20）。

极坐标系使用距离和角度来确定点的位置。在二维平面上，极坐标系由一个坐标为（0，0）的极点和一个极轴构成，极轴的方向为水平向右，二维平面上的任何一个点可通过该点到极点之间连线的长度（称为极径）与该连线同极轴之间的夹角（称为极角，默认情况下逆时针旋转为正）来定义。在三维空间中也可使用极坐标系，根据具体输入格式的不同，又可分为柱面坐标系和球面坐标系。

（2）绝对坐标和相对坐标。无论在直角坐标系还是在极坐标系中，均可采用绝对坐标或相对坐标确定点的位置。

绝对坐标是以原点（或极点）为基点来定位所有的点。在已知待输入点的坐标的精确值时，可使用绝对坐标。更一般的情况是，绘图时需要直接通过点与点之间的相对位移来绘制图形，而无需指定每个点的绝对坐标值。所谓相对坐标，就是某一个点与其相对点的相对位移值，在 AutoCAD 中相对坐标采用坐标值前输入"@"符号来标识。

四、精确绘图功能设置

在 AutoCAD 中，系统提供了多种绘图工具，以满足用户准确、快捷地绘制工程图样的要求。常用的精确绘图辅助工具位于状态栏中，包括："捕捉"、"栅格"、"极轴追踪"、"对象捕捉"、"对象捕捉追踪"等，如图 16 - 7 所示。

图 16 - 7　状态栏中的精确绘图辅助工具

1. 捕捉与栅格

"捕捉"用于设置绘图时十字光标移动时的间距，即把坐标值为连续变化的光标移动方式变为离散的、跳跃式的光标移动方式。

"栅格"相当于传统手工绘图中的坐标纸，用于提供绘图时的距离和位置参考。

2. 正交

当启用"正交"模式绘图时，使光标所确定的相邻两点的连线必须垂直或水平于坐标轴。因此，如果要绘制的图形中主要包括水平和垂直直线时，启用"正交"模式非常方便。

在绘图和编辑过程中，可以随时启动或关闭"正交"模式。如用输入坐标或指定对象捕捉方式绘图时将忽略"正交"。要临时打开或关闭"正交"模式，可以按住键盘上的临时替代键"Shift"键。"正交"模式和"极轴追踪"两种绘图工具不能同时打开，启用"正交"模式将关闭极轴追踪。

3. 对象捕捉

在 AutoCAD 中，所绘制的各种图形元素统称为对象，也可称为图元。由于 AutoCAD 的图形文件是一种矢量文件，所有对象在文件中的存储是以该对象各个关键点的存储为基础的。每一种对象，例如点、直线、样条曲线、圆、圆弧、图块、文字、标注等均有描述其空间位形的各种关键点。启用"对象捕捉"，实际上就是捕捉各个对象上的各种类型的关键点。

"对象捕捉"是 AutoCAD 提供的最为重要的绘图辅助工具之一，启用"对象捕捉"功能后，用户在绘图过程中能够直接利用光标精确定位于已绘图形对象上的特殊几何点，如圆心、端点、中点、切点、垂足、交点等，如图 16 - 8 所示。

注意：对象捕捉与捕捉有本质区别：捕捉是将绘图对象锁定在栅格点上，无论是否执行绘图命令，启动"捕捉"功能后捕捉将一直有效；对象捕捉只在绘图命令执行过程中有效，捕捉点为已绘图形上的特殊点。

4. 对象捕捉追踪

启用对象捕捉追踪的功能键是 F11。使用"对象捕捉追踪"，可以沿着基于对象捕捉点的对齐路径进行追踪。对齐路径用虚线显示，已获取的追踪点将显示一个小加号（＋），一次最多可以获取 7 个追踪点。获取追踪点之后，当在绘图路径上移动光标时，将显示相对于获取点的水平、垂直或极轴对齐路径。

5. 极轴追踪

"极轴追踪"用于绘制指定角度的图线。启用"极轴追踪"的功能键是 F10，或通过状态栏相应按钮开启。用户在"极轴追踪"模式下确定目标点时，系统会在光标附近设定的角度方向上显示临时的对齐路线，并自动地在对齐路径上捕捉距离光标最近的点（即极轴角固定、极轴距离可变），同时给出该点的信息提示，用户可以根据此信息准确地确定目标点，如图 16-9 所示，此极轴追踪线在 45°的角度方向上显示临时对齐路径。

图 16-8 "对象捕捉"菜单

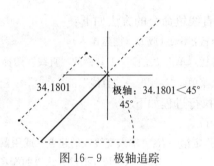

图 16-9 极轴追踪

第三节 AutoCAD 2011 常用绘图命令

任何复杂的图形都可以分解成简单的点、线、面、体等基本形体，熟练掌握 AutoCAD 的图形绘制命令，是完成复杂工程图绘制的基础。在 AutoCAD 2011 的"二维草图与注释"的工作界面中，常用的绘图工具图标如图 16-10 所示。

一、直线对象的绘制

线的种类包括直线、射线、构造线、多线以及多段线，它们是绘制图形中出现最多的几何元素。一条线段即是一个图元。在 AutoCAD 中，图元是最小的图形元素，它不能再被分解，一个图形由若干个图元组成。

1. 绘制直线段

绘制一条直线段时必须知道这条直线段两端点的坐标，或者是知道直线段的一个端点以及方向和角度。

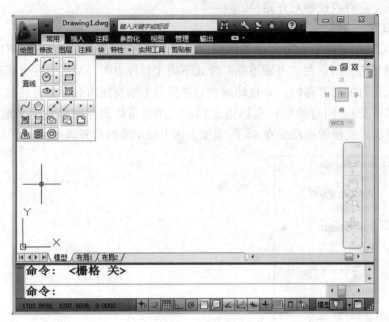

图 16-10　绘图工具

调用直线段命令的方法如下：

·命令行：line（或 l）（键盘输入）。

·工具栏：单击"绘图"工具栏的"直线"图标 ✏️ 。

·下拉菜单："绘图"→"直线"。

命令执行过程如下：

命令：1

LINE 指定第一点：（输入直线段的起点、或用鼠标指定点、或者指定点的坐标）

指定下一点或［放弃（U）］：（指定直线段的端点）

指定下一点或［放弃（U）］：（指定下一直线段的端点；输入 U 表示放弃前面的操作；右击选择"确定"命令，或按 Enter 键结束命令）

指定下一点或［闭合（C）/放弃（U）］：（指定下一直线段的端点；或输入选项 C 使图形闭合，且结束命令）

在绘制直线段时，可以通过 Enter 键、鼠标右键、其他工具图标或其他菜单项等结束直线段的绘制，否则会一直处于绘制直线状态。处于直线绘制状态时还可以通过键盘输入 U 来撤销刚刚输入的点，一直可以撤销到最初的第一点。

2. 绘制射线

射线是以某点为起点，且在单方向上无限延伸的直线，它的特点是有起点没终点。射线主要用于创建其他对象的参照。

调用命令的方法如下：

·命令行：ray（键盘输入）。

·下拉菜单："绘图"→"射线"。

命令执行过程如下：

命令：ray

指定起点：（给定起点）

指定通过点：（给出通过点，画出射线）

指定通过点：（过起点画出另一条射线，用 Enter 结束命令）

指定射线的起点后，可在"指定通过点："提示下指定多个"通过点"，可绘制同一端点出发的一簇射线，直到按 Esc 键或 Enter 键退出命令为止。

3. 绘制构造线

构造线是在屏幕上生成的两端无限延伸的射线，它没有起点和端点。构造线主要用作绘图时的辅助线。当绘制多视图时，为了保证投影联系，即投影时的"长对正、高平齐、宽相等"，可先画出若干条构造线，再以构造线为基准画图。这种线可以模拟手工绘图时的辅助作图线，在绘图输出时不作输出。因此，构造线常用于辅助作图。

调用命令的方法如下：

·命令行：xline（或 xl）（键盘输入）。

·工具栏：单击"绘图"工具栏的"构造线"图标 ╱ 。

命令执行过程如下：

命令：xl

XLINE 指定点或［水平（H）/垂直（V）/角度（A）/二等份（B）/偏移（O）］：

其中"水平（H）/垂直（V）/角度（A）/二等份（B）/偏移（O）"等 5 个选项可绘制出不同的构造线。

4. 绘制多段线

多段线又称多义线，是由多段直线段或圆弧线组成的复合对象，每一段直线段或圆弧线都可具有不同的宽度。多段线是 AutoCAD 二维绘图的一条非常重要的命令，使用多段线命令可以绘制许多特殊的图形，如箭头、交通标志、二极管符号等。

调用命令的方法如下：

·命令行：pline（或 pl）（键盘输入）。

·工具栏：单击"绘图"工具栏的"多段线"图标 ⮡ 。

·下拉菜单："绘图"→"多段线"。

命令执行过程如下：

命令：pline

指定起点：

当前线宽为 0.0000

指定下一个点或［圆弧（A）/半宽（H）/长度（L）/放弃（U）/宽度（W）］：

例 16-1 如图 16-11 所示，用多段线绘制箭头。

图 16-11 多段线绘制箭头

具体绘图过程如下：

命令：pline ↙

指定起点：

指定下一点或［圆弧（A）/闭合（C）/半宽（H）/长度（L）/放弃（U）/宽度（W）］：w↙

指定起点宽度＜0.0000＞：3↙

指定端点宽度<10.0000>：3 ↙

指定下一点或［圆弧（A）/闭合（C）/半宽（H）/长度（L）/放弃（U）/宽度（W）］：10 ↙

指定下一点或［圆弧（A）/闭合（C）/半宽（H）/长度（L）/放弃（U）/宽度（W）］：

指定下一点或［圆弧（A）/闭合（C）/半宽（H）/长度（L）/放弃（U）/宽度（W）］：w ↙

指定起点宽度<10.0000>：7 ↙

指定端点宽度<0.0000>：0 ↙

指定下一点或［圆弧（A）/闭合（C）/半宽（H）/长度（L）/放弃（U）/宽度（W）］：10 ↙

指定下一点或［圆弧（A）/闭合（C）/半宽（H）/长度（L）/放弃（U）/宽度（W）］：↙

5. 绘制多线

多线又称复合线，是一种由 2 条或 2 条以上的平行线组成的复合线形对象。多线常用于绘制建筑图中的墙线、窗线，道路图中的道路边线，设备图中的管线等。组成多线的单个平行线称为图元，每根多线最多可包含 16 个图元，每个图元的位置由其到多线基线的偏移量来决定。组成多线的元素数量、各元素的偏移量及其他属性均可由用户预先定义。

调用命令的方法如下：

·命令行：mline（或 ml）（键盘输入）。

·下拉菜单："绘图"→"多线"。

命令执行过程如下：

命令：ml ↙

MLINE

当前设置：对正＝上，比例＝20.00，样式＝STANDARD

指定起点或［对正（J）/比例（S）/样式（ST）］：（在绘图屏幕上指定 A 点作为起点）

指定下一点：（在绘图屏幕上指定 B 点）

指定下一点或［放弃（U）］：（在绘图屏幕上指定 C 点）

指定下一点或［闭合（C）/放弃（U）］：（在绘图屏幕上指定 D 点）

指定下一点或［闭合（C）/放弃（U）］：↙（结束绘图）

绘图结果如图 16－12 所示。

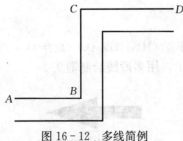

图 16－12　多线简例

在调用多线命令 Mline 前，通常应修改或创建符合绘图要求的多线样式。

（1）定义和创建多线样式。定义多线样式命令的调用方式如下：

·命令行：mlstyle（键盘输入）。

·下拉菜单："格式"→"多线样式"。

系统执行命令后，打开如图 16－13 所示"多线样式"对话框。可以根据需要创建多线样式，可以设置线条数目、线条间距和线的拐角方式。

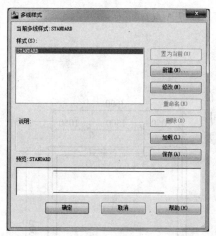 

图 16-13　定义和创建多线样式对话框

例 16-2　如图 16-14 所示，用多线绘制某单间房屋平面图。房屋开间 3600 mm，进深 4500 mm，窗宽 1500 mm 且居中布置，墙厚 240 mm，绘图比例 1:1。

提示：先从 A 到 B 逆时针方向绘制墙线，再从 B 到 A 按顺时针方向绘制窗线。

具体绘图过程如下：

命令：ml↙

MLINE

当前设置：对正＝上，比例＝20.00，样式＝STANDARD

指定起点或［对正（J）/比例（S）/样式（ST）］：st↙

输入多线样式名或［?］：墙线↙

当前设置：对正＝上，比例＝20.00，样式＝墙线

指定起点或［对正（J）/比例（S）/样式（ST）］：j↙

输入对正类型［上（T）/无（Z）/下（B）］＜上＞：z↙

当前设置：对正＝无，比例＝20.00，样式＝墙线

指定起点或［对正（J）/比例（S）/样式（ST）］：s↙

输入多线比例＜20.00＞：240↙

当前设置：对正＝无，比例＝240.00，样式＝墙线（经过 3 次修正得到的当前设置）

指定起点或［对正（J）/比例（S）/样式（ST）］：（在绘图屏幕任意指定一 A 点）

指定下一点：1050↙

指定下一点或［放弃（U）］：4500↙

指定下一点或［闭合（C）/放弃（U）］：3600↙

指定下一点或［闭合（C）/放弃（U）］：4500↙

指定下一点或［闭合（C）/放弃（U）］：1050↙（得到 B 点）

指定下一点或［闭合（C）/放弃（U）］：↙

命令：ml↙

MLINE

当前设置：对正＝无，比例＝240.00，样式＝墙线

指定起点或［对正（J）/比例（S）/样式（ST）］：st↙

输入多线样式名或［?］：窗线↙

当前设置：对正＝无，比例＝240.00，样式＝窗线

指定起点或 ［对正（J）/比例（S）/样式（ST）］：（在绘图屏幕捕捉 A 点）

指定下一点：（在绘图屏幕捕捉 B 点）

指定下一点或 ［放弃（U）］：↙

（2）编辑多线样式。如图 16 - 14 所示，图中只有一个房间，墙线仅调用了一次 Mline 命令就绘制完成，不存在交叉节点。但通常情况下一座建筑不可能仅有一个房间，先后绘制的墙线在交叉节点处可能会相互干扰，这就需要对节点作修改处理，即编辑多线。

调用多线编辑的命令如下：

· 命令行：mledit（键盘输入）。

· 下拉菜单："修改"→"对象"→"多线"。

· 鼠标左键双击要编辑修改的多线对象。

系统执行该命令后，弹出如图 16 - 15 所示的"多线编辑工具"对话框。利用该对话框，可以创建或修改多线模式。对话框中分 4 列显示了示例图形。其中，第 1 列为十字交叉形式多线，第 2 列为 T 形多线，第 3 列为角点结合多线，第 4 列为多线被修剪或连接形式。单击选择某个示例图形，然后单击"确定"按钮，就可以调用该项编辑功能。

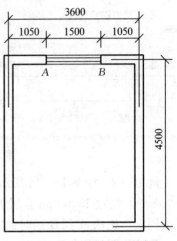

图 16 - 14　多线绘图简例

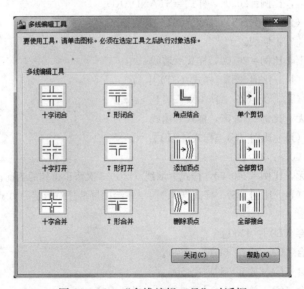

图 16 - 15　"多线编辑工具"对话框

二、绘制曲线对象

图样中出现比较多的几何元素除了各种直线外就是圆弧类图线，如圆、圆弧、椭圆及曲线等。这类图线的绘制和我们使用传统圆规手工作图过程类似，首先要给定位置，如圆心的位置，然后给定半径或直径；若是弧，还需给定包含角或起始、终止位置。

1. 绘制圆弧

调用圆弧命令的方法如下：

- 命令行：Arc。
- 工具栏：单击"绘图"工具栏的"圆弧"图标 。
- 下拉菜单："绘图"→"圆弧"→"三点"等11种。

圆弧上有圆心、起点、端点3个关键点，依次指定3个点可唯一确定一根圆弧线。此外，描述圆弧线的特征属性还有圆心角、半径、弦长、弧长、切线方位等。因此，绘制圆弧的方法十分灵活，在 AutoCAD 中一共提供了11种具体方法。图16-16为绘制"圆弧"子菜单。

2. 绘制圆

调用圆命令的方法如下：

- 命令行：circle（或 c）（键盘输入）。
- 工具栏：单击"绘图"工具栏的"圆"图标 。
- 下拉菜单："绘图"→"圆"。

命令执行过程如下：

命令：CIRCLE 指定圆的圆心或［三点（3P）/两点（2P）/相切、相切、半径（T）］：

各个选项分别提供了不同的画圆方法。各选项的含义如下：

（1）"圆心"：已知圆心和半径（直径）画圆。当指定圆心后，命令行显示"指定圆的半径或［直径（D）］："的提示信息，给定半径或直径就可画圆。这是最常用的画圆方式，也是和传统绘图习惯非常一致。

（2）"三点（3P）"：指定三个点的位置，可绘制出通过该三点的圆。

（3）"两点（2P）"：以给定的两点为直径的两端点画圆。

（4）"相切、相切、半径（T）"：给定半径，与已经存在的两个相切对象画圆。具体操作如下：如图16-17所示，圆弧 R80、R36 就是分别用半径为80和半径为36与已知圆弧 $\phi32$、$\phi44$ 相切画出的。

（5）"相切、相切、相切（A）"：与已经存在的两个三个相切对象画圆。这个选项只有使用下拉菜单调用画圆命令时才能使用。

图16-16　"圆弧"子菜单

（菜单内容）
- 三点(P)
- 起点、圆心、端点(S)
- 起点、圆心、角度(T)
- 起点、圆心、长度(A)
- 起点、端点、角度(N)
- 起点、端点、方向(D)
- 起点、端点、半径(R)
- 圆心、起点、端点(C)
- 圆心、起点、角度(E)
- 圆心、起点、长度(L)
- 继续(O)

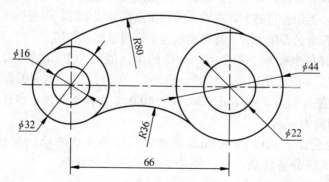

图16-17　绘制圆命令中"相切、相切、半径（T）"选项的应用简例

注意：在公切圆画出前，显然不能精确定位切点，切点只是一个大致位置。由于所选的切点位置不

同，系统会自动识别完成相切的最近位置，可能是内切，也可能是外切。

3. 绘制椭圆

调用椭圆命令的方法如下：

·命令行：ellipse（或 el）（键盘输入）。

·工具栏：单击"绘图"工具栏的"椭圆"图标 ⬭。

·下拉菜单："绘图"→"椭圆"。

命令执行过程如下：

命令：_ ellipse

指定椭圆的轴端点或［圆弧（A）/中心点（C）］：

其中三个选项分别代表三种绘制椭圆的方法。

4. 绘制样条曲线

样条曲线是通过一组给定点的光滑曲线，通常使用该命令绘制工程图样中的不规则曲线、地形图中的等高线、波浪线以及规划图中的道路等。

调用样条曲线命令的方法如下：

·命令行：spline（或 spl）（键盘输入）。

·工具栏：单击"绘图"工具栏的"样条曲线"图标 ～。

·下拉菜单："绘图"→"样条曲线"。

命令执行过程如下：

命令：SPLINE

指定第一个点或［对象（O）］：

指定下一点：

指定下一点或［闭合（C）/拟合公差（F）］＜起点切向＞：

各个选项的含义如下：

（1）"起点切向"：当所有的控制点输入完成后，系统提示用户指定该样条曲线在起点处的切线方向。可直接输入角度，或者通过移动光标在起点附近拾取点的方式确定切线方向。采用后者时，随着样条曲线在起点处切向的动态变化，样条曲线的形状也随之变化。起点切向指定后，系统会接着要求指定端点切向。

（2）"拟合公差（F）"：默认的拟合公差为 0，是指样条曲线通过所有控制点。选择 F 参数后，系统提示输入拟合公差，即最终生成的样条曲线与控制点之间的最大容许距离。拟合公差越大，曲线越光滑，但误差也越大。在输入的控制点数量较多时，可根据实际情况设定适当的拟合公差。但无论拟合公差值多大，样条曲线也始终通过起点和端点。

例 16 - 3 一直角坐标系上 7 个点 $A \sim G$ 的坐标值：$A(100，100)$、$B(140，180)$、$C(210，70)$、$D(280，140)$、$E(320，170)$、$F(350，100)$、$G(430，70)$。要求依次通过这 7 个点，绘制拟合公差分别为 $F=0$、$F=20$、$F=40$ 的 3 条样条曲线，各样条曲线的起点切线均为 $240°$，端点切向为 $0°$。

提示：以拟合公差 $F=40$ 的 Spline3 为例说明样条曲线的绘制过程。最终结果如图 16 - 18 所示。为了区分各样条曲线，图中采取了不同的线型。

命令：SPLINE↙

指定第一个点或［对象（O）］：100，100（拾取点 A）

指定下一点：140，180（拾取点 B）

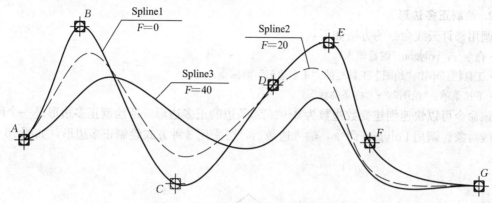

图 16-18　不同拟合公差的样条曲线

指定下一点或［闭合（C）/拟合公差（F）］＜起点切向＞：f（选择输入拟合公差）

指定拟合公差＜0.0000＞：40

指定下一点或［闭合（C）/拟合公差（F）］＜起点切向＞：210，70（拾取点 C）

指定下一点或［闭合（C）/拟合公差（F）］＜起点切向＞：280，140（拾取点 D）

指定下一点或［闭合（C）/拟合公差（F）］＜起点切向＞：320，170（拾取点 E）

指定下一点或［闭合（C）/拟合公差（F）］＜起点切向＞：350，100（拾取点 F）

指定下一点或［闭合（C）/拟合公差（F）］＜起点切向＞：430，70（拾取点 G）

指定下一点或［闭合（C）/拟合公差（F）］＜起点切向＞：↙

指定起点切向：240（指定起点切向）

指定端点切向：0（指定端点切向）

三、绘制闭合直线

绘制直线闭合对象的命令一共有 2 个，分别是绘制矩形 Rectang 和绘制正多边形 Polygon。

1. 绘制矩形

调用矩形命令的方法如下：

· 命令行：rectang（键盘输入）。

· 工具栏：单击"绘图"工具栏的"矩形"图标 ▭ 。

· 下拉菜单："绘图"→"矩形"。

在执行命令后，默认情况下是通过指定两个点作为矩形的对角点来绘制矩形。所绘制矩形是一个闭合多段线对象。当指定矩形的第一个角点后，命令行将显示"指定另一个角点或［面积（A）/尺寸（D）/旋转（R）］："的提示信息，这时可直接指定另一个角点。也可以通过"［倒角（C）/标高（E）/圆角（F）/厚度（T）/宽度（W）］："各选项绘制出倒角矩形、圆角矩形、有线宽的矩形等多种矩形，如图 16-19 所示。

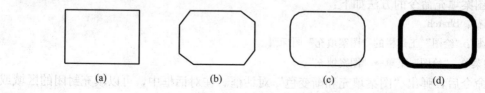

(a)　　　　　　(b)　　　　　　(c)　　　　　　(d)

图 16-19　矩形的各种形式

（a）矩形　（b）倒角矩形　（c）圆角矩形　（d）带宽度的圆角矩形

2. 绘制正多边形

调用修订云线命令的方法如下：

·命令行：polygon（键盘输入）。

·工具栏：单击"绘图"工具栏的"正多边形"图标 ⬠ 。

·下拉菜单："绘图"→"样条曲线"。

该命令可以快速创建变数边数为 3～1024 条边的正多边形，所绘制正多边形是一个闭合多段线对象。调用 Polygon 命令，输入边数后，可采用 3 种方式绘制正多边形，如图 16－20 所示。

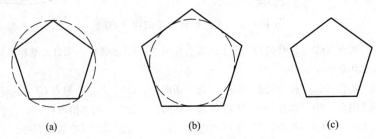

图 16－20 正多边形的绘制方法
(a) 内接于圆方式 (b) 外切于圆方式 (c) 边长方式

（1）内接于圆方式。首先指定正多边形的中心，然后假想有一个圆，要绘制的正多边形内接于该圆，即正多边形的每一个顶点都位于圆周上，正多边形位于圆内。操作完成后，圆本身并不画出。

（2）外切于圆方式。首先指定正多边形的中心，然后假想有一个圆，要绘制的正多边形外切于该圆，即正多边形的每一条边都与圆周相切，正多边形位于圆外。显然，输入同样的半径值，这种方式比内接于圆方式绘制的正多边形要大。

（3）边长方式。依次输入正多边形某条边的两个端点，即可绘制出该正多边形。这种方式适合于绘制已知正多边形边长的情况。

四、图案填充的绘制

图案填充是使用某一种图案来填充某一区域。在工程图样中，可用图案填充表达剖切的断面区域，根据断面材料的不同，可使用不同的填充图案。创建图案填充有两个关键问题：一个是确定填充的边界，即需要定义的填充区域、范围；另一个是填充图案的特性。

1. 图案填充

调用图案填充命令的方法如下：

·命令行：Bhatch。

·工具栏："绘图"工具栏的"图案填充"图标 ▦ 。

·下拉菜单："绘图"菜单→"图案填充"。

执行命令后，弹出"图案填充和渐变色"对话框。在对话框中，可以填充封闭的区域或指定的边界，还可以设定填充图案的旋转角度，此对话框包括"图案填充"和"渐变色"两个选项卡以及孤岛信息，如图 16－21 所示。

图 16 - 21　"图案填充与渐变色"对话框

2. "图案填充"选项卡

此选项卡中的各选项用来确定图案及其参数，如图 16 - 22 所示。

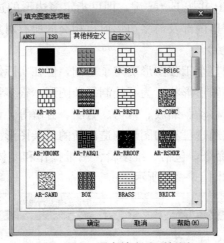

图 16 - 22　图案填充选项板图

第四节　AutoCAD 2011 常用编辑和修改命令

在 AutoCAD 中，编辑修改对象时，必须指定修改的图形或文字对象，才能对其进行相应的操作处理。进行对象编辑时，通常采用两种方式：一种是先启动编辑命令，后选择要编辑的对象；另一种是先选择编辑对象，然后启动编辑命令。用户可以采用任意一种方式进行编辑操作。

一、选择对象

1. 选择对象的方法

（1）点选。点选对象是一种直接选取对象的方法，一般用于一个对象的选择，或选择若干个重叠对象中的某几个对象。采用该方法选择对象时，直接将光标移动到要选择的对象，然后单击鼠标左键完成点选操作，被选择对象呈虚线形式显示。

（2）框选。框选对象是利用选择窗口进行对象选择的一种方式。可完成多个对象的单次选择，选择效率高。框选主要有以下几种方式：矩形窗口选择、矩形交叉窗口选择、多边形窗口选择、多边形交叉窗口选择。

矩形窗口选择：矩形窗口选择是以指定对角点定义一个矩形选择区域，选择包含于该矩形范围内的对象。采用矩形窗口选择时，对角点是以从左向右的方式定义矩形选择窗口，矩形窗口显示为实线边界，只有完全包含于该矩形窗口内的对象才能被选中。

矩形交叉窗口选择：矩形交叉窗口选择与矩形窗口选择类似，但定义矩形窗口时，对角点是以从右向左的方式定义矩形选择窗口，矩形窗口显示为虚线边界，包含于矩形窗口内部及与矩形窗口相交的所有对象均能被选中。

多边形窗口选择：多边形窗口选择是以指定若干边界点的方式定义一个多边形选择区域，选择包含于该多边形范围内的对象。若采用多边形窗口选择，则需在命令提示行出现"选择对象："提示下输入 WP 并按 Enter 键，即可指定多边形的边界点，多边形边界显示为实线边界。只有完全包含于该多边形窗口内的对象才能被选中。

多边形交叉窗口选择：多边形交叉窗口选择与多边形窗口选择类似，当命令提示行出现"选择对象："提示下输入 CP 并按 Enter 键，即可指定多边形的边界点，多边形边界显示为虚线边界。包含于多边形窗口内部及与多边形窗口相交的所有对象均能被选中。

2. 二维图形编辑常用命令

绘图命令的学习为绘制复杂工程图形奠定了基础，但在实际绘图过程中，单纯地使用绘图命令只能绘制一些基本的图形形状。为了绘制复杂图形，很多情况下必须借助于各种图形编辑命令，如删除、复制、移动、缩放、修剪、打断、分解等。调用这些命令，用户可以对已有的图形进行编辑修改或通过已有的图形构造出新的复杂图形。

AutoCAD 的图形编辑命令，包括二维编辑、三维操作和实体编辑等，绝大多数都集成在【修改】下拉菜单中，如图 16-23 所示。

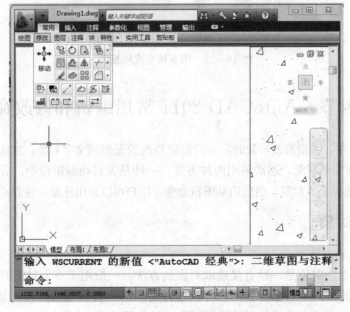

图 16-23 修改工具

二、复制对象

复制对象的命令共有 4 个，分别为复制、镜像、偏移复制和阵列复制。

1. 复制

调用复制命令的方式如下：

·命令行：copy（键盘输入）。

·工具栏：单击"修改"工具栏的"复制"图标 ⛁。

·下拉菜单："修改"→"复制"。

调用 Copy 命令后，系统提示选择对象，用户选择了需要复制的对象后，系统提示"指定基点或［位移（D）/模式（O）］＜位移＞："。如果按照默认选项操作，首先在绘图窗口指定基点，然后再指定第二点，则先后输入的这两个点定义了一个矢量，用来指定所复制对象的移动距离和方向。

2. 镜像

调用镜像命令的方式如下：

·命令行：mirror（键盘输入）。

·工具栏：单击"修改"工具栏的"镜像"图标 ⚠。

·下拉菜单："修改"→"镜像"。

镜像命令是将选定的对象按照指定的镜像线进行镜像复制，主要用于对称图形的绘制。

使用镜像命令绘制如图 16-24 所示对称图形时，操作过程如下：

命令：MIRROR↙

选择对象：指定对角点：找到 23 个　　　　　　　（使用矩形窗口方式选择要镜像的图形对象）

选择对象：↙　　　　　　　　　　　　　　　　　（结束图形对象选择）

指定镜像线的第一点：　　　　　　　　　　　　　（捕捉镜像线的第一个端点）

指定镜像线的第二点：　　　　　　　　　　　　　（捕捉镜像线的第二个端点）

要删除源对象吗?［是（Y）/否（N）］＜N＞：↙（默认选项为不删除源对象）

镜像结果如图 16-24 所示。

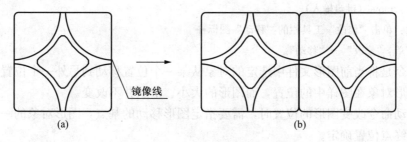

图 16-24　镜像图形

（a）镜像前　（b）镜像后

在使用镜像命令时应注意，指定的镜像线可以是绘图区域中已有的线，也可以是用户指定的假想线。

3. 偏移复制

调用偏移复制命令的方式如下：

· 命令行：offset（键盘输入）。

· 工具栏：单击"修改"工具栏的"偏移"图标 ⬓。

· 下拉菜单："修改" → "偏移"。

偏移命令用于平行复制图形对象。该方法可以复制生成平行直线、等距曲线、同心圆等。可以进行偏移的图形对象包括直线、曲线、多边形、圆、圆弧等。

4. 阵列复制

调用阵列命令的方式如下：

· 命令行：array（键盘输入）。

· 工具栏：单击"修改"工具栏的"阵列"图标 ⊞。

· 下拉菜单："修改" → "阵列"。

调用 Copy、Mirror、Offset 命令，依次操作只能复制出一个对象副本（一次操作指鼠标的一次操作而并非指调用依次命令）。如果需要按一定排列规律一次复制出大量对象副本，则必须使用阵列复制命令。调用 Array 命令后，AutoCAD 将弹出"阵列"对话框。

阵列复制共有两种方式，分别是矩形阵列和环形阵列。

（1）矩形阵列。"阵列"对话框默认的方式为矩形阵列。采用矩形阵列复制对象时，需要设置阵列的行数、列数以及行间距、列间距、阵列倾斜角度等参数，用来控制选取的对象按照矩形排列方式复制出多个相同的图形副本。

（2）环形阵列。环形阵列是按照指定的阵列中心，将源对象以圆周方向，以设置的阵列填充角度、项目数目进行源对象的环形阵列复制。

三、改变对象的位置

绘制图形时，经常要将已经绘制的图形对象进行改变位置等编辑处理。AutoCAD 提供的编辑命令可以方便地对图形对象进行移动、旋转等操作。

1. 移动

调用移动命令的方式如下：

· 命令行：move（键盘输入）。

· 工具栏：单击"修改"工具栏的"移动"图标 ✛。

· 下拉菜单："修改" → "移动"。

移动命令是将当前图形文件中选定的对象从某一个位置移动到另外一个位置。移动命令只是改变图形对象在图样中的位置，而图形的大小、形状并不改变。

使用移动命令改变图形的位置时，需要指定图形移动的基点，图形对象的一定位移由基点和移动的终点位置确定。

2. 旋转

调用旋转命令的方式如下：

· 命令行：rotate（键盘输入）。

· 工具栏：单击"修改"工具栏的"旋转"图标 ⟳。

· 下拉菜单："修改" → "旋转"。

旋转命令是将图形对象绕某一固定点（基点）旋转一定的角度。

　　旋转图形对象时，需要指定基点位置和旋转角度，其中逆时针旋转为正值角度。此外旋转命令可以和复制命令组合使用。

　　命令：ROTATE↙

　　UCS 当前的正角方向：　　ANGDIR＝逆时针　　ANGBASE＝0

　　选择对象：指定对角点：找到 10 个↙（使用交叉窗口方式选择要旋转的图形对象）

　　选择对象：　↙　　　　　　（Enter 键结束选择）

　　指定基点：　　　　　　　　（指定旋转基点，即旋转中心）

　　指定旋转角度，或［复制（C）/参照（R）］＜60＞：　　60↙（输入旋转角度，并按 Enter 键选择）

　　旋转结果如图 16 - 25(b) 所示。如果选择"复制（C）"选项，可以得到如图 16 - 25(c) 所示的图形。

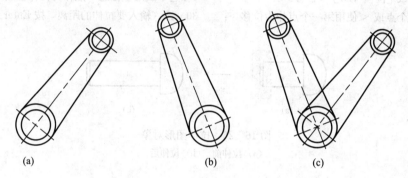

图 16 - 25　移动命令的使用效果

(a) 原图形　　(b) 旋转 60°　　(c) 旋转复制

四、改变对象的大小

　　对象大小的改变包括等比例缩放和非等比例局部变形等，该类型编辑命令主要是缩放 Scale、拉伸 Stretch。

1. 缩放

　　调用缩放命令的方式如下：

　　• 命令行：scale（键盘输入）。

　　• 工具栏：单击"修改"工具栏的"缩放"图标▣。

　　• 下拉菜单："修改"→"缩放"。

　　缩放命令用于修改图形对象的尺寸大小。对象在放大或缩小时，其 X、Y、Z 三个方向保持相同的放大或缩小倍数。

　　使用缩放操作时，需要指定缩放对象的基准点和比例因子。比例因子是图形对象缩小或放大的比例值，比例因子大于 1 时为放大图形尺寸，反之使图形缩小。

2. 拉伸

　　调用拉伸命令的方式如下：

　　• 命令行：stretch（键盘输入）。

　　• 工具栏：单击"修改"工具栏的"拉伸"图标▨。

　　• 下拉菜单："修改"→"拉伸"。

拉伸命令时通过拉伸（或压缩）图形对象，使图形对象的长度或高度发生变化。

拉伸图形对象时，需要指定对象的拉伸基点、基点的起点和拉伸位移。拉伸位移决定了拉伸的方向和距离。

注意：拉伸操作必须采用交叉窗口选择方式，若采用矩形窗口选择方式，拉伸对象只能被平移。

利用拉伸命令完成图 16-26 所示图形的绘制，具体操作过程如下：

命令：STRETCH ✓

以交叉窗口或交叉多边形选择要拉伸的对象…

选择对象：指定对角点：找到 6 个 ✓　　　[使用交叉窗口方式选择要拉伸的图形对象，在此例题中从右向左选择图形对象的右侧部分，如图 16-26(a) 所示]

选择对象： ✓　　　　　　　　　　　　　（Enter 键结束选择）

指定基点或 [位移（D）] <位移>：　　　　（在选中图形上任选一点作为拉伸基点）

指定第二个点或 <使用第一个点作为位移>：　　30 ✓（输入要拉伸的距离，按 Enter 键结束）

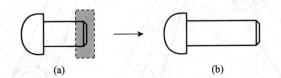

（a）　　　　　　　　　　　　　　　　　（b）

图 16-26　拉伸图形对象

(a) 拉伸前　(b) 拉伸后

五、改变对象的形状

图形绘制后，有时需要对已有图形对象的形状进行调整和更改，AutoCAD 提供的这类编辑命令共有 4 个，分别是修剪 Trim、延伸 Extend、倒角 Chamfer、圆角 Fillet。

1. 修剪

调用修剪命令的方式如下：

· 命令行：trim（键盘输入）。

· 工具栏：单击"修改"工具栏的"修剪"图标 ⊸⊢。

· 下拉菜单："修改" → "修剪"。

修剪命令主要采用其他边界所定义的剪切边来修剪对象。

修剪图形对象时，首先需要指定修剪的基准边界（由一个或多个对象定义的剪切边），然后选择需要修剪的对象。其中修剪的基准边界可以是直线、圆弧、圆、多段线等。

例 16-4　利用修剪命令完成图 16-27 所示图形的绘制，具体操作过程如下。

命令：TRIM ✓

当前设置：投影＝UCS，边＝无

选择剪切边 …

选择对象或 <全部选择>：　找到 5 个对象 ✓（使用交叉窗口方式选择修剪基准边界，此例中应选择所有的边）（或此处可直接按 Enter 键全部选择）

选择要修剪的对象，或按住 Shift 键选择要延伸的对象，或

[栏选（F）/窗交（C）/投影（P）/边（E）/删除（R）/放弃（U）]：　　（点选 B1，即为修剪的对象）

选择要修剪的对象，或按住 Shift 键选择要延伸的对象，或

［栏选（F）/窗交（C）/投影（P）/边（E）/删除（R）/放弃（U）］：　（点选 B2，即为修剪的对象）

选择要修剪的对象，或按住 Shift 键选择要延伸的对象，或

［栏选（F）/窗交（C）/投影（P）/边（E）/删除（R）/放弃（U）］：　（点选 B3，即为修剪的对象）

选择要修剪的对象，或按住 Shift 键选择要延伸的对象，或

［栏选（F）/窗交（C）/投影（P）/边（E）/删除（R）/放弃（U）］：　（点选 B4，即为修剪的对象）

选择要修剪的对象，或按住 Shift 键选择要延伸的对象，或

［栏选（F）/窗交（C）/投影（P）/边（E）/删除（R）/放弃（U）］：　（点选 B5，即为修剪的对象）

选择要修剪的对象，或按住 Shift 键选择要延伸的对象，或

［栏选（F）/窗交（C）/投影（P）/边（E）/删除（R）/放弃（U）］：　↙（Enter 键结束选择）

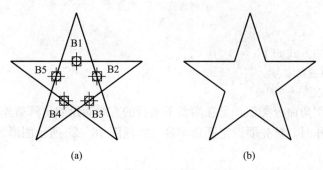

(a)　　　　　　　　　　(b)

图 16－27　修剪图形对象

(a) 修剪前　(b) 修剪后

注意：在本例中，五角星形的五条边互为修剪边，因此可以一次窗选选中，但在选择要修剪的对象时还需逐个选择。

2. 延伸

调用延伸命令的方式如下：

·命令行：extend（键盘输入）。

·工具栏：单击"修改"工具栏的"延伸"图标 ‐∕。

·下拉菜单："修改"→"延伸"。

延伸命令是通过延长图形对象，是操作对象与延伸基准边相交。延伸命令的使用方法与修剪类似。在用延伸命令时，如果按下 shift 键的同时选择对象，则执行修剪命令；同样，在使用修剪命令时，如果按下 shift 键的同时选择对象，则执行延伸命令。

3. 倒角

调用倒角命令的方式如下：

·命令行：chamfer（键盘输入）。

·下拉菜单："修改"→"倒角"。

倒角命令是在两条不平行的直线间绘制出倒角。倒角是机械工程的术语，含义为对零件的锐利边界作切角钝化处理，一方面可避免零件的损坏；另一方面在零件连接时可起到良好的导向作用。通常情况下两条边上的倒角距离是相等的，即所谓的等边倒角；个别情况下也可采用不等边倒角。

倒角操作时，可以通过指定倒角距离、指定倒角距离和角度两种方式进行。

利用倒角命令完成图 16－28 所示图形的绘制。

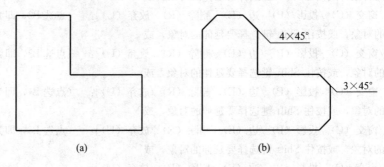

图 16 - 28　倒角操作

(a) 倒角前　(b) 倒角后

4. 圆角

调用圆角命令的方式如下：

· 命令行：fillet（键盘输入）。

· 下拉菜单："修改"→"圆角"。

倒圆角命令与倒角命令类似，是在两条不平行的直线间绘制出圆弧连接。

执行倒圆角操作时，首先要设定圆角半径。如成图 16 - 29 所示图形。

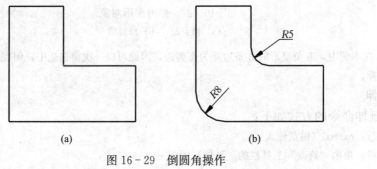

图 16 - 29　倒圆角操作

(a) 倒圆角前　(b) 倒圆角后

第五节　文字与尺寸标注

绘制工程图样时，经常要在图样中标注一些文字和尺寸。有时还要采用表格的方式进一步简明扼要地表达设计思想。使用 AutoCAD 标注文字和尺寸时，一般要经过两个步骤：首先应根据需求设置文字样式和标注样式；然后使用文字标注和尺寸标注命令，在指定位置书写文字、标注尺寸。

一、创建文字

在一套完整的工程图纸中除了图形对象以外，通常还包含文字说明，因此熟练掌握文字和表格对象的创建与编辑方法，不仅是 AutoCAD 二维绘图的一项重要内容，也是绘制出符合规范要求的工程图纸的必备技能。

1. 设置文字样式

文字对象是 AutoCAD 的一种重要图形元素。在创建文字注释前，首先需要设置当前文字样式。AutoCAD 中提供了"文字样式"对话框，通过这个对话框可以创建工程图样中所需要的符合国家标准的文字样式，或对已有的文字样式进行编辑。

AutoCAD 中"文字样式"对话框可以通过下列方式调用：

· 命令行：style 或 st（键盘输入）。

· 下拉菜单："格式"→"文字样式…"。

执行命令后，系统弹出"文字样式"对话框，初始情况下，系统默认的当前文字样式为"Standard"样式，如图 16-30 所示。

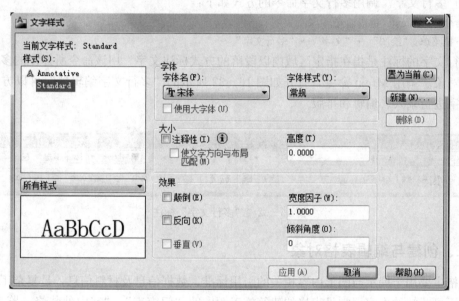

图 16-30 "文字样式"对话框

2. 文字的标注

文字样式设置好之后，就可以调用相应命令输入文字了。创建文字对象的命令有单行文字 Dtext 和多行文字 Mtext。

（1）单行文字。调用单行文字命令的方式如下：

· 命令行：dtext 或 text（键盘输入）。

· 下拉菜单："绘图"→"文字"→"单行文字"。

在执行一次单行文字标注命令时可以标注多行指定位置的文字，但所标注文字的每一行都是一个独立的对象。因此，单行文字适合于输入较简短的数字或汉字说明。执行命令后，命令行显示如图 16-31 所示的内容。

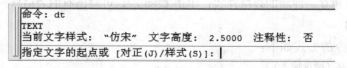

图 16-31 "单行文字"标注的命令行显示

命令行中出现三个选项，即指定文字的起点、对正、样式。输入参数"S"可更改当前文字样式。输入参数"J"可指定文字对齐方式，此时系统提示如下：

[对齐（A）/调整（F）/中心（C）/中间（M）/右（R）/左上（TL）/中上（TC）/右上（TR）/左中（ML）/正中（MC）/右中（MR）/左下（BL）/中下（BC）/右下（BR）]：

该提示中前两个参数的含义如下：

【对齐（A）】：依次指定文字字符串的起点和终点，文字的大小（高度和宽度）根据字符串的长短由系统自动调整。

【调整（F）】：依次指定文字字符串的起点和终点，并指定文字的高度，文字的宽度根据字符串的长短由系统自动调整。

（2）多行文字。调用多行文字命令的方式如下：

· 命令行：mtext（键盘输入）。

· 下拉菜单："绘图"→"文字"→"多行文字"。

多行文字的标注是指在指定区域内以段落的方式标注文字。用该命令所标注的多行文字是一个对象。调用 Mtext 命令，打开如图 16－32 所示的"多行文字编辑器"可以方便地对大段文字进行录入、编辑和排版。

图 16－32　"多行文字"标注

二、创建与编辑表格对象

表格主要用于展示与图形内容相关的引用标准、数据信息及材料信息，是复杂工程图纸中一项不可或缺的内容。常见表格如建筑施工图中的"门窗表"、"室内外装修一览表"等。在 AutoCAD 2004 及之前的版本中，只能通过画直线再输入文字的方法绘制出表格。而 AutoCAD 2005 提供了创建表格对象的功能，并在 AutoCAD 2011 中对该功能作了进一步的增强和完善，从而大大简化了复杂表格的创建与编辑过程。

1. 表格样式

与文字对象类似，创建表格对象前，也需要设置当前表格样式。设置表格样式命令的方式如下：

· 命令行：tablestyle（键盘输入）。

· 工具栏：单击"样式"工具栏的"表格样式"图标 。

· 下拉菜单："格式"→"表格样式"。

执行命令后，打开如图 16－33 所示的"表格样式"对话框，默认表格样式为"Standard"。单击 新建（N）… ，可建立一种新的表格样式；单击 修改（M）… ，可对已有的表格样式进行修改。

2. 创建表格

调用表格命令的方式如下：

· 命令行：table（键盘输入）。

· 下拉菜单："格式"→"表格样式"。

如图 16-34 所示为建筑施工图中的门窗表。该表有 1 个标题行、2 个表头行、11 个数据行，列数为 6 列。

在绘图区域中已经插入的表格，可以通过鼠标单击或双击选中后进行编辑。编辑表格时，不仅可对表格的整体属性进行修改，还可对表格中的各单元格及其内容进行修改。在 AutoCAD 中，可以灵活地实现对部分单元格的合并、对齐、扩展等各项操作，可以随时更改单元格中的数据内容，可以随时改变单元格数据的各种文字属性，还可将表格单元链接到 Microsoft Excel 电子表格中的数据，或从当前图形文件中的对象提取数据。

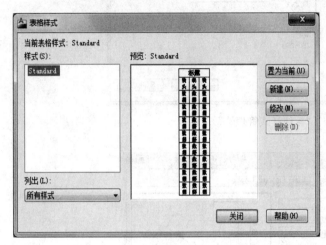

图 16-33　"表格样式"对话框

图 16-34　门窗表样例

三、创建尺寸标注

尺寸是工程图中的一项重要内容，它描述了图形对象各个组成部分的大小及相互位置关系。工程图纸离不开各种类型的尺寸标注。熟练掌握各种图形尺寸标注方法，是绘制工程图的基本要求。

1. 设置标注样式

如同创建文字对象和表格对象一样，进行尺寸标注前首先要设置当前的标注样式。执行下拉菜单【格式】→【标注样式…】，可调出"标注样式管理器"。初始情况下，系统默认的当前标注样式为"ISO-25"样式，如图 16-35 所示。

单击"标注样式管理器"对话框中的 新建(N)… 按钮，在弹出的"创建新标注样式"对话框的"新样式名"中输入"建筑"，单击 继续 按钮，可弹出"新建标注样式"对话框，如图 16-36 所示。在该对话框中，共有 7 个选项卡，从左到右依次为："线"、"符号和箭头"、"文字"、"调整"、"主单位"、"换算单位"和"公差"。

在该对话框中，依据《建筑制图标准》和《水利水电工程制图标准》的要求，对尺寸界线、尺寸线、尺寸起止符号、尺寸数字、文字等进行相关设置。

注意：半径、直径、角度与弧长的尺寸起止符号，宜用实心闭合箭头表示，长度宜为 $(1\sim5)b$，其中 b 为基本线宽。因此在标注这几类对象时，需重新定义一种标注样式，将箭头类型修改为"实心闭合"，并根据需要调整弯折标注值。

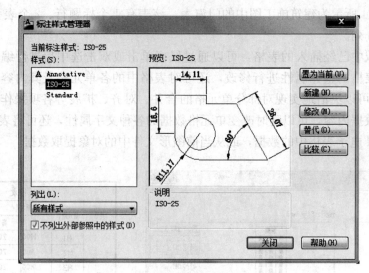

图 16 - 35   "标注样式管理器"对话框

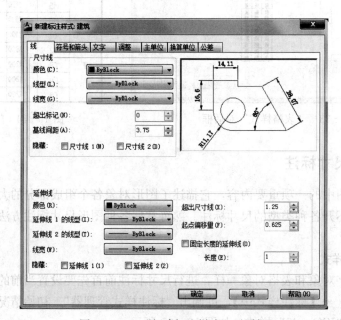

图 16 - 36   "新建标注样式"对话框

2. 尺寸标注

尺寸标注是 AutoCAD 的一项重要功能,也是绘制工程图纸的一项繁重任务。因此,在 AutoCAD中,专门为各种尺寸标注命令建立了工具条和下拉菜单,图 16 - 37 所示为标注工具栏。

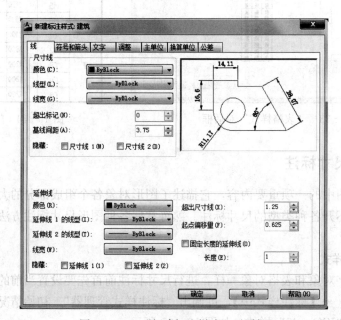

图 16 - 37   "标注"工具栏

在建筑制图中,使用频率最高的几种标注命令是线型标注、对齐标注、基线标注、连续标注和快速标注等,我们重点介绍这几种标注命令的功能和操作方法。

（1）线型标注

调用线型标注命令的方式如下：

·命令行：dimlinear（键盘输入）。

·工具栏：单击"标注"工具栏的"线型"标注图标。

·下拉菜单："标注"→"线型"。

线型标注主要包括水平、垂直或旋转方向的尺寸标注。调用线型标注命令后，系统提示"指定第一条尺寸界线原点或＜选择对象＞:"。此时可启动对象捕捉，拾取待标注对象的第一条尺寸界线原点。也可按 Enter 键选择标注对象，则系统自动确定第一条和第二条尺寸界线的原点。如果拾取第一点后，系统提示"指定第二条尺寸界线原点:"，拾取该点后系统提示"指定尺寸线位置或［多行文字（M）/文字（T）/角度（A）/水平（H）/垂直（V）/旋转（R）]:"。默认情况下，所创建线型标注的尺寸与标注对象平行或垂直。此时，移动鼠标将尺寸线放置在合适位置，单击左键即创建出一个线型标注。

线型标注简例如图 16-38(a) 所示。

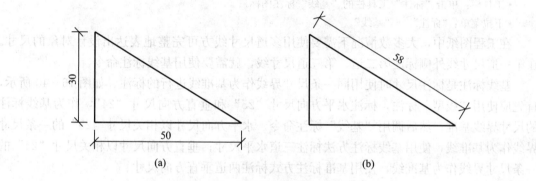

图 16-38　线型标注与对齐标注简例

(a) 线型标注　(b) 对齐标注

（2）对齐标注。调用对齐标注命令的方式如下：

·命令行：dimaligned（键盘输入）。

·工具栏：单击"标注"工具栏的"对齐"标注图标。

·下拉菜单："标注"→"线性"。

对齐标注是用于标注倾斜方向的尺寸，即标注与两个尺寸界限起点连线平行方向的尺寸。对齐标注的操作方法与线型标注类似，标注简例如图 16-38(b) 所示。

（3）连续标注。调用连续标注命令的方式如下：

·命令行：dimcontinou（键盘输入）。

·工具栏：单击"标注"工具栏的"连续"标注图标。

·下拉菜单："标注"→"连续"。

连续标注用于标注一系列首尾相连的若干个连续尺寸。标注时，连续标注尺寸中的后一个尺寸是把前一个尺寸的第二个尺寸界线作为其第一个尺寸界线进行标注。使用该命令时，要求图形中必须存在一个相关的尺寸标注。图 16-39 所示，即为采用连续标注的方式进行标注的图形。在标注该图形时，首先使用"线型"标注命令，标注水平方向尺寸 25，标注中第一个尺寸界线的起点选择最左边的点；然后调用"连续"标注命令。连续标注的尺寸线相连成一条首尾相连的直线段。

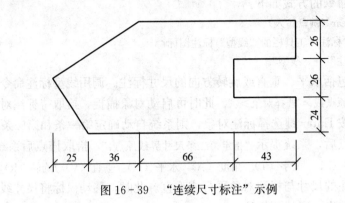

图 16 - 39 "连续尺寸标注"示例

（4）基线标注。调用基线标注命令的方式如下：

· 命令行：dimbaseline（键盘输入）。

· 工具栏：单击"标注"工具栏的"基线"标注图标 ⊟。

· 下拉菜单："标注" → "基线"。

在工程图纸中，大多数情况下需要使用多道尺寸线方可完整地表达出设计对象的尺寸。在第一道尺寸线外侧标注第二道、第三道尺寸线，就需要使用基线标注命令。

基线标注是标注尺寸时使用同一条尺寸界线作为基准线进行的标注。如图 16 - 40 所示，首先应使用"线型"标注，标注水平方向尺寸"25"和垂直方向尺寸"24"，作为基线标注的尺寸界线基准；然后调用"基线"标注命令。水平方向尺寸以相关尺寸"25"的一条尺寸界线作为基准线，使用基线标注方法标注三道水平尺寸；垂直方向尺寸以相关尺寸"24"的一条尺寸界线作为基准线，使用基准标注方式标注两道垂直方向尺寸。

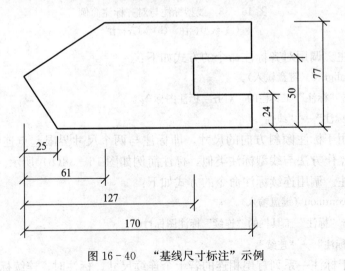

图 16 - 40 "基线尺寸标注"示例

第六节 块的操作

绘图时，如果图形中包含大量相同或相似的内容，或者所绘制的图形文件与已有图形文件的部分内容相同时，就可把需要重复绘制的图形创建为图块（以后简称为块），然后再将块插入到当前图形文件中。使用块操作不仅可提高绘图效率，还能节省文件存储空间。

1. 块的创建和插入

图块是由多个对象组成的单一整体，在需要时可将其作为单独对象插入到图形中。在建筑图中，有许多反复使用的图形，如水工图中的标高、房屋建筑图中的门窗、机械图中的粗糙度等。块分为内部块和外部块两种类型。内部快被存储在定义它的图形文件中，因此只能在该图形文件中被调用；外部块也称为外部块文件，它以 dwg 文件的形式独立地保存在本地硬盘中，用户可以根据需要随时将外部块调用到其他图形文件中。

创建内部块的命令是 Block，创建外部块的命令时 Wblock。

（1）创建内部块。创建内部块的方式如下：

·命令行：block（键盘输入）。

·下拉菜单："绘图"→"块"→"创建"。

想要创建块，首先需要绘制出准备创建为块的对象。调用 Block 命令后，系统弹出"块定义"对话框，如图 16-41 所示。

图 16-41　"块定义"对话框

（2）创建外部块。创建外部块的方式如下：

·命令行：Wblock（键盘输入）。

用 Block 命令定义的图块只能保存在当前文件中，该块属于内部块，只能在本图形文件中插入，如果需要将块插入其他图形文件中，可以使用 Wblock 命令把图块以图形文件（＊.dwg）的形式保存。这种方式可以将常用的图块作为公共绘图资源建立图库，以便随时调用。

调用 Wblock 命令后，系统弹出"写块"对话框，如图 16-42 所示。在"源"选项区域中选中"块"单选框，表示要存盘的块取自于当前图形文件中保存的块。或者在"源"选项区域中选中"对象"单选框，表示将当前图形文件定义为块。在"目标"选项区域中指定块保存的文件名和路径。

（3）插入块。在图样绘制过程中，用户可以根据需要随时插入已经定义好的图块到当前

图 16-42 "写块"对话框

图形文件的指定位置，插入图块时可以改变图块的比例、旋转角度或把图块分解。

插入图块的操作如下：

· 命令行：insert（键盘输入）。

· 下拉菜单："插入" → "块"。

执行插入块命令后系统弹出"插入"对话框，如图 16-43 所示。

图 16-43 "插入"对话框

2. 属性图块

属性图块是一种带有附加属性的特殊块。属性是附加到块上的标签。通常情况下，属性被用来放置与块有关的文字。

在创建块（内部块或外部块）之前，首先应定义该块的属性，即设定好属性标记、提示、模式、文字等。一旦定义了属性，该属性将以其标记名称在块中显示，并保存有关信息。然后将图像对象和表示属性定义的属性标记一起创建块。在插入属性图块时，系统将提示用户输入需要的属性值，并以该值表示块的属性。因此，同一个块在不同点插入时可有不同的属性值。在插入属性块后，还可对属性进行修改并能够把属性单独提取出来写入文件，以供统计、制表使用。

例 16 - 5　如图 16 - 44 所示，创建一个属性块，用作水工图中高程的标注。

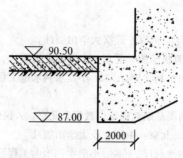

图 16 - 44　水工图中的标高尺寸

提示：具体操作过程可按照绘制图形、定义属性、创建属性块、插入属性块等 4 个步骤进行。

【操作过程】

（1）调用 Line 命令绘制如图 16 - 45(a) 所示水工图标高符号。该等腰直角三角形高度为 2.5 mm，斜线倾角为 45°。

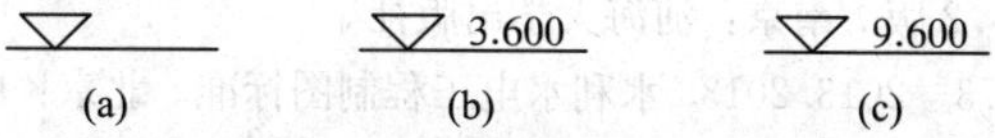

▽   ▽ 3.600   ▽ 9.600

(a)   (b)   (c)

图 16 - 45　水工图标高属性图块的创建与插入

（2）执行下拉菜单【绘图】→【块】→【定义属性】，弹出"定义属性"对话框。在该对话框内按图 16 - 46 所示的内容填入属性标记等内容。单击 确定 按钮，返回绘图窗口，拾取图 16 - 45(a) 中三角形的水平边上方指定一点作为属性插入点，结果如图 16 - 45(b) 所示。

（3）执行 Wblock 命令，弹出"写块"对话框。

（4）执行 Insert 命令，弹出"插入"对话框。在该对话框中，通过"浏览"选择已定义的"水工图标高"属性块，系统提示在绘图区域中指定插入点，在指定插入点后接着提示"输入属性值"及"Write："。此时，可根据插入点在图形中的位置输入正确的标高值，例如 9.600。回车后结果如图 16 - 45(c) 所示。当然，用户也可以根据需要输入其他标高值。

参 考 文 献

陈永喜，任德记．2004．土木工程图学．武汉：武汉大学出版社．

陈忠良，边欣．2003．机械制图与计算机绘图．北京：中国农业出版社．

江苏省水利勘测设计院，江苏省扬州水利学校．1983．小型水利水电工程设计图册——水闸分册．北京：水利电力出版社．

姜勇等．2009．AutoCAD 2008 建筑制图基础教程培训教程．北京：人民邮电出版社．

李丽，等．2004．现代工程制图基础．北京：中国农业大学出版社．

辽宁省水利水电勘测设计院，浙江省水利厅．1988．小型水利水电工程设计图册——土坝与堆石坝分册．北京：水利电力出版社．

刘朝儒，等．2002．机械制图．4 版．北京：高等教育出版社．

麦家煊．2005．水工建筑物．北京：清华大学出版社．

宋安平．1997．建筑制图．北京：中国建筑工业出版社．

武汉水利电力学院．1988．水工钢结构．北京：水利电力出版社．

许良乾，等．2001 画法几何及水利工程制图．4 版．北京：高等教育出版社．

杨谆．2010．AutoCAD 培训教程．北京：清华大学出版社．

印翠凤．2002．水利工程制图．2 版．南京：河海大学出版社．

中华人民共和国行业标准 SL73—2013．2013．水利水电工程制图标准．北京：中国水利水电出版社．

周静卿，孙嘉燕．2006．园林工程制图．北京：中国农业出版社．

朱育万．2001．画法几何及土木工程制图及配套习题集．合订修订版．北京：高等教育出版社．

邹葆华．2000．水利工程制图．北京：中国水利水电出版社．

图书在版编目（CIP）数据

画法几何及水利工程制图／杨玉艳，潘白桦主编
. —2 版 . —北京：中国农业出版社，2014.6（2019.6 重印）
普通高等教育"十一五"国家级规划教材　普通高等
教育农业部"十二五"规划教材　全国高等农林院校"十
二五"规划教材
ISBN 978 - 7 - 109 - 19168 - 6

Ⅰ. ①画… Ⅱ. ①杨… ②潘… Ⅲ. ①画法几何-高
等学校-教材②水利工程-工程制图-高等学校-教材
Ⅳ. ①TV222.1

中国版本图书馆 CIP 数据核字（2014）第 100764 号

中国农业出版社出版
（北京市朝阳区麦子店街 18 号）
（邮政编码 100125）
策划编辑　薛　波
文字编辑　彭明喜

北京通州皇家印刷厂印刷　新华书店北京发行所发行
2007 年 8 月第 1 版　2014 年 6 月第 2 版
2019 年 6 月第 2 版北京第 2 次印刷

开本：787mm×1092mm　1/16　印张：21.75
字数：517 千字
定价：43.50 元
（凡本版图书出现印刷、装订错误，请向出版社发行部调换）